Wirtschaftswissenschaft heute

Grundlagen und ökonomische Kernfragen

Von

Dr. Hartmut Stieger

Universität Gießen

R. Oldenbourg Verlag München Wien

Meiner Mutter

CIP-Kurztitelaufnahme der Deutschen Bibliothek

Stieger, Hartmut:
Wirtschaftswissenschaft heute : Grundlagen u. ökonom. Kernfragen / von Hartmut Stieger. – München ; Wien : Oldenbourg, 1986.
ISBN 3-486-20223-5

Gesamtherstellung: R. Oldenbourg Graphische Betriebe GmbH, München

ISBN 3-486-20223-5

Inhaltsverzeichnis

Vorwort

„Die Wirtschaft ist unser Schicksal“; dieser, von Walther Rathenau vor mehr als einem halben Jahrhundert geprägte Satz ist heute aktueller denn je. Die Kenntnis des wirtschaftswissenschaftlichen Grundwissens müßte deshalb eigentlich zum allgemeinen Bildungsgut eines jeden Bürgers gehören, wenn es denn so einfach wäre, es sich anzueignen.

Schlägt man ein herkömmliches Lehrbuch auf, ertrinkt der Leser bereits nach wenigen Seiten im Detail. Was, von Ausnahmen abgesehen, allzu häufig fehlt, ist die Darstellung der übergreifenden Zusammenhänge, die Konstruktion der großen Bögen, die die Vielzahl der ausgebreiteten Einzelheiten am Ende wieder zusammenführt. Genau dort will „Wirtschaftswissenschaften heute“ ansetzen.

Der Text bewegt sich bewußt auf der Nahtstelle zwischen Lehrbuch und Sachbuch: Einerseits vermittelt er die „studiennahen“ Grundlagen der wichtigsten wirtschaftswissenschaftlichen Modellkonzepte. Andererseits versucht er, mit anschaulichen Beispielen „aus dem täglichen Leben“ den für jedermann verständlichen Bezug zur wirtschaftlichen und politischen Praxis herzustellen.

Das Buch richtet sich daher zwar in erster Linie an Studenten der Wirtschaftswissenschaften und benachbarter Disziplinen sowie an Studenten, die Volks- und Betriebswirtschaftslehre im Nebenfach studieren. Gleichermaßen angesprochen sind aber auch alle ökonomisch Interessierten, ob Politiker, Fachjournalisten, Lehrer oder Schüler, im Grunde jeder nachdenkliche, problemorientierte und kritikfähige Bürger, der die Dinge etwas genauer wissen will.

Dabei soll der Leser die ökonomischen Theorien nicht nur begreifen, er soll auch zum kritischen Denken angeregt werden – auf der Grundlage sachlicher und undogmatischer Information. Aus diesem Grund sind alle wichtigen volkswirtschaftlichen Daten den Veröffentlichungen offizieller Institutionen entnommen, in erster Linie den Jahresgutachten des Sachverständigenrates, der Monopolkommission und verschiedenen Schriften der Bundesregierung.

In Teil I und II finden sich die etwas allgemein gehaltenen Grundlagen zum Wirtschaften an sich (Wert und Wirtschaftlichkeit, Markt und Macht, Preis, Geld, Zins und Inflation), in Teil III die wirtschaftspolitisch ausgerichteten Theorieansätze, die sich auf die unerwünschten Begleiterscheinungen von Wachstum und Konjunktur beziehen: Wie erklärt sich Arbeitslosigkeit, welche Rolle spielen Investitionen für die Schaffung oder Beseitigung von Arbeitsplätzen, wie sind die internationalen Handelsbeziehungen volkswirtschaftlich zu beurteilen etc. Dazu gehört die Erörterung der drei wirtschaftspolitischen Therapiekonzepte, die heute die Hauptrolle in den großen Industrienationen spielen: der nachfrageorientierte, der angebotsorientierte und der monetaristische Ansatz.

Der letzte Teil des Buches (Ausblick) befaßt sich mit dem immer bedrückenderen Problem des Widerstreits von Wirtschaft und Umwelt, von Ökonomie und Ökologie; speziell die Frage, warum die bisherige ökonomische Entwicklung fast zwangsläufig in die ökologische Sackgasse führen mußte – und wie man wieder herauskommt, ohne gleich das Marktsystem aus den Angeln zu heben.

In einem Buch, das sich auf den vorliegenden Umfang beschränken soll, lassen sich naturgemäß nur Teilaspekte der Wirtschaftswissenschaft ansprechen. Teilaspekte heißt hier, Beschränkung auf den nationalen Rahmen der Volkswirtschaft, einschließlich ihrer Außenhandelsbeziehungen. Die internationalen Dimensionen des Wirtschaftens, so beispielsweise die nicht unbedenklichen Auswirkungen der EG-Agrarpolitik und des Internationalen Währungsfonds sowie die weltweite Machtkonzentration der internationalen Großunternehmen konnten nur angedeutet werden. Ihnen ist ein eigenes Buch gewidmet, das voraussichtlich im Herbst 1987 erscheinen wird.

Wenn ich – um mich zu bedanken – nur meine beiden „Studiosi", Rudolf und Petra, namentlich hervorhebe, für die ich das Buch auch ein wenig geschrieben habe, und die mir – trotz großer Anspannung durch ihr eigenes Studium – ausgesprochen wertvolle Dienste bei der inhaltlichen Konzeption und beim Korrekturlesen leisteten, dann möchte ich auf gar keinen Fall die anderen, hier nicht genannten Helfer übergehen, die mich bei der Manuskriptabfassung, beim Schreiben, Zeichnen und Gestalten uneigennützig unterstützt haben. Ihre Hilfe war geradezu Voraussetzung für die Entstehung dieses Buches.

Eine Ausnahme sei mir gestattet: Dr. Gerald Vogl, Wirschaftswissenschaftler an der Universität Siegen, der mein Manuskript mit „gnadenloser" Genauigkeit gegengelesen hat. Ihm verdanke ich einen großen Teil meiner Zuversicht, daß der Text in Inhalt und Aufbereitung tatsächlich seinen didaktischen Zweck erfüllen möge, nämlich nicht nur anschaulich und verständlich, sondern auch wissenschaftlich haltbar zu sein. Wo mir dennoch Fehler unterlaufen sind, gehen sie natürlich zu meinen Lasten.

Zum Schluß ein Nachtrag in eigener Sache:

Ich glaube, eines macht dieses Buch deutlich. In der Ökonomie gibt es viele Fragen, aber nur wenig eindeutige Antworten. „Eindeutigkeit" ist oft mehr eine Folge des politischen Standorts als das Ergebnis gesicherter wissenschaftlicher Erkenntnis.

Aus diesem Grunde mußte ich einige Male eine schlüssige Antwort schuldig bleiben, welches der beschriebenen Modelle (z.B. in der Wirtschaftspolitik) denn das richtige sei. Es gibt diese Antwort nicht. Wenn wir sie wüßten, hätten wir keine wirtschaftlichen und sozialen Probleme, hätten wir auch keine Arbeitslosigkeit zu beklagen.

Mein Ziel war es, Grundlagen zu schaffen – für die eine wie für die andere Sicht; in erster Linie als „Einsichten" zu vermitteln, die zum Nachdenken anregen, bei der Bildung der eigenen Meinung behilflich sind und – das ist wichtig – die Sensibilisierung dafür fördern, daß alles – so auch Wirtschaften – zwei Seiten hat: Wo Licht ist, fällt auch Schatten.

Hartmut Stieger

Teil I
Wirtschaften: Der „homo oeconomicus"

Die Wirtschaftswissenschaft: Geburt vor 200 Jahren

Wenn man bedenkt, welch dominierende Rolle dem Wirtschaften seit Menschengedenken zukommt, wieviel Kraft, Zeit und Engagement es von jedem damals wie heute fordert, erscheint es fast verwunderlich, daß die Wissensschaft, die sich damit beschäftigt ein verhältnismäßig junges Alter aufweist. Die Wirtschaftswissenschaft in ihrer ursprünglichen Gestalt als Nationalökonomie oder Staatswissenschaft ist erst etwas mehr als 200 Jahre alt.

Zwar gab es Vorläufer in der Antike. Erste Ansätze ökonomischer Theoriebildung reichen zurück bis Aristoteles und Platon und auch aus dem Mittelalter im Übergang zur frühen Neuzeit des 16. und 17. Jahrhunderts sind ökonomische Denkschriften bekannt. Im Mittelpunkt aber stand nicht so sehr das Wohl des Einzelnen oder gar des ganzen Volkes, sondern die Förderung des nationalen Handels ausschließlich zum finanziellen Nutzen des regierenden Herrscherhauses. Die Wissenschaft von der geschickten Führung der staatlichen Verwaltung und der Mehrung des fürstlich-königlichen Staatsschatzes erhielt daher die Bezeichnung „Merkantilismus" oder einschränkender „Kameralismus".

Geburtsstunde der Wirtschaftswissenschaft

Die „Geburtsstunde" der Wirtschaftswissenschaft schlug im Jahre 1758, als der Naturwissenschaftler François Quesnay, Leibarzt Ludwigs des XV. von Frankreich, sein berühmtes „Tableau Economique" veröffentlichte, zu dem er durch die vorangegangene Entdeckung des Blutkreislaufs im menschlichen Körper angeregt worden war. Quesnay hatte als erster die glänzende Idee, die wirtschaftlichen Abläufe eines Landes als Güter- und Einkommensströme darzustellen, die zwischen den einzelnen „Sektoren" einer Volkswirtschaft hin- und herfließen.

Das Modell war – stark vereinfacht – etwa so aufgebaut: Wenn die Bauern jährlich Erzeugnisse im Wert von fünf Milliarden hervorbringen, verbleibt nach Abzug der Kosten in Höhe von drei Milliarden ein Überschuß von zwei Milliarden, den sie als Grundrente (Pacht) an die Grundherren abführen müssen. Davon fließt eine Milliarde zurück an die Bauern, weil die Grundherren bei ihnen landwirtschaftliche Güter einkaufen. Die zweite Milliarde geht an die Gewerbetreibenden, weil die Grundherren auch bei ihnen Waren einkaufen müssen. Die im Handel und Gewerbe eingenommene Milliarde bleibt aber dort nicht stecken. Sie fließt im Tausch gegen Lebensmittel wieder an die Bauern zurück. Der Kreislauf hat sich hier geschlossen.

Von den drei Milliarden, die die Bauern für sich selbst erwirtschaften, zirkuliert eine Milliarde zwischen Bauern und Gewerbetreibenden. Die Bauern kaufen z.B. landwirtschaftliche Geräte von den Händlern, die Händler kaufen agrarische Rohstoffe (z.B. Korn und Fleisch) von den Bauern. Die jetzt noch verbleibenden zwei Milliarden zirkulieren im Umlauf innerhalb der Bauernklasse, und zwar deswegen, weil die Landwirte sich gegenseitig Vieh, Samen und Dünger und anderes mehr abkaufen.

Man hat zwar schon damals den „Physiokraten“ (Physiokratie heißt Naturherrschaft) vorgeworfen, diese Modellvorstellung überbetone die Bedeutung der Landwirtschaft und unterschätze die wirtschaftliche Rolle von Handel und Gewerbe. Von daher war auch aus heutiger Sicht weniger die von ihnen vorgenommene Einteilung der Volkswirtschaft in spezielle Klassen das Herausragende, sondern die Idee einer solchen Einteilung an sich, vor allem die Erkenntnis der zwischen diesen Klassen hin- und herfließenden Geld- und Güterströme.

Neuere Entwicklung

Natürlich wird heute das Bild des wirtschaftlichen Kreislaufs sehr viel differenzierter dargestellt und mit ausgeklügelten mathematischen Methoden einer allgemeinen Berechenbarkeit zugänglich gemacht. Das Grundprinzip aber war bereits damals richtig erkannt, wenn auch ein gravierender Fehler erst eine Generation später von Adam Smith, dem zweiten Vater der Nationalökonomie, richtiggestellt wurde. Ursprünglich galt nämlich nur der Boden, d. h. die Landwirtschaft, allein als „produktiv“. Nur sie, so Quesnay und die Anhänger seiner physiokratischen Lehre, erzeuge wirklich Neues; Gewerbe bedeute lediglich Stoffumwandlung. Es finde in Wahrheit also keine Wertmehrung statt, sondern nur eine einfache „Addition“ der Werte. Demzufolge seien Handwerker, aber auch Händler und Gewerbetreibende unproduktiv (classe stérile).

Erst Adam Smith folgerte rund zwanzig Jahre später richtiger im heutigen Sinne: Einzige Quelle des Wohlstands ist die menschliche Arbeit, gleichgültig in welchem Bereich sie getan wird. Damit wurde auch gewerbliche Tätigkeit, vor allem die Arbeit der in dieser Zeit immer stärker aufkommenden Manufakturen als produktiv anerkannt. Heute zählt die Wirtschaftswissenschaft alle Formen der Arbeit, einschließlich der Vielzahl von Dienstleistungen, zu den produktiven Kräften einer Volkswirtschaft.

Der späten Geburt folgte eine um so rasantere Entwicklung der Wirtschaft, nicht ohne problematische Folgeerscheinungen. Denn als Quesnay und Smith ihre neue Wirtschaftslehre niederschrieben, vollzog sich gerade der Übergang von den einfachen Formen wirtschaftlicher Betätigung in Landwirtschaft und Handwerk zu komplexen Produktionsprozessen in zunehmend größeren Fabriken und Spinnereien, bei denen bereits die Dampfmaschine Einzug gehalten hatte.

Eine immer differenziertere Aufteilung der Arbeitsabläufe in kleine und kleinste Arbeitsschritte, die auch der ungelernte Arbeiter leicht erfassen konnte und in kürzester Zeit „automatisch“ beherrschte (Arbeitsteilung), bildete die Grundlage einer rasch wachsenden Produktion. Eine Fülle naturwissenschaftlich technischer Erfindungen veränderte die Arbeits- und Lebensbedingungen der Menschen von Grund auf. Die aufkommenden Fabriken und Manufakturen verdrängten mit billiger Massenproduktion das Kleinhandwerk. Im Sog der Industrie strömten immer mehr Landarbeiter in die ausufernden Großstädte, wo sie zu niedrigstem Lohn unter heute unvorstellbar harten Bedingungen arbeiten mußten. Der Sechzehnstundentag, auch für Frauen und Kinder, war nahezu überall die Regel. Die durchschnittliche Lebenserwartung eines Arbeiters betrug nicht mehr als 35 bis 40 Jahre.

Vor allem die Kinder- und Frauenarbeit trieb grausame Blüten. In seinem bewegenden Buch „Die Lage der arbeitenden Klasse in England“ berichtet Friedrich Engels von niederschmetternden Beobachtungen, die er bei seinem 21-monatigen Aufenthalt auf der Insel gemacht hatte: „In den Kohle- und Eisenbergwerken arbeiten Kinder, von denen die jüngsten vier Jahre alt sind. Die kräftigeren schleppen die Kohle und den Eisenstein. Vielerorts dauert ihr Arbeitstag zwölf Stunden und länger. Sobald sie nach Hause kommen, können sie vor Müdigkeit keinen Bissen Nahrung mehr zu sich nehmen. Sonntags bleiben sie im Bett, statt in die Schule zu gehen. Denn jede Wißbegier ist abgestumpft. Die schwere Arbeit verzögert die Pubertät und führt zu Mißbildungen. Häufig sind die Becken der Mädchen so verkrüppelt, daß die Geburt eines Kindes für sie tödlich ist. Die Angst vor Entlassung zwingt die Schwangeren, bis zu ihrer Entbindung zu arbeiten. Und viele stehen schon drei Tage nach der Geburt ihres Kindes schon wieder an der Maschine."[1]

Siegeszug der Technik

Die Erfindung der Dampfmaschine durch den schottischen Mechaniker James Watt im Jahre 1776 war nur der erste, aber entscheidende Durchbruch, der den Siegeszug der Technik und damit das Zeitalter der „industriellen Revolution" einläutete. Weitere bahnbrechende Erfindungen folgten, die die wirtschaftliche Entwicklung in vorher nie gekanntem Ausmaß vorantrieben. Bereits hundert Jahre später führten Elektrizität und Benzinmotor zu völlig neuen Dimensionen der Technik, des Verkehrs und der Produktionsprozesse. Das Fließband perfektionierte die Arbeitsteilung und beschleunigte die Herstellung von Gütern um ein Vielfaches.

Fünfzig Jahre später führte die Entdeckung, daß Atome spaltbar seien, über die Entwicklung der Atombombe zur Kernenergie. Die Atomkraft sprengte alle herkömmlichen Vorstellungen nutzbarer, aber auch zerstörerischer Energie. Bereits weitere 25 Jahre danach eröffnete die Entwicklung der Mikroelektronik neue technische und wirtschaftliche Dimensionen im Bereich des Winzigen. Auf kleinstem Raum speichert der Mikrochip große Mengen Informationen und Steueranweisungen und ermöglicht so die perfekt arbeitende Automatisierung der betrieblichen Arbeitsvorgänge. Apparative Intelligenz ersetzt mehr und mehr menschliche Arbeitskraft. Das technologische, wissenschaftliche und wirtschaftliche Know how wächst mit zuehmender Geschwindigkeit. Heute verdoppelt sich das Wissenschaftsvolumen bereits nahezu alle zehn Jahre.

Mit dem rasanten Fortschritt technologischer Entwicklung vollzog sich natürlich nicht nur der Wandel des Wirtschaftens, sondern auch der Wirtschaftswissenschaften: Vom obrigkeitsorientierten Merkantilismus über die ersten großen Theorieentwürfe der Nationalökonomie eines François Quesnay, Adam Smith, David Ricardo, Jean Baptiste Say und nicht zuletzt auch Karl Marx bis zur Wirtschaftswissenschaft der Gegenwart, mit der wir uns in diesem Buch beschäftigen wollen.

Wirtschaftswissenschaft heute: Ein Zwitter

Die Wirtschaftswissenschaft, immer häufiger auch als Ökonomie bezeichnet, begegnet uns heute in zweierlei Gestalt. Einerseits als Betriebswirtschaftslehre, die sich mit den Handlungsabläufen in Einzelbetrieben, Unternehmen, Firmen, Gesellschaften oder Konzernen beschäftigt. Untersuchungsgegenstand der Be-

[1] Koesters, P.-H. „Ökonomen verändern die Welt", Hamburg 1982, S. 70

triebswirtschaftslehre ist das einzelne Unternehmen als rechtliche, technische, organisatorische und finanzielle Einheit. Andererseits begegnen wir ihr als Volkswirtschaftslehre, die sich in erster Linie mit der Gesamtwirtschaft eines Landes befaßt. Bei ihr treten die Betriebe nur in ihrer Gesamtheit auf und bilden neben den Haushalten, den Banken, dem Staat ein einzelnes, wenn auch wichtiges Glied in dem jetzt sehr viel größeren Zusammenhang der „Volks"-Wirtschaft. Untersuchungsgegenstand der Volkswirtschaftslehre sind die Wirtschaftsabläufe innerhalb des gesamten Landes, aber auch grenzüberschreitend zu anderen Ländern im internationalen Rahmen des Welthandels.

Betriebswirtschaftslehre

Die Betriebswirtschaftslehre ist der wesentlich jüngere Partner der beiden Wissenschaftszweige. Erst um die Jahrhundertwende spaltete sie sich von der Nationalökonomie ab, indem sie die Handelslehre und Elemente der Kaufmannsausbildung zu einer eigenen Wissenschaftsdisziplin entwickelte. Der schnell steigende Bedarf an gut ausgebildeten Kaufleuten und geschultem Führungspersonal führte bald zu eigenständigen höheren Handelsschulen und Handelshochschulen, aus denen in einigen Fällen sogar neue Universitäten hervorgegangen sind.

Die Betriebswirtschaftslehre ist – wie gesagt – die Lehre von den Betrieben. Der Betriebswirt vertritt in erster Linie das Eigeninteresse der Unternehmung. Er nimmt die volkswirtschaftliche Konstellation, die konjunkturelle Lage, den Geldwert, die Höhe der Zinsen etc. als gegeben hin und untersucht, wie sich der Betrieb optimal anpassen kann. Sein Ziel ist es, die Existenz des Betriebes gegenüber der Konkurrenz zu sichern und Gewinne zu erzielen. Für ihn ist der volkswirtschaftliche Rahmen ein *Datum,* wie der Ökonom sagt. Sich darin einzuordnen ist ihm das *Problem.*

Volkswirtschaftslehre

Die Volkswirtschaftslehre ist die Lehre von den gesamtwirtschaftlichen Abläufen eines Landes. Der Volkswirt vertritt das gesamtwirtschaftliche Interesse der ganzen Nation. Für ihn sind die Unternehmen und ihr Verhalten als Einzelorganisation ein *Datum*, an das er sich anzupassen hat. Dies auf der Grundlage einzelbetrieblicher Gegebenheiten zu erreichen, ist ihm das *Problem.*

Und darin liegt denn auch das Dilemma der Wirtschaftswissenschaft: Was dem einen das *Datum*, ist dem andern das *Problem*. Volks- und Betriebswirtschaftslehre, zwei an sich wesensverwandte Disziplinen, vertreten weitgehend unterschiedliche Zielsetzungen, die zueinander in Widerspruch geraten können. Die Wahrnehmung des Einzelinteresses deckt sich nicht zwingend mit der Wahrnehmung des Gesamtinteresses. Den Widerspruch, der hierbei auftreten kann, veranschaulicht das bekannte Beispiel des „Kinoeffekts": Wenn in einem vollbesetzten Kino ein Besucher aufsteht, sieht er besser als alle anderen. Stehen hingegen alle auf, sehen wieder alle gleich schlecht. Der Vorteil des Einzelnen geht verloren, wenn ihn alle für sich beanspruchen.

Immer wieder tauchen in beiden Disziplinen die gleichen oder ähnliche Begriffe auf: Einkommen, Löhne, Gewinn, Preis, Zins, Geld, Kosten, Konjunktur, Wachstum etc., alles Begriffe, die eine große, je nach Betrachtungsweise allerdings unterschiedliche Rolle spielen können.

In der Betriebswirtschaftslehre wird gefragt: Welche Produkte lassen sich zu welchem Preis am Markt absetzen? Wie hoch ist der Bilanzgewinn am Jahresende? Wie wirkt sich der Zins auf die Inanspruchnahme von Krediten aus? Wie verhält sich der Unternehmer bei Schwankungen der Konjunktur? Wann ist der optimale Investitionszeitpunkt? Wie rationalisiert man die Produktion, um die Kosten zu senken? Wie gehen die Löhne in die Preiskalkulation des Betriebes ein? Wie wirkt sich die Werbung auf den Absatz aus?

Auch die Volkswirtschaftslehre muß die Grundlagen zur Beantwortung dieser Fragen beherrschen. Aber ihre Problemstellung geht weit darüber hinaus. Sie interessiert in erster Linie das Ganze, die Wirtschaftsabläufe innerhalb einer Region oder Nation oder zwischen den Nationen; den Einzelbetrieb nur insoweit, als sich aus dessen Verhalten Auswirkungen auf die Gesamtheit der Volkswirtschaft ergeben.

Drei Hauptaufgaben sind ihr zuzuordnen: Die Frage nach der *Steuerung* der gesamtwirtschaftlichen Prozesse, die Frage nach der (gerechten) *Verteilung* der Einkommen sowie die Frage nach den Bedingungen von *Beschäftigung* und *Wachstum* der Volkswirtschaft. Typische Fragestellungen des Volkswirtes sind: Welche Faktoren bestimmen die Lohnhöhe? Wie hoch ist die gesamtwirtschaftliche Sparquote? Warum steigen oder fallen die Preise? Wie entsteht und verteilt sich das Volkseinkommen? Wie zirkuliert das Geld im Wirtschaftskreislauf? Warum bilden sich konjunkturelle Zyklen? Wie entsteht Arbeitslosigkeit? Wie wirkt sich die Höhe des Zinssatzes auf Investitionen aus? Welche Regeln bestimmen den Warenverkehr mit dem Ausland?

Mikro- und Makroökonomik

Die Methode, mit der in der Volkswirtschaftslehre vorgegangen wird, ist das Modell. Die Vielfalt der volkswirtschaftlichen Zusammenhänge zwingen zur Vereinfachung, zur Beschränkung auf wenige Größen, die das verwirrende Geflecht der Wirtschaftsstrukturen überschaubar machen. Die modellhafte Darstellung volkswirtschaftlicher Gesamtgrößen nennt man *makroökonomische* Analyse, die durch Zusammenfassung der zugehörigen *mikroökonomischen* Größen (Verhalten der Haushalte, Unternehmen oder Banken etc.) gewonnen werden.

Die Begriffe Mikroökonomik und Makroökonomik sind wesentliche Bausteine der Wirtschaftstheorie. Sie sollen der Tatsache Rechnung tragen, daß es einzelwirtschaftliche (mikroökonomische) und gesamtwirtschaftliche (makroökonomische) Sachverhalte gibt, die in ihrem Zusammenwirken die volkswirtschaftliche Betrachtung ausmachen. Mikroökonomische Sachverhalte beziehen sich auf das wirtschaftliche Geschehen in den Haushalten und Unternehmen sowie auf die Aspekte der Preisbildung auf den Märkten. Makroökonomische Sachverhalte beziehen sich auf den gesamtwirtschaftlichen Geld- und Güterkreislauf (bzw. seine Störungen) sowie auf Wachstum und Entwicklung der Wirtschaft als Ganzes, im nationalen und im internationalen Rahmen.

Obwohl also Volks- und Betriebswirtschaftslehre eigentlich nur Teile einer gemeinsamen Disziplin, der Wirtschaftswissenschaft, sind, werden sie dennoch an den meisten deutschen Hochschulen als eigenständige Fachrichtungen gelehrt.

Der Blick in ein typisches Gliederungsschema von Volks- und Betriebswirtschaftslehre veranschaulicht die verwandten, letztlich aber doch sehr unterschiedlichen Inhalte beider Richtungen:

Volkswirtschaftslehre	*Betriebswirtschaftslehre*
Preis und Wettbewerb	Unternehmensführung
Geld und Kredit	Organisation und Planung
Außenwirtschaft	Entscheidungstheorie
Makroökonomik	Produktionswirtschaft
Mikroökonomik	Finanzwirtschaft
Wirtschaftspolitik	Rechnungswesen
Finanzwissenschaft	Absatzwirtschaft/Marketing
Konjunkturtheorie	Operations Research
Wachstumstheorie	Steuerlehre
Wirtschaftssysteme	Internationale Unternehmen
Ökonometrie und Statistik	Ökonometrie und Statistik

Angesichts der fortschreitenden Entwicklung von Einzelunternehmen zu Groß- und Superkonzernen, die – was ihr finanzielles Volumen anbetrifft – heute schon die Größenordnung kleiner und mittlerer Volkswirtschaften angenommen haben, entsteht allerdings ein in dieser Intensität vorher nicht gekanntes Problem: Die Gefahr, daß die Verfolgung des unternehmerischen Einzelinteresses bestimmenden Einfluß auf das volkswirtschaftliche Gesamtinteresse gewinnt, schlimmer noch, daß beides für ein und dasselbe gehalten wird: „Was gut ist für General Motors, ist auch gut für die Vereinigten Staaten!“, um es mit dem Slogan eines amerikanischen Präsidentschaftskandidaten auf den Punkt zu bringen.

Aber nicht nur das Phänomen der Größe, der Anhäufung von Wirtschaftsmacht, hat hier neue Fakten geschaffen. Auch die Internationalisierung der Unternehmensstandorte, die Verteilung der Konzernbetriebe auf möglichst viele Volkswirtschaften, entzieht den Einzelbetrieb immer mehr dem politischen Einfluß des einzelnen Landes. Hier, in Konsequenz von wirtschaftlicher Größe und internationaler Verbreitung, vermischen sich betriebswirtschaftliche und volkswirtschaftliche Aspekte zu einer neuen Dimension der Verflechtung von Einzel- und Gesamtinteressen auf regionaler, nationaler und internationaler Ebene – ein Konflikt, auf den sich die getrennt lehrenden Disziplinen der Volks- und Betriebswirtschaftslehre erst noch einzustellen haben.

Der Wirtschaftskreislauf: Sparen gleich Investieren?

Um einen ersten Eindruck vom Zusammenspiel der Wirtschaftskräfte eines Landes zu gewinnen, schauen wir uns das von Quesnay erdachte Kreislaufschema etwas genauer an, aber gleich so, wie man es heute sieht. Ähnlich wie bei Quesnay wird auch heute noch die Vielzahl und Verschiedenartigkeit der Wirtschaftssubjekte zu sogenannten Sektoren oder Polen zusammengefaßt. Im einfachsten Fall, so stellen wir uns vor, gebe es in der Wirtschaft eines Landes nur zwei Sektoren: Auf der einen Seite die Unternehmen und Betriebe, alle produzierenden Einrichtungen also, die den Sektor „Industrie“ bilden. Auf der anderen Seite die Familien und familienähnlichen Gebilde, alle konsumierenden Einrichtungen also, die zum Sektor „Haushalte“ zusammengefaßt werden (Summe aller Familien und Einzelpersonen, die selbständig einen Haushalt führen). Es gibt keinen Staat und kein Ausland. Ein solches Modell bezeichnet man als eine „geschlossene Volkswirtschaft“ (geschlossen gegenüber dem Ausland) ohne Aktivität des Staates. In Abbildung 1 ist dargestellt, was die beiden Sektoren verbindet: Güter- bzw. Leistungsströme einerseits sowie Geldströme andererseits, wobei beide Ströme einander entgegenlaufen.

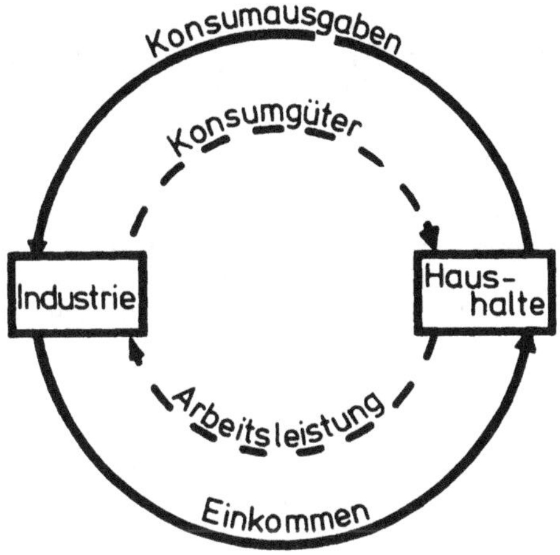

Abb. 1 Kreislaufmodell der geschlossenen Volkswirtschaft
Um einen Eindruck von dem vielfältigen Zusammenspiel der wirtschaftlichen Kräfte eines Landes zu gewinnen, ist es zweckmäßig, die Wirklichkeit in einem „Modell“ auf ihre wesentlichen Elemente zu reduzieren. Im einfachsten Fall beschränkt sich das „Modell Volkswirtschaft“ auf die zwei „Sektoren“ (Pole) Industrie und Haushalte, die durch entgegengesetzt fließende Geld- und Güterströme verbunden sind.

Güter- und Geldströme in der Volkswirtschaft

Betrachten wir die Abläufe etwas näher, und zwar zuerst den inneren Kreis, den Güter- bzw. Leistungsstrom. In der Industrie (genauer müßte man sagen: in der Konsumgüterindustrie) werden Güter hergestellt, die in die Haushalte fließen. Dazu zählen einerseits „Waren“ wie zum Beispiel Bekleidung, Möbel, Nahrungsmittel, Autos, Medikamente oder Sportartikel, andererseits auch „Dienstleistungen“ (Dienste) wie Flugreisen, Konzertveranstaltungen, Universitätsausbildung, Krankenversorgung, Haareschneiden oder Saunabaden. Daraus bildet sich der Konsumgüterstrom (Waren und Dienste werden im allgemeinen zum Begriff „Güter“ zusammengefaßt.). Aufgrund der Tatsache, daß Haushaltsmitglieder in den Industrieunternehmen arbeiten, fließt ihre Arbeitsleistung von den Haushalten in die Industrie. Dies ist der Strom der Arbeitsleistungen, der den inneren Kreislauf wieder schließt.

Betrachten wir jetzt den äußeren, den Geldkreislauf. Für die von den Beschäftigten erbrachten Arbeitsleistungen zahlen die Unternehmen Löhne und Gehälter, die als Geldstrom in die Haushalte fließen. Von den Haushalten fließt der Geldstrom in Form von Konsumausgaben zurück in die Industrie, weil die Haushalte Konsumgüter erwerben. Unterstellt, daß die Haushalte nichts sparen, hat sich auch hier der Geldkreislauf wieder geschlossen.

Mit der letztgenannten Einschränkung kommt allerdings etwas hinzu, was das bisher noch sehr einfache Bild des gegenläufigen Güter- und Geldkreislaufs komplizierter macht. In Wirklichkeit sparen ja die Haushalte. Um dies zu berücksichtigen, müssen wir das Kreislaufbild um den Bankensektor erweitern, weil wir annehmen wollen, daß die Haushalte das Geld, das sie auf die hohe Kante legen, nicht ins Sparschwein stopfen, sondern auf ihre Bank oder Sparkasse bringen. Es fließt also ein Teil des Geldstroms von den Haushalten in den Bankensektor.

Wir wollen das Kreislaufbild aber auch noch an einer anderen Stelle ändern. Und zwar spalten wir aus Gründen, die wir gleich verstehen werden, den Wirtschaftssektor „Industrie“, in dem bis jetzt alle produzierenden Unternehmen ohne Unterschied zusammengefaßt wurden, in zwei Teilsektoren auf: in Konsumgüterindustrie (KJ) und in Investitionsgüterindustrie (JJ).

Damit besitzen wir das Gerüst, mit dem sich die wichtigsten volkswirtschaftlichen Kreislaufzusammenhänge verständlich machen lassen, wie sie in Abbildung 2 dargestellt sind. Um das in dieser Weise erweiterte Modell gleich wieder zu vereinfachen, sind dort die Güterströme weggelassen, um sich ganz auf die Geldströme zu konzentrieren.

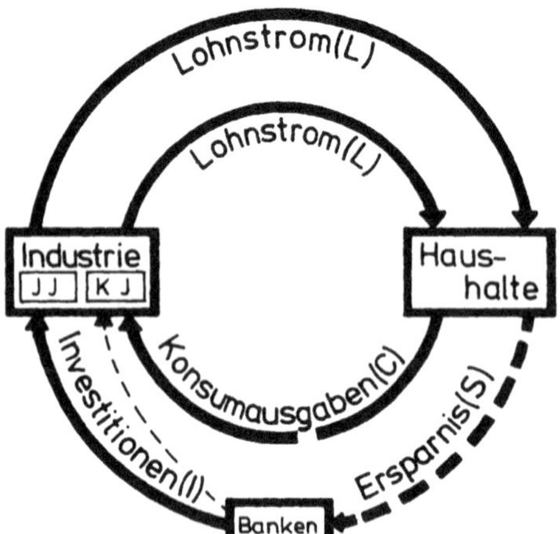

Abb. 2 Erweitertes Modell des Wirtschaftskreislaufs
Um Sparen und Investieren zu berücksichtigen, wird der Wirtschaftskreislauf um den Bankensektor erweitert. Aus dem gleichen Grund ist der Sektor Industrie in Konsumgüter- und in Investitionsgüterindustrie aufgespalten. Zur Vereinfachung sind die Güterströme weggelassen, so daß hier nur noch die Geldströme betrachtet werden. Die Frage, um die es hier geht: Sind Sparstrom und Investitionsstrom gleich groß, gilt also I = S?

Den inneren Ring kennen wir bereits. Von der Konsumgüterindustrie fließt der Lohnstrom in die Haushalte. Aufgrund der Konsumausgaben der Haushalte bildet sich der Geldstrom, der in die Konsumgüterindustrie zurückfließt.

Der (innere) Kreislauf ist geschlossen, solange die Haushalte alles verfügbare Geld auch wieder ausgeben, also nichts sparen. Erst wenn sie sparen, was sie in der Regel tun, spaltet sich ein zweiter Strom ab, der von den Haushalten in den Bankensektor führt. Damit sind wir beim äußeren Ring des Kreislaufmodells. Das Sparen entzieht dem Lohnstrom einen Teil der Einkommen und lenkt ihn zum Bankensektor, der eine ausgesprochen wichtige Umsetzfunktion besitzt. Die Banken stellen die Ersparnis den Unternehmen in Form von Krediten zur Verfügung (gegen Bezahlung von Zins versteht sich, aber davon später), soweit diese Geld für *Investitionen* brauchen, die dem Aufbau, der Erweiterung oder Verbesserung von Maschinen, Anlagen und Gebäuden dienen.

Wie geht das vor sich? Die Unternehmen in der Konsumgüterindustrie benötigen, wenn sie ihre Produktionsanlagen erweitern wollen, Güter verschiedener

Art, aber nicht Konsum- sondern Investitionsgüter wie Maschinen, Baumaterial, Stahl, Werkzeuge usw. Diese herzustellen ist Aufgabe der Investitionsgüterindustrie. Dazu gehört die gesamte Maschinenbauindustrie, die Elektro- und elektronische Industrie, die Schiffs- und Flugzeugbranche sowie große Teile der chemischen und holzverarbeitenden Industrie, um nur die wichtigsten zu nennen.

Die benötigten Finanzierungsmittel beschafft sich die Investitionsgüterindustrie von den Banken. Aus diesem Grund fließt ein Strom von Geldausgaben für Investitionen von den Banken in die Investitionsgüterindustrie. Die dort beschäftigte Arbeiterschaft erhält ebenfalls Löhne und Gehälter, womit sich ein zweiter Lohnstrom bildet, der in den Sektor Haushalte fließt, die ihr Einkommen wiederum für Konsum- und Sparzwecke verwenden – auch der äußere Kreislauf schließt sich hier.

Dem Sparen kommt in diesem Zusammenhang eine besondere Bedeutung zu, weil es die Nachfrage verringert und dadurch einen ungünstigen Einfluß auf die Beschäftigung ausüben kann. Denn soweit ein Teil der Einkommen nicht für Konsumzwecke ausgegeben, sondern gespart wird, reduziert sich auch die Konsumgüternachfrage. Sparen entzieht dem Kreislauf Kaufkraft, so daß die Konsumgüterindustrie dementsprechend weniger absetzen kann, was eine Verminderung der Beschäftigung zur Folge hat. Dies wiederum reduziert die Einkommen der Beschäftigten in der Konsumgüterindustrie, was letztlich wieder die Nachfrage nach Konsumgütern vermindert.

Wir stoßen hier auf ein anschauliches Beispiel der Zwittrigkeit von einzel- und gesamtwirtschaftlicher Betrachtung, die wir mit dem „Kinoeffekt“ deutlich zu machen versucht haben: Wenn der einzelne mehr spart, also auf Konsum verzichtet, erhöht er sein Geldvermögen und verbessert seine Zukunftsvorsorge. Doch wenn die Gesamtheit der Bevölkerung so handelt, mehr Geld zurücklegt und weniger Güter kauft, kommt es zu einem gesamtwirtschaftlich schädlichen Nachfrageeinbruch, weil die dann überschüssige, nicht absetzbare Produktion einen Rückgang der Investitionen zur Folge hat. Am Ende steht die Bevölkerung schlechter da, weil sie auf niedrigerem Einkommensniveau letztlich weniger sparen kann als zuvor. Ein unabwendbarer Teufelskreis also, den das Sparen auslöst? Ein sich selbst verstärkender Prozeß gesamtwirtschaftlicher Schrumpfung? Natürlich nicht.

Grundgleichung der Volkswirtschaft I = S

„Rettung“ aus dieser Misere schafft der Weg des gesparten Geldes über die Banken zur Investitionsgüterindustrie. Wird die gesamte Ersparnis in Form von Krediten an die Investitionsgüterindustrie weitergeleitet, dann fließt das für einen bestimmten Zeitraum bei den Banken stillgelegte (gesparte) Geldkapital der Wirtschaft wieder zu, wodurch (infolge der Investitionen) neue Arbeitsplätze und damit neue Einkommen in gleicher Höhe geschaffen werden, die dem Sektor Haushalte wieder für Konsumzwecke zur Verfügung stehen.

Offensichtlich hängen Sparen und Investieren eng zusammen. Die Ersparnis der Haushalte bildet – wenn auch nicht ausschließlich – die Grundlage der Investition auf Seiten der Unternehmen. Und so leiten sich aus den vorangegangenen Überlegungen zwei Grundgleichungen der Volkswirtschaft ab, die sich zu einer dritten zusammenfassen lassen.

Einerseits läßt sich sagen, daß das Volkseinkommen, d.h. die Summe der Einkommen aller Haushalte (hier mit Y bezeichnet), entweder für Konsumausgaben (C) oder für Ersparnis (S) verwendet wird. So lautet die erste Gleichung:

$$Y = C + S$$

Man bezeichnet sie als die *Verwendungsgleichung* des Volkseinkommens, die sich aus der Sicht der Haushalte bildet.

Andererseits läßt sich sagen, daß das Volkseinkommen eines Landes entweder in der Konsumgüterindustrie oder in der Investitionsgüterindustrie entsteht. Somit lautet die zweite, als *Entstehungsgleichung* bezeichnete Formel:

$$Y = C + I.$$

Da das Volkseinkommen nur verwendet werden kann, soweit es zuvor (in gleicher Höhe) entstanden ist, entspricht die Verwendungsrechnung zwangsläufig der Entstehungsrechnung, das heißt beide Gleichungen können einander gleichgesetzt werden. Daraus ergibt sich (durch Subtraktion beider Gleichungen) die dritte Gleichung:

$$I = S$$

In einer geschlossenen Volkswirtschaft (d.h. ohne Beziehungen zu anderen Ländern und ohne Aktivität des Staates) ist die Höhe der Investition gleich der Höhe der Ersparnis.

Diese Grundaussage der Volkswirtschaft ist, so überzeugend sie klingt, ... falsch, wenn man sie wörtlich in dem Sinne versteht, daß die Unternehmen auf der einen Seite immer gerade soviel investieren, wie die Haushalte auf der anderen Seite sparen. Hier spielt eine entscheidende Wirkungsgröße hinein, die im allgemeinen nur wenig bekannt ist: die Fähigkeit der Banken zur *Geldschöpfung*. Banken dürfen aus eigener Kraft und Verantwortung den Geldumlauf der Volkswirtschaft erhöhen, d.h. mehr Geld für Kredite zur Verfügung stellen, als die Haushalte bei ihnen sparen. Aus diesem Grunde können die Investitionsausgaben die Gesamtersparnis eines Landes erheblich übersteigen.

Nur durch einen ungewöhnlichen Zufall könnte der Sparstrom gleich dem Investitionsstrom sein. Denn über die Höhe des Sparens und des Investierens entscheiden jeweils andere Wirtschaftssubjekte nach völlig unterschiedlichen Kriterien: über das Sparen die Haushalte, was zumeist ungeplant und sehr zufällig erfolgt; über das Investieren die Unternehmen nach zumeist rational geplantem Kalkül und genauen Berechnungen.

Dennoch ist diese Gleichung richtig, wenn man die Volkswirtschaft im nachhinein betrachtet, „ex post“ wie der Ökonom sagt. Die die Ersparnis übersteigenden Investitionsausgaben werden dann als „erzwungene“ Ersparnis eingestuft. Auf diese Weise stimmt die Gleichung immer. Sie ist reine Identität.

Der wirtschaftliche Wert: Bestimmt von Knappheit und Nutzen

Wer sich mit Wirtschaftsfragen beschäftigt, stößt bald auf die Frage nach dem Wert, den wir den Dingen fürs tägliche Leben beimessen. Was macht diesen Wert aus, wer bestimmt ihn und nach welchen Kriterien? Vor allem aber: Warum wirtschaften Menschen überhaupt?

Im Grunde sind es nur zwei Gründe, die zum Wirtschaften Anlaß geben: die Bedürfnisse des Menschen und die Knappheit der Mittel, mit denen sich Bedürfnisse befriedigen lassen. Unter Bedürfnissen versteht der Ökonom „Empfindungen des Mangels, die den Wunsch auslösen, diesem Mangel abzuhelfen.“ (Woll) (Der Autor ist sich bewußt, daß es auch noch andere Bedürfnisse gibt, die – Gott sei's gedankt – nicht ökonomischer Natur sind). Als Mittel zur ökonomischen Befriedigung der Bedürfnisse gelten Waren und Dienstleistungen, die in der Ökonomie unter dem Begriff „Güter“ zusammengefaßt werden. Die Bedürfnisbefriedigung ist also das Motiv, die Knappheit die Ursache des Wirtschaftens und die (knappen) Güter das geeignete Mittel dazu. Stünden alle Güter unbeschränkt zur Verfügung, brauchte man nichts zu tun, um sie zu erzeugen oder bereitzustellen; dann brauchte man sich auch nicht mit Wirtschaftsfragen zu beschäftigen.

Knappheit alleine macht einen Gegenstand allerdings noch nicht zu einem ökonomischen Gut. Zu einem ökonomischen Gut wird er erst, wenn er Bedürfnisse befriedigt. Faule Eier zum Beispiel sind zwar selten, aber nicht knapp im ökonomischen Sinne, weil mit ihnen keine Bedürfnisse befriedigt werden.

Nicht alle Güter sind knapp, aber so gut wie alle, wenn auch unterschiedlich. Das in der ökonomischen Theorie üblicherweise genannte Beispiel für ein nicht knappes Gut, die Luft, die wir atmen, befindet sich – zumindest in Gestalt „reiner Luft“ – auf dem besten Weg, zu einem äußerst knappen Gut zu werden. Überhaupt ist die Frage, ob ein Gut als knapp oder „frei“ zu bezeichnen ist, unterschiedlich zu beantworten. Denn Knappheit ist relativ. Sie ist abhängig von Zeit und Raum (Region), in der sie sich stellt. Wasser zum Beispiel ist in ländlichen Gegenden noch ein vergleichsweise freies Gut; bereits in der Stadt wird es erheblich knapper, in der Wüste schließlich äußerst knapp.

Weitere Beispiele ließen sich anführen, so das Grundgut Boden, das in den Ländern Australiens und Afrikas mit geringer Besiedelungsdichte noch großzügig zur Verfügung steht, großzügiger jedenfalls als im dichtbesiedelten Europa, insbesondere in den Stadtregionen. Knapp sind grundsätzlich alle Bodenschätze und den daraus direkt oder indirekt erzeugten Wirtschaftsgütern, und zwar sowohl im absoluten Sinne, weil alle Ressourcen der Erde letztlich nur begrenzt zur Verfügung stehen, als auch im relativen Sinne, d.h. im Vergleich zur Nachfrage der Menschen nach diesen Gütern. Dies gilt selbst dann, wenn zeitlich oder regional Überfluß an Gütern herrscht, wie z.B. derzeit in der europäischen Agrarproduktion, während zugleich in den Ländern der Dritten Welt großer Mangel herrscht. Hier liegt dann unter anderem ein ungelöstes Verteilungsproblem vor.

Wertbildung des Wirtschaftsgutes

Knappe Güter sind – weil knapp – wertvoll. Aber *wie* wertvoll sind sie und vor allem, wie bildet sich ihr Preis auf den Märkten? Wie und von wem wird er bestimmt?

Die Wert- und Preisbestimmung eines Gutes gehört zu den bis heute umstrittensten Fragen der Wirtschaftswissenschaft, zumal auch hier betriebswirtschaftliche und volkswirtschaftliche Aspekte ineinander übergehen.

Die Klassiker der Nationalökonomie wie Adam Smith, David Ricardo und vor allem später Karl Marx hielten die in das Wirtschaftsgut eingehende Arbeitsmenge für die alleinige Grundlage der Wertbildung. Denn auch der Kapitaleinsatz (z.B. in Form von Maschinen und Anlagen) galt als Arbeit, die bereits *vorweg ge-*

tan worden sei. Die sogenannte „Arbeitswertlehre“ nahm an, daß allein die menschliche Arbeit Werte erzeuge: Nur die jeder Ware innewohnende Arbeitszeit bestimmt den Wert der Ware. Kaufen und Verkaufen ist nichts anderes als der Austausch gleichwertiger Arbeitsleistungen. Ein in zehn Stunden gefertigtes Paar Schuhe hat den gleichen Tauschwert wie eine Hose, wenn dafür ebenfalls zehn Stunden aufgewendet wurden.

Aber, welchen Wert haben die Güter auf den Märkten und wie bilden sich dort die Preise? Adam Smith unterschied in dieser Frage zwischen dem Tauschwert der Güter und ihrem Gebrauchswert: „Dinge, die den größten Gebrauchswert haben (Wasser), haben oft wenig oder gar keinen Tauschwert und umgekehrt: die, welche den größten Tauschwert (Diamant) haben, haben oft weniger oder gar keinen Gebrauchswert“. Für ihn war jedoch in erster Linie der Tauschwert am Markt wirksam, wobei nach seiner Ansicht allein die Arbeit, die zur Herstellung einer Ware eingesetzt werden mußte, den wahren Maßstab des Tauschwertes bildete: „Wenn es einem Jägervolk zweimal soviel Arbeit kostet, einen Biber zu erlegen, als das Erlegen eines Hirsches erfordern würde, so wird natürlich ein Biber zwei Hirsche wert sein oder dafür in Tausch gehen“.

Auf diese Weise bildet sich der „natürliche Preis“, der von Lohn, Profit und Rente langfristig bestimmt ist. Kurzfristig kann auf einem Markt aber auch das Verhältnis von Angebot und Nachfrage einen anderen Preis erzwingen. Der „Marktpreis“ schwankt also um den „natürlichen Preis“ mit der Tendenz, sich ihm langfristig anzugleichen.

Das klingt zwar einleuchtend, ist aber so nicht haltbar. Schon die tägliche Erfahrung lehrt, daß hier etwas nicht stimmen kann. Die Klassiker hatten eine wichtige Komponente der Wertbildung übersehen, die vor allem im subjektiven Empfinden der Menschen beim Gebrauch von Gütern zu suchen ist: Nur Güter, die begehrt sind, werden auch gekauft. Begehrt werden Güter aber nur dann, wenn sie dem Käufer einen Nutzen stiften; einen Nutzen, der nicht objektiv sein muß, sondern auch im Bereich persönlicher Gefühle gelagert sein kann. So entspricht das individuelle Wertempfinden beim Sammeln von Briefmarken oder beim Erwerb von Schmuck keineswegs der Menge der darin verborgenen Arbeit. Der Wert wird hier höchst persönlich vom erwarteten Nutzen bestimmt (auch im Sinne von Genuß und Lust), den der Mensch beim Erwerb des Gutes wahrnimmt. Dieses Nutzengefühl, das wir uns in seiner besonderen Gestalt als „Grenznutzen“ noch etwas näher anschauen wollen, ist aber völlig unabhängig von der Arbeitszeit, die andere in das Gut hineineingesteckt haben.

Weil der Mensch zahlreiche Bedürfnisse hat, die er nicht alle gleichzeitig und unbegrenzt befriedigen kann, muß er die Reihenfolge und den Grad ihrer Befriedigung in eine (subjektiv empfundene) Ordnung bringen. Er muß eine *Wahlentscheidung* treffen. Er kann zum Beispiel, wenn er abends nach Hause kommt und sich dem Feierabend widmet, nicht ein Buch lesen und gleichzeitig einen Fernsehfilm anschauen (obwohl es Leute gibt, die das tatsächlich fertigbringen). Hier konkurrieren zwei Bedürfnisse miteinander, Lesen und Fernsehen, und für eines der beiden muß er sich entscheiden. Wie macht er das?

Erstes und Zweites Gossen'sches Gesetz

Er fragt sich, ohne sich natürlich dessen bewußt zu sein, welchen Nutzen ihm das eine oder das andere stiftet; d.h. er stellt seine persönliche Wertschätzung für Lesen oder für Fernsehen fest. Dabei kommt es entscheidend darauf an, in welcher

Situation er sich in diesem Augenblick befindet. Hat er zuvor gerade ein Buch gelesen, wird er vielleicht meinen, zunächst genug gelesen zu haben, so daß er sich erst einmal für's Fernsehen entscheidet, dessen Nutzenempfinden er nun höher einschätzt. Mit anderen Worten, es kommt auf den Grad der Sättigung an, den seine Bedürfnisse gerade erreicht haben, um die Höhe des Nutzens zu bestimmen.

Der Ökonom bezeichnet den Nutzen, auch im Sinne von Genuß, den ihm eine zusätzliche Einheit eines Gutes bringt, als *Grenznutzen*. Die Erfahrung lehrt nun, daß der Grenznutzen mit zunehmender Bedürfnisbefriedigung sinkt, bis es zu völliger Sättigung kommt (Grenznutzen gleich Null) oder sogar zu Überdruß (negativer Grenznutzen). Dem Wanderer, der an einem heißen Tag endlich einen Brunnen findet, wird das erste Glas Wasser, das er durstig hinunterstürzt, überaus großen Genuß bereiten. Das zweite Glas nimmt er dann schon langsamer zu sich, weil sein Durstgefühl bereits nachgelassen hat. Das dritte Glas empfindet er kaum noch als etwas Besonderes, weil er dann überhaupt keinen Durst mehr hat. Beim vierten Glas spürt er vielleicht schon Überdruß.

Diese Erfahrungstatsache bezeichnet man nach dem Preußischen Regierungsassessor Gossen, der ähnliche Überlegungen bereits 1853 anstellte, als das „Erste Gossen'sche Gesetz“.

Von größerer Bedeutung für das Grenznutzendenken, auch im Bereich der wirtschaftlichen und politischen Praxis, ist allerdings das „Zweite Gossen'sche Gesetz“, das Gesetz vom *Ausgleich der Grenznutzen*. Es beantwortet die Frage, wie ein Mensch handelt, wenn mehrere Bedürfnisse gleichzeitig aufeinander treffen und befriedigt werden wollen. In diesem Fall geht der Mensch so vor, daß er bei der Befriedigung jedes einzelnen Bedürfnisses den gleichen Grenznutzen verwirklicht, mit dem Ziel, ein Maximum an Gesamtbefriedigung zu erreichen. Machen wir uns auch dies an einem Beispiel klar.

Der Familienvater (bzw. die Familienmutter) geht bei der Aufteilung des Monatsgehalts auf die verschiedenen Dinge, die man zum täglichen Leben braucht, stets so vor, daß der Grenznutzengewinn bei allen Ausgaben gleich hoch ist. Das setzt voraus, daß kein weniger wichtiges Bedürfnis befriedigt wird, solange ein wichtigeres noch nicht befriedigt ist. Das ist auch nur vernünftig: Kein Mensch sollte sich ein neues Radiogerät kaufen, wenn ein neuer Anzug wichtiger ist und man sich nicht beides gleichzeitig leisten kann.

Und noch ein Beispiel: Jeder, der in seinem Leben eine Flugreise antreten mußte, kennt das Dilemma, die Vielzahl der Sachen, die man unbedingt mitnehmen möchte, in einen Koffer zu verpacken, der ein bestimmtes Gewicht nicht überschreiten darf. Was wir dort bei der Auswahl gedanklich tun, ist nichts anderes als ständiges Abwägen mit Hilfe des unbewußt empfundenen Grenznutzens. Am Schluß, und da können wir sicher sein, sind exakt die Dinge eingepackt, denen wir der Reihe nach den größten Grenznutzen beimessen. Kein Stück bleibt draußen, das einen höheren Grenzwert als eines der im Koffer befindlichen Reiseutensilien besitzt.

Das Gesetz vom Ausgleich der Grenznutzen spielt allerdings nicht nur bei der individuellen Bedürfnisbefriedigung des Menschen eine Rolle. Es gilt analog auch bei Entscheidungen sowohl in der privaten und öffentlichen Wirtschaft als auch in der Politik. So fallen die Entscheidungen in der Gemeinde über den Ausbau des Straßennetzes oder der Errichtung eines Schwimmbades genauso nach dem Prinzip des Zweiten Gossen'schen Gesetzes wie die Überlegungen der Unternehmensleitung, ob beispielsweise bestimmte Montagearbeiten, die zuvor in Fremdvergabe von anderen Firmen wahrgenommen wurden, zukünftig in eigener Regie gefertigt werden sollen. Schafft der Betrieb daraufhin verschiedene Werkzeugmaschinen, beispielsweise fünf Drehbänke, drei Bohrmaschinen und vier Fräsen an, dann stand bei der Beschaffung dieser Geräte auch hier der Ausgleich der Grenznutzen unbewußt im Hintergrund, das heißt der Grenznutzengewinn für jede neu erworbene Maschine ist für den Betrieb der gleiche.

Zum Schluß sei noch angemerkt, daß mit dieser Regel nichts über eine *objektive* Rangordnung der Bedürfnisse und ihrer Befriedigung ausgesagt ist. Diese sind grundsätzlich für jeden Menschen, für jede Institution und je nach Gelegenheit stets verschieden. Für den einen sind Bücher das Wichtigste, für den anderen Fernsehen. Der eine geht gerne ins Theater, der andere ins Fußballstadion. Der eine liebt die Arbeit über alles, der andere strebt nach mehr Freizeit. Die kleine Geschichte des italienischen Jungen, der von einem Reisenden aufgefordert wird, gegen ein Entgelt seine Koffer zu tragen, veranschaulicht dies in einer für unsere Ohren verblüffenden Weise. Ho gia mangiato, ich habe schon gegessen, war die Antwort, worin sich ganz einfach eine andere Rangordnung der Werte widerspiegelt.

So viel zur Bedeutung des Grenznutzens, der eine große Rolle bei der Entscheidung spielt, welcher Wert den Dingen des täglichen Lebens, aber auch des wirtschaftlichen Handelns beizumessen ist.

Doch auch diese Erklärung des Wertes befriedigt noch nicht. Zum einen weichen die Nutzenvorstellungen von Mensch zu Mensch erheblich voneinander ab. Was dem einen wertvoll, kann für den anderen völlig wertlos sein (dies wird vor allem am Beispiel des Briefmarkensammelns deutlich). Wie kann es da jemals zu einer allgemein anerkannten Wertbildung kommen, die beim Handel auf den Märkten unbedingt Voraussetzung ist? Zum andern sind die in das Wirtschaftsgut eingegangenen Arbeitsmengen wohl doch nicht ganz so bedeutungslos für die Wertbildung, wie dies die Nutzenlehre suggerieren könnte.

Den Weg aus diesem Dilemma weist die Preistheorie, die sich mit der Bildung der Preise auf den Märkten befaßt. Danach bemißt sich der Wert eines Gutes allein nach dem Preis, den der Käufer für den Erwerb eines Gutes zu zahlen bereit ist. Eng damit verbunden ist die Bedeutung des Geldes, des Zinses und auch des Gewinns. Das Quartett dieser vier Begriffe wird uns daher in den nächsten Kapiteln beschäftigen. Es bildet Motor, Motiv und Steuerungsinstrument des wirtschaftlichen Handelns in der Marktwirtschaft, die wir hier von der Planwirtschaft, wie sie in fast allen Ostblockländern praktiziert wird, abgrenzen müssen. Steuert dort ein zentralstaatlicher Plan die Wirtschaftsabläufe in allen Einzelheiten der Güterherstellung und -verteilung, ist es hier – in den westlichen Industrienationen – der Markt mit seinen spezifischen Gesetzen von Angebot und Nachfrage.

Und daß die Gesetze des Marktes auch tatsächlich funktionieren, ohne (allzu tiefgreifend) lenkenden Eingriff des Staates, dafür sorgen die beiden Grundprinzipien des Wirtschaftens: Das Wirtschaftlichkeitsprinzip und das erwerbswirtschaftliche Prinzip.

Wirtschaftlichkeit: Alles mit nichts?

Was heißt das, wirtschaftlich? Ein Beispiel soll helfen, dies zu klären: „Jeden Tag verläßt ein Güterzug das Daimler-Benz-Werk in Sindelfingen; er bringt Teile nach Bremen, die dort für die Produktion des Mercedes 190 gebraucht werden. Jeden Tag begegnet dem Daimler-Express ein Zug aus Bremen, der dort gestanzte Bleche nach Sindelfingen transportiert, denn auch im Schwäbischen wird der Mercedes 190 montiert. Daimler-Benz hat zwischen diesen zwei Werken einen Verbund verwirklicht, den die deutschen Autofirmen auch mit ihren Zulieferern erreichen möchten. Die Lager reichen nicht mehr, wie in früheren Jahren, für mehrere Wochen. Sie sind im allgemeinen schon nach wenigen Stunden erschöpft.

Angesichts wachsender Modellvielfalt bei den Autotypen wäre für altertümliche Reservehaltung heute schon fast kein Platz mehr. Vom VW-Golf allein gibt es inzwischen über 250 verschiedene Varianten. Den alten Käfer gab es nur in wenigen Versionen, und heute bietet VW nicht nur diesen Typ an, sondern die Palette reicht vom Polo für rund 11 000 Mark bis zum Audi-Quattro für 70 000 Mark. Der Golf besteht überdies aus über zehntausend Teilen – der Käfer kam mit nur fünftausend aus. All die verschiedenen Knöpfe und Schalter, Bleche und Sitze, Motor- und Getriebeteile können gar nicht mehr in der nötigen Menge auf Vorrat gelegt werden ....“[2]

Wirtschaftlichkeitsprinzip

Dieser Auszug aus der Wochenzeitung DIE ZEIT demonstriert, wie Wirtschaftlichkeit am Beispiel moderner Lagerhaltung zum Ausdruck kommt. Die organisatorische Verringerung der Vorratshaltung auf Minimalbestand mit täglich gesteuertem Materialzufluß hilft der Industrie Geld sparen. Lager im eigentlichen Sinne gibt es dort nicht mehr. Logistiker haben daher den Begriff „Lagerhaltung“ schon längst durch „Materialflußwirtschaft“ ersetzt. Kapital, das sonst in Vorräten und großen Lagerhallen gebunden wäre, steht für andere Zwecke zur Verfügung. Gewinn kann also auch in der wirtschaftlichen Bevorratung liegen, in einer Verbesserung, sprich Verkleinerung der Lagerhaltung. Mit anderen Worten: Mit knappen Mitteln, mit Kapital, muß „haushälterisch“ umgegangen werden. Wer wirtschaftet, muß stets nach dem günstigsten Verhältnis von Aufwand und Ertrag, von Kosten und Leistung suchen. Diese generelle Handlungsmaxime bezeichnet man als das Wirtschaftlichkeits- oder Ökonomieprinzip, auch Rationalprinzip genannt.

Zwei Formulierungen dieses Prinzips sind üblich, die jedoch zu sehr unterschiedlichen Ausformungen des wirtschaftlichen Denkens und Handelns führen:

Das Prinzip der Wirtschaftlichkeit ist definiert als das Bestreben,

- mit vorgegebenen Mitteln den größtmöglichen Ertrag zu erzielen oder
- ein vorgegebenes Ziel mit den geringstmöglichen Mitteln zu erreichen.

Beide Ausprägungen dieses Prinzips werden fälschlicherweise häufig zu einer einzigen Ausdrucksform zusammengezogen:

- mit geringstem Aufwand an Mitteln den größtmöglichen Ertrag zu erzielen.

[2] DIE ZEIT vom 25.5.1984 (Auszug)

Diese Formulierung enthält die logisch nicht erfüllbare Forderung, mit einem Minimum (an Mitteln) ein Maximum (an Ertrag) zu verwirklichen, überspitzt formuliert: Alles mit nichts zu erreichen.

Man kann zwar zwei Autofahrern klarmachen, mit 10 Liter Benzin möglichst weit zu fahren oder auch umgekehrt, eine Strecke von 100 Kilometern mit möglichst wenig Benzin zu bewältigen. Man kann sie aber nicht dazu auffordern, mit möglichst wenig Sprit möglichst weit zu fahren.

Homo oeconomicus

Die beiden Ausdrucksformen des Wirtschaftlichkeitsprinzips wirken nicht nur logisch und vernünftig, sie scheinen im Grunde auch das Gleiche auszusagen. Zunächst sind sie ja nichts anderes als die Forderung nach Rationalität im wirtschaftlichen Handeln. Der Mensch, der dies zur Leitmaxime seines Handelns macht und sich von nichts anderem leiten läßt, wie zum Beispiel Voreingenommenheit, Machtstreben, Maßlosigkeit, Leichtsinn, Abenteuerlust, wird in der Literatur als *homo oeconomicus* bezeichnet, die Fiktion eines Wirtschaftssubjekts ohne menschliche Eigenschaften, nur der „objektiven Rationalität“ verpflichtet, stets die Mehrung des eigenen Gewinns oder Nutzens im Sinn. Dennoch charakterisieren beide Ausprägungen – jeweils zum vorrangigen Prinzip erhoben – sehr verschiedene Verhaltensweisen.

Die erste Definition, mit vorgegebenen Mitteln den größtmöglichen Ertrag zu erzielen, maximiert die Ergebnisse der Produktionsprozesse, das heißt letztlich die Steigerung der Gewinne unter ungehemmtem Einsatz von Arbeit, Kapital, Energie und Rohstoffen. Sie steht für die Arbeits- und Verhaltensweise marktwirtschaftlich orientierter Unternehmensformen, wie sie in den hochentwickelten Industrienationen überwiegend üblich sind. Zwar wird auch hier versucht, durch Kostensenkung und Rationalisierung den Mitteleinsatz zu verringern (dies zeigt das angeführte Beispiel), dennoch dominiert das Ziel der Ergebnis- und Ertragssteigerung.

Die zweite Definition, ein vorgegebenes Ergebnis mit den geringstmöglichen Mitteln zu erreichen, minimiert den Mitteleinsatz in den Produktionsprozessen, mit denen ein bestimmter Ertrag erzielt werden soll. Sie steht Pate bei Arbeits- und Verhaltensweise planwirtschaftlich orientierter Unternehmensformen, wie sie in den Ostblockländern vorzufinden sind. Dennoch gelten auch hier die Aspekte der ersten Definition, wenn es darum geht, staatlich verordnete Plansollzahlen überzuerfüllen oder in der internationalen Konkurrenz, im Wettkampf der Nationen untereinander, mitzuhalten.

Wenn auch nicht in aller Reinheit, so doch ansatzweise, stehen sich in der Doppelnatur des Ökonomieprinzips die zwei grundlegenden ordnungspolitischen Wirtschaftssysteme gegenüber, die die Welt beherrschen: Die Marktwirtschaft des Westens und die Planwirtschaft des Ostens. In dem einen System spielt sich das wirtschaftliche Handeln auf Märkten ab, die von Preisen und Gewinnen gesteuert werden. In dem anderen System bestimmen Mehrjahrespläne das wirtschaftliche Handeln, die weitgehend vom Staat gesteuert werden.

Während in der Planwirtschaft der Staat mit seinen politischen Wertvorstellungen lenkend in die Wirtschaftpläne eingreift und damit das unternehmerische Einzelinteresse mit dem gesellschaftlichen (staatlichen) Gesamtinteresse in Übereinstimmung zu bringen versucht, ist es in der Marktwirtschaft eigentlich niemand, der hier zentrale Anweisungen erteilt. Was hier das einzelbetriebliche Eigeninteresse mit dem gesellschaftlichen Gesamtinteresse in Einklang bringt, ist etwas ganz anderes.

Erwerbswirtschaftliches Prinzip

An sich ist es ja erstaunlich und grenzt beinahe an ein Wunder, daß Unternehmen in marktwirtschaftlich orientierten Wirtschaftssystemen immer gerade die Waren und Dienste bereitstellen, für die in einer Volkswirtschaft tatsächlich Bedarf besteht. Wer spielt in einem solchen System die „lenkende Hand"?

Erreicht wird dieses „Wunder" durch das erwerbswirtschaftliche Prinzip, das man scharf vom Wirtschaftlichkeitsprinzip trennen muß: Jedes Unternehmen ist versucht, auf Dauer einen möglichst hohen Gewinn auf das eingesetzte Kapital zu erzielen, was letztlich nichts anderes bedeutet als fortwährende Mehrung des betrieblichen Eigeninteresses. Wie aber kommt es trotzdem zur Befriedigung des Gesamtinteresses eines Landes, das heißt zu einer ausreichenden Güterversorgung der gesamten Bevölkerung? Hier beruht das Prinzip auf einer sehr wichtigen Annahme. Es unterstellt nämlich, daß gerade über dieses eigennützige Maximierungsbestreben der Unternehmen volkswirtschaftlich die beste Güterversorgung zu erreichen sei. Dadurch werde ein Automatismus – im wesentlichen ohne staatliche Eingriffe – in Gang gesetzt, der die einzelwirtschaftlichen Produktivkräfte gerade so lenke, daß das größtmögliche Sozialprodukt und die beste Verteilung der Güter gewährleistet sei, und zwar in der Weise, daß sie den Bedürfnissen und Wunschvorstellungen der Bürger exakt entspricht. Produzenten brauchen also nur ihre Gewinne zu maximieren und die Konsumenten ihren Nutzen, dann wird sich – ganz nebenbei und so gut wie von selbst – auch die bestmögliche Wohlfahrt für die gesamte Volkswirtschaft einstellen.

Schon Adam Smith hatte das ganz eigensüchtige Streben des Menschen nach Mehrung seines Nutzens als das eigentliche Motiv des wirtschaftlichen Handelns erkannt, daß den Erfolg des marktwirtschaftlichen Systems garantieren werde. Nicht so sehr die Bedürfnisbefriedigung, sondern Gewinn- und Nutzenmaximierung, das gesteigerte Selbstinteresse von Produzenten und Konsumenten, steuert – angetrieben von Wettbewerb und Eigensucht – Produktion, Verteilung und Konsumtion der Güter auf den Märkten. Der Hersteller vertreibt seine Ware nicht aus Nächstenliebe, sondern in erster Linie um des eigenen Vorteils willen; genauso wie der Konsument die Ware lediglich aus Eigennutz erwirbt.

Damit sind wir erneut bei der Fiktion des „homo oeconomicus", dem illusionslosen Bild des Menschen, der sich von nichts anderem als von der rationalen Zielsetzung leiten läßt, stets nur den Gewinn und den eigenen Nutzen zu mehren. Trotz dieser an sich unmenschlich anmutenden Fiktion glaubte Smith an die segensreiche Wirkung des Wettbewerbs: Die „unsichtbare Hand" der Konkurrenz gewährleiste wirtschaftliches Gleichgewicht (Harmonie) auf allen Märkten, weswegen die auf die Wünsche der Konsumenten abgestimmten Güter überall dort zur Verteilung kommen, wo sie tatsächlich benötigt werden.

Konsequenterweise forderte er weitgehende Enthaltung des Staates. Dieser solle nichts tun, was das Wirken der „unsichtbaren Hand" stören könne. Vielmehr seien alle Schranken für wirtschaftliches Handeln zu beseitigen und reglementierende Eingriffe in den Preismechanismus zu unterlassen.

Wie es scheint, hat Adam Smith Recht behalten. Zweifellos funktioniert das Marktsystem, zumindest in den großen Industrienationen. Überall dort, wo es zur Anwendung kommt, kann sich die Bevölkerung ausreichend versorgt fühlen. Im Gegenteil, das Problem liegt nicht so sehr in einem Zuwenig, eher in einem Zuviel an Gütern.

Die Dynamik des Marktes, gekoppelt mit dem Erwerbssinn der Unternehmen hat das Versorgungsproblem in der Tat geschafft. Geschaffen hat sie aber auch ein neues Problem, geradezu ein ganzes Bündel von Problemen. Weil niemand der Dynamik des einzelbetrieblichen Wirtschaftens Grenzen setzt, wird der Einsatz von Energie und Rohstoffen nach Belieben vorangetrieben, mit Folgen, die unübersehbar geworden sind. Energie und Rohstoffe gehen zur Neige, die Abfallberge wachsen, der natürliche Lebensraum ist bedroht. Immer mehr zeichnet sich angesichts schwindender Energiereserven, zunehmender Belastung der Umwelt, steigender industrieller und agrarischer Überproduktion auf dem Hintergrund weltweiter Arbeitslosigkeit und einer sich zuspitzenden Verarmung in den Ländern der Dritten Welt ein wachsender Dissens zwischen dem einzelwirtschaftlichen Eigeninteresse und dem gesellschaftlichen Gesamtinteresse ab. Denn einzelwirtschaftlich stellt Gewinnerzielung das Hauptziel betrieblicher Betätigung dar, die gesamtwirtschaftliche Güterproduktion und deren Verteilung nur das notwendige Nebenwerk: Gut ist, was dem Unternehmen nützt.

Auf die Gesellschaft als Ganzes bezogen stellt sich dieser Zusammenhang jedoch umgekehrt dar. Gesamtwirtschaftlich ist die Herstellung und Verteilung von Gütern der Hauptzweck des wirtschaftlichen Handelns, die Gewinnerzielung bestenfalls ihr Nebenzweck: Gut ist, was dem ganzen Lande, besser, was der Welt als Ganzes nützt. Und so ist die Frage, ob die im erwerbswirtschaftlichen Prinzip unterstellte Maxime, die konsequente Verfolgung des individuellen bzw. des betrieblichen Eigennutzes gerate sozusagen von selbst zum Wohle des ganzen Volkes, zumindest mit einem großen Fragezeichen zu versehen.

Teil II
Der Markt: Gesteuert von Preis und Geld

Der Preis: Tauschwert der Güter auf den Märkten

Mindestens einmal in der Weltgeschichte hat ein Volk versucht, ohne Märkte auszukommen. Das war im präcolumbianischen Inkareich, dem heutigen Peru. Ein Leben ohne Märkte setzte natürlich voraus, daß jeder Einzelne fähig war, weitgehend für seine Bedürfnisse wie Nahrung, Wohnung und Kleidung selber aufzukommen: Dazu „erhielt ein jeder Indio am Tag, an dem er heiratete – und heiraten war obligatorisch – ein Stück Land, genannt Tupu. Wurde ein Sohn geboren, gab es nochmals ein Tupu, bei einer Tochter ein halbes Tupu. Auf diesem Grundstück errichtete der Peruaner seine Hütte, pflanzte er den zum Leben notwendigen Mais und die Kartoffeln. Selbstversorger war der Indio aber auch in bezug auf einfache Haushaltsgeräte, Töpfe und Kleidungsstücke. Nur für die gehobenen Bedürfnisse gab es spezialisierte Handwerker, doch brachten sie ihre Waren nicht auf einen Markt, sondern in staatliche Magazine oder aber sie arbeiteten auf Bestellung. Der einfache Indio begnügte sich mit dem, was ihm die staatliche Fürsorge zuerkannte: zwei Kleidungsstücke, davon eines für den Werktag und eines für den Festtagsgebrauch, ein großes Tuch und ein paar Sandalen."[3]

Diesem Versuch aus der Frühgeschichte Südamerikas war allerdings kein großer Erfolg beschieden. So gibt es in Peru längst wieder Märkte, wie überall auf der Welt, und von ihnen geht damals wie heute etwas Erregendes, Faszinierendes aus. Der orientalische Basar vermittelt bis in unsere Tage ein lebhaftes Bild vom klassischen Markt, auf dem sich wie zu urdenklichen Zeiten Käufer und Verkäufer heftig gestikulierend gegenübersitzen und mit aller Raffinesse und Überredungskunst der eine den Preis herunter-, der andere den Preis heraufzuhandeln versucht.

Vielfalt der Märkte

Doch heute haben Märkte andere Gesichter. Daß neben den herkömmlich organisierten Märkten, den Gemüse- und Wochenmärkten, den Flohmärkten und den Schlachtviehmärkten auch Auktionen, Aktien- und Warenbörsen, wie überhaupt jeder Zigarrenladen, jedes Geschäft, jedes Kaufhaus als Märkte zu verstehen sind, hat sich vielleicht noch nicht jeder klargemacht. Auch dürfte wenig bekannt sein, daß nicht nur Eier, Schuhe und Autos Waren sind, die auf Märkten gehandelt werden, sondern auch „Dienstleistungen"; Güter also, die immaterieller Natur sind, weil sie als Service für andere Menschen erbracht werden. Deshalb sind sowohl Banken und Versicherungen, wie auch Makler- und Informationsbüros ebenso als Märkte zu sehen wie Friseurläden und Arztpraxen, die Schalterräume von Post und Bahn wie überhaupt alle sozialen und kulturellen Einrichtungen von Musik, Sport, Kunst und Wissenschaft, soweit sie Leistungen für andere gegen Entgelt erbringen.

Neben dieser Art von Märkten, denen wir in unserem täglichen Leben des öfteren begegnen und die für uns noch einigermaßen durchschaubar sind, existieren

---

[3] Peter, Chr.; Stärk, G.; „Markttag rund um die Welt", o.J., S. 21f.

zahlreiche andere Märkte, von denen der Durchschnittsbürger nur wenig Ahnung hat, weil sie sich im Irgendwo des internationalen Rahmens abspielen. Der wohl bedeutendste, wenngleich am wenigsten durchsichtige, ist der internationale Ölmarkt, von dessen Auswirkungen wir immer nur die Preissteigerungen für Benzin und Heizöl erfahren, weil wir sie als besonders unangenehm empfinden. Darüber hinaus wäre der Warenterminmarkt anzuführen, auf dem vor allem Agrarprodukte im Weltmaßstab hin- und hergeschoben werden, und – nicht zuletzt völlig im Dunkeln – der Waffen- und Rüstungsmarkt, der die Nationen auf besonders makabre Art verbindet.

Spätestens auf dieser Ebene verlieren Märkte ihre Unschuld, ihre naive Ursprünglichkeit, auch wenn sie wie alle übrigen Marktarten nach dem gleichen Prinzip funktionieren: Nachfrager und Anbieter nehmen direkt oder indirekt Kontakt miteinander auf, weil der eine Güter bestimmter Art und Menge kaufen, der andere eben verkaufen will. Besteht Einigkeit über den Preis, wechselt das gewünschte Gut den Besitzer: Der Kaufakt ist zustandegekommen. Und das Regulativ, das Kauf- und Verkaufswünsche in Übereinstimmung bringt, ist – wie gesagt – der Preis. Er sorgt dafür, daß sich immer wieder (wertmäßig) der Ausgleich von Angebot und Nachfrage einstellt.

Vor allen Dingen auf großen Märkten kommt allerdings ein weiteres Phänomen hinzu, das diese Grundprinzipien stören kann: Die Ausübung wirtschaftlicher Macht. Wirtschaftliche Macht erlaubt das Preisregulativ von Angebot und Nachfrage außer Kraft zu setzen, zumindest aber so zu beeinflussen, daß sich die Preise im gewünschten Sinne und nicht nach den Gesetzen des Marktes verhalten.

Gleichwie, die Preise sind das Alpha und Omega der Märkte, der Schlüssel für Gewinn und Verlust, für ökonomischen Erfolg und Mißerfolg, für betriebliche Existenz und Nichtexistenz. Wer die Macht besitzt, setzt die Preise; wer die Preise setzt, besitzt die Macht.

Damit sind wir beim ökonomischen Kern: Was ist eigentlich der Preis, wie kommt er zustande und vor allen Dingen, wer setzt ihn unter welchen Voraussetzungen in welcher Höhe fest?

Der Preis

Bei der Festsetzung der Preise gibt es zwei Ausdrucksformen, eine *reale* ohne Geldbezug und eine *monetäre* mit Geldbezug.

Real versteht man unter dem Preis die Gütermenge, die man hergeben muß, um dafür eine andere Gütermenge zu erhalten. Das ist die Urform des Warenhandels, der „Naturaltausch", der schon vor Jahrtausenden die Grundlage des Handels bildete. Muß man zum Beispiel auf einem Markt für eine Kuh zwei Ziegen hergeben, dann tauschen sich Kuh und Ziege im Verhältnis eins zu zwei, das heißt eine Ziege hat den Wert einer halben Kuh. Das ist gar nicht so absurd, wie es in unseren Ohren klingen mag. Noch die alten Römer kannten derartige Preisformen, was man allein daran ersehen mag, daß sich der Begriff „pekuniär" vom lateinischen pecunia, das Geld, und dies wiederum von pecus, das Rind, ableiten läßt. Aber auch heute noch wird in vielen, extrem ländlichen Gebieten Asiens und Afrikas Handel auf der Basis des Naturaltauschs betrieben.

In modernen Volkswirtschaften spielt allerdings die monetäre Ausdrucksform die ausschlaggebende Rolle. Danach ist der Preis die Geldmenge, die man zum

Erwerb einer Ware oder einer Dienstleistung hergeben, also bezahlen muß. Was aber bestimmt die Höhe des Preises? Warum kosten ein Paar Schuhe 100 Mark ein anderes hingegen 75 und wieder ein anderes 130 Mark?

Zunächst ist man versucht zu antworten: Die Kosten, die bei der Herstellung der Schuhe angefallen sind. Doch so einfach ist die Sache nicht. Denn an dieser Stelle stoßen wir wieder einmal auf das zwittrige Verhältnis von betriebswirtschaftlicher und volkswirtschaftlicher Betrachtungsweise. Für das einzelne Unternehmen bildet sich zwar der Preis nach ganz eigenen, betrieblich relevanten Gesetzen, die in der Leistungsfähigkeit des Unternehmens begründet liegen und bei denen natürlich die Kosten eine große Rolle spielen. Gesamtwirtschaftlich – auf den Märken – hingegen liegen die Dinge anders. Hier spielt das Verhältnis von Angebot und Nachfrage die entscheidende Rolle. Wird mehr angeboten als nachgefragt, sinkt der Preis. Wird mehr nachgefragt als angeboten, steigt der Preis. Die Kostenstruktur der einzelnen Betriebe ist hier weniger von Bedeutung als vielmehr die Markt- und Machtposition im Verhältnis zum Verbraucher und im Verhältnis zur Konkurrenz.

Der Ökonom spricht in diesem Zusammenhang von der *Marktformenlehre*, der Lehre von der Macht auf den Märkten und den sich dadurch bildenden Preisen.

Damit haben wir die zwei Haupteinflußfaktoren benannt, die die Höhe der Preise bestimmen und mit denen wir uns im folgenden auseinanderzusetzen haben: Zum einen die im Betrieb anfallenden Kosten. Sie bilden die Grundlage des *betrieblichen* Preises, den das Unternehmen auf den Märkten durchzusetzen versucht. Zum anderen das auf dem Markt herrschende Verhältnis von Angebot und Nachfrage, woraus sich der *Marktpreis* bildet. Der betriebliche Preis kann dem Marktpreis entsprechen, er muß es aber nicht. Hier spielt die dritte Einflußgröße hinein, die sich aus der Machtposition der Unternehmen auf den Märkten ergibt. Denn wirtschaftliche Macht besitzen heißt, Preise durchzusetzen, die unabhängig von den Kosten, aber auch unabhängig von Angebot und Nachfrage sind.

Die Kosten: Grundlage des betrieblichen Preises

Beginnen wir mit einer unmöglichen Forderung: Versuchen Sie einmal zwölf Bohrmaschinen, 10000 Schrauben, fünf Tonnen Stahl, ein Dutzend Gebäude, ein Fabrikgelände von 150000 qm Bodenfläche, zwei Computer und 1500 Arbeiter zusammenzuzählen. Das geht nicht, sagen Sie? Und ob das geht. Die Lösung heißt „Kosten"-Rechnung.

So erstaunlich es klingt, mit Hilfe der Kosten lassen sich diese „Produktionsfaktoren" trotz ihrer Verschiedenartigkeit zusammenfassen. Der „Trick" besteht darin, daß man sie in Geldwert transformiert, die Faktoren also mit ihren Preisen bewertet:

$$\text{Kosten} = \text{Faktormenge} \times \text{Faktorwert}$$

Unter dem Begriff „Faktoren" faßt der Betriebswirt das gesamte Arbeitspotential zusammen wie Maschinen, Geräte, Verbrauchsmaterial sowie Grundstücke und Gebäude, die zur Fabrikationsanlage gehören, aber auch die Beschäftigten des Unternehmens vom Arbeiter angefangen bis zum leitenden Manager in der

Führungsetage. Unter dem Begriff „Wert" versteht er die Preise, die er für die Beschaffung der oben genannten Dinge bezahlen bzw. verrechnen muß. Bei den Beschäftigten entspricht dies der Vergütung, die die Mitarbeiter als Lohn oder Gehalt für ihren Einsatz erhalten.

Abschreibungen

Eine Besonderheit bilden die sogenannten „langlebigen Wirtschaftsgüter", das sind alle maschinellen Apparaturen, insbesondere alle Arbeits- und Kraftmaschinen, Hochöfen, Fördereinrichtungen, Hand- und Maschinenwerkzeuge sowie das gesamte Büro- und Betriebsinventar. Es leuchtet unmittelbar ein, daß die dafür gezahlten Beschaffungspreise nicht jedes Jahr in voller Höhe in die Kostenkalkulation eingehen können. Das bedeutet, der Anschaffungswert muß „abgeschrieben" werden. Abschreiben heißt, die Anschaffungskosten eines Gerätes oder die Baukosten einer Anlage rechnerisch auf die Zahl der Jahre zu verteilen, die diese voraussichtlich zur Verfügung stehen. In gewisser Weise läßt sich die Abschreibung auch als Rücklage für Neuanschaffungen interpretieren.

Abschreibungen sind eine Wissenschaft für sich, in gewisser Weise eine im Betrieb wohl gehütete Rechenkunst, die verschiedene Möglichkeiten der Kosten- und Preiskalkulation, letztlich auch der Gewinnerzielung zuläßt. Nehmen wir einmal an, eine Maschine wird zum Preis von 50000 Mark erworben und voraussichtlich 10 Jahre genutzt. Dann beträgt der jährliche Abschreibungssatz 5000 Mark. Er beträgt 10000 Mark, wenn sie nur 5 Jahre verwendet werden soll. In die Kostenkalkulation gehen im ersten Fall zehn Jahre lang 5000 Mark jährlich ein, im zweiten Fall 10000 Mark für fünf Jahre. Je kürzer also die angesetzte Laufzeit der Maschine, desto höher die Kosten der jährlichen Abschreibung (und desto niedriger der in der Bilanz ausgewiesene Gewinn).

Kostenarten

Weitere Kosten entstehen dem Betrieb dadurch, daß er Fremdkapital einsetzen muß (Zinskosten), daß er fremde Dienste (z.B. Güterzustellung durch Post und Eisenbahn, Wach- und Sicherungsdienste) in Anspruch nimmt oder daß Steuern und Sozialabgaben zu leisten sind (Fremdleistungskosten).

Daraus ergibt sich das folgende Gesamtkostenschema:

PERSONALKOSTEN	(Löhne und Gehälter der Beschäftigten)
+ KOSTEN DER LANGLEBIGEN WIRTSCHAFTSGÜTER	(Abschreibungen auf Maschinen, Anlagen und Gebäude)
+ WERKSTOFF-KOSTEN	(Verbrauch an Material u. Vor- bzw. Zwischenprodukte)
+ ZINSKOSTEN	(Entgelt für Fremdkapital)
+ FREMDLEISTUNGS-KOSTEN	(Inanspruchnahme fremder Dienste, Zahlung von Steuern u. Sozialabgaben)
GESAMTKOSTEN des Betriebs	

Das Ziel der betrieblichen Kostenrechnung ist naturgemäß die *verursachungsgerechte* Ermittlung der Kosten. Das heißt, die Kosten sind dort zu erfassen, wo sie entstehen, und den Produkten zuzurechnen, für die sie erbracht werden. Eine exakte Zuordnung der Kosten zu den Produktarten ist allerdings in der Regel nicht oder nur unter großen Schwierigkeiten möglich. Vor allem die Aufteilung der „Gemeinkosten", die in den zentralen Diensten, der Verwaltung, der Ver- und Entsorgung, der Lagerhaltung und des Unternehmensmanagements sowie für die zahlreichen sonstigen Dienste (Küche, Kantine, Sanitätsbereich etc.) entstehen, bereiten Zuordnungsprobleme, weil sie nahezu unabhängig von der Güterproduktion sind. Man nennt solche Kosten auch „konstante" oder „fixe" Kosten, im Gegensatz zu den „variablen" Kosten, die unmittelbar bei der Produktion anfallen. Das sind in erster Linie die Kosten für Material, Energie und Löhne, soweit sie unmittelbar mit dem Herstellungsprozeß in Zusammenhang stehen.

Im allgemeinen löst man das Zuordnungsproblem der fixen Kosten durch prozentuale Pauschalierung, indem jeder Erzeugnisart ein bestimmter Anteil der Fixkosten zugeschlagen wird. Diese Form der „Zuschlagkalkulation" ist besonders schwierig, wenn der Betrieb nicht nur ein Produkt, sondern mehrere verschiedenartige Produkte herstellt, wie dies heute überwiegend der Fall ist. Nach welchen eindeutigen Kriterien sollten denn auch die Gemeinkosten zum Beispiel der Personalverwaltung, des Lohnbüros oder des Managements verteilt werden, wenn das Unternehmen sowohl Zangen und Hämmer als auch Schrauben und Stacheldraht herstellt?

Das gebräuchliche Instrument hierzu war lange (und ist es in kleineren und mittleren Betrieben auch heute noch) der „Betriebsabrechnungsbogen", der die entstehenden *Kostenarten* (= welche Kosten entstehen) entsprechend der beteiligten *Kostenstellen*, (= wo entstehen die Kosten) auf die einzelnen *Kostenträger* (= für welche Produkte entstehen die Kosten) verteilt. Wenn man bedenkt, daß im allgemeinen je nach Branche 50 bis 80 Prozent der Gesamtkosten als Fixkosten zu verbuchen sind und deshalb indirekt über die Zuschlagkalkulation den einzelnen Produktarten zugeordnet werden müssen, wird deutlich, weshalb eine verursachungsgerechte Ermittlung der Kosten im Grunde nicht möglich ist, beziehungsweise fast schon reines Glückspiel ist.

Wegen dieser Schwierigkeit geht denn auch die moderne Kostenrechnung neue Wege, indem sie sich vom Verursachungsprinzip wieder löst. Die sowieso schon nicht eindeutig zuzuordnenden Fixkosten werden den Produkten entsprechend ihrer Stärke am Markt zugeschlagen mit dem Ziel, den höchstmöglichen „Beitrag zur Deckung der Fixkosten", die insgesamt im Betrieb anfallen, zu erzielen. Der gut verkäuflichen Produktart wird ein höherer, der weniger gut laufenden Produktart ein niedrigerer Kostenbetrag zugeordnet (Deckungsbeitragsrechnung).

Die Frage, wie hoch die Kosten eines Produktes denn nun tatsächlich sind, läßt sich also eigentlich gar nicht exakt beantworten. Die Kosten eines Produkts sind eine überwiegend manipulative Größe, ihre Ermittlung eine im Grunde willkürbehaftete Rechenkunst. Aus diesem Grund ist auch der an den Kosten orientierte betriebliche Preis weitgehend eine Fiktion.

Stückkosten

Weitere Probleme tauchen auf, wenn der nächste Schritt getan wird, wenn von den Gesamtkosten, die auf eine Produktart entfallen, auf die „Kosten je Stück" und von da auf den „Preis je Stück" geschlossen werden soll. Hierbei spielt der geplante Gewinnaufschlag eine wichtige Rolle, das heißt, wieviel das Unternehmen an seinen Produkten verdienen will. Die „Preisformel“ lautet also:

Stückkosten + Gewinnaufschlag = Preis

Die Stückkosten errechnen sich in ihrer einfachsten Form, indem man die in einer bestimmten Periode (zum Beispiel eines Jahres) entstandenen Gesamtkosten einer Produktart durch die Zahl der in diesem Zeitraum hergestellten Produkte dividiert (Divisionskalkulation). Aber – und das ist hier die entscheidende Frage – in welcher Höhe läßt sich der Gewinn aufschlagen? Ein Gewinnaufschlag, der einerseits hoch genug ist, um eine ausreichende Verzinsung des eingesetzten Kapitals (Rendite) zu gewährleisten; der andererseits aber auch niedrig genug ist, um zu einem konkurrenzfähigen Preis zu kommen? Selbst wenn das Unternehmen nach Gewinnmaximierung, dem höchstmöglichen Gewinn, strebt, wachsen die Bäume nicht in den Himmel. Liegt der Preis zu hoch, schreckt er mögliche Käufer ab; liegt er zu niedrig, werden Gewinnchancen ausgelassen. Oder er fordert die Konkurrenz heraus, die dann gleichfalls mit den Preisen heruntergeht und damit die Gewinnaussichten wieder reduziert. Dies mit Gefühl für das Machbare zu entscheiden, ist ohne Zweifel die hohe Kunst der Unternehmensführung.

Kostendegression

Zu diesen Unsicherheiten, die in der Kostenermittlung und Preisgestaltung entstehen, gesellt sich nämlich ein weiteres Phänomen, das die Kalkulation der Preise noch komplizierter macht: Die Stückkosten sinken mit der Zunahme der Produktion.

Diese als „Kostendegression“ bezeichnete Eigenart der Kosten spielt in der betrieblichen Praxis eine so bedeutende Rolle, daß wir uns damit ausführlicher beschäftigen müssen. Wie ist es möglich, daß die Stückkosten sinken, wenn die Produktion steigt?

Mit der vorangegangenen Unterscheidung in variable (produktionsabhängige) und fixe (produktionsunabhängige) Kosten läßt sich dies leicht erklären: Wenn die Produktion zunimmt, verteilt sich der konstante Block der fixen Kosten rechnerisch auf eine immer größere Zahl hergesteller Produkte, so daß der je Stück anfallende Fixkostenanteil immer kleiner wird.

Die Zahlenfolge in Tabelle 1 demonstriert, wie schnell die Stückkosten sinken, wenn die Produktion steigt, hier am Beispiel von 10000 auf 50000 Kraftfahrzeuge. Dabei ist unterstellt, daß fixe Kosten in Höhe von 100 Millionen Mark, variable Kosten in Höhe von 10000 Mark je Kraftfahrzeug entstehen. Im ersten Fall errechnen sich Stückkosten von 20000 Mark, im zweiten Fall von nur noch 12000 Mark je Kraftfahrzeug, eine Abnahme um 40 Prozent!

Wir sehen, das Phänomen der sinkenden Stückkosten macht die Festsetzung der Preise für den Unternehmer noch schwieriger als sie sowieso schon ist. An welcher Kostenhöhe soll er sich orientieren, wenn er den Preis kalkuliert: an 12000 Mark oder an 20000 Mark? Setzt er den Preis beispielsweise auf 22000 Mark fest, wirft dies im ersten Fall einen kalkulatorischen Gewinn von 10000 Mark ab, im zweiten Fall von nur 2000 Mark. Das eine setzt allerdings den Verkauf von 50000 Autos im Jahr voraus (denn grundsätzlich müssen Produkte auch abgesetzt werden, ein Umstand, der vom Laien gern übersehen wird), das andere den Verkauf von 10000 Autos. Was ist am Markt realisierbar, 50000 oder 10000

Zu fertigende Stückzahl	Variable Kosten (je Stück 10000 DM) (Mio DM)	Fixe Kosten (jeweils 100 Mio DM) (Mio DM)	Gesamt-kosten (Variable + Fixe Kosten) (Mio DM)	Stückkosten (Gesamtk. : Stückzahl) (DM)	Differenz der Stück-kosten (DM)
10000	100	100	200	**20000**	
15000	150	100	250	**16667**	3333
20000	200	100	300	**15000**	1667
25000	250	100	350	**14000**	1000
30000	300	100	400	**13333**	667
35000	350	100	450	**12857**	476
40000	400	100	500	**12500**	357
45000	450	100	550	**12222**	278
50000	500	100	600	**12000**	222

Tab. 1 Der Degressionseffekt der Kosten

Die Stückkosten, das heißt die Durchschnittskosten je Produkt, sinken mit der Zunahme der Produktion (Kostendegression). Unterstellt sind hier 10000 Mark variable Kosten je Kraftfahrzeug und 100 Millionen Mark fixe Kosten. Unter dieser Voraussetzung sinken die Stückkosten von 20000 auf 12000 DM, wenn die Produktion von 10000 auf 50000 Kraftfahrzeuge gesteigert wird.

Kraftfahrzeuge? Wo doch – womit wir uns noch ausführlicher beschäftigen werden – die Höhe des Preises ausschlaggebenden Einfluß auf die Nachfrage ausübt: Je höher der Preis, desto niedriger die Nachfrage bzw. die Absatzmöglichkeit; je niedriger der Preis, desto höher die Nachfrage, desto mehr läßt sich absetzen – ein Dilemma, das wahrhaftig nicht einfach zu lösen ist.

In Abbildung 3 ist dieser Zusammenhang auch graphisch dargestellt. Die fallende, konvex nach links gekrümmte Stückkostenkurve veranschaulicht den Degressionseffekt: Die durchschnittlich je Stück anfallenden Kosten sinken mit der Zunahme der Produktmenge. Aus dem Abstand der Stückkostenkurve zur Preisgeraden (schraffiertes Feld) wird der Stückgewinn ersichtlich, der bei verschiedenen Produktionsmengen zu erwarten ist. Je mehr produziert, bzw. auf dem Markt abgesetzt wird, desto höher ist der realisierte Gewinn je Stück. Das Gleiche gilt entsprechend umgekehrt. Unterhalb der Menge M_v befindet sich die Produktion im Verlustbereich.

Steigende Stückzahlen bedeuten also sinkende Stückkosten und höhere Stückgewinne. Hier wird eines der wesentlichen Motive sichtbar, weswegen Unternehmen zum Wachstum und zur Größe neigen. Es ist das Phänomen, daß höhere Gewinne – bei unveränderten Kosten und Preisen – in erster Linie über die großen Stückzahlen zu erzielen sind.

Die graphische Darstellung zeigt in Verbindung mit dem Zahlenbeispiel der Tabelle aber noch etwas. Rein rechnerisch sinken die Stückkosten zwar immer weiter, jedoch von Mal zu Mal in immer kleineren Raten. In unserem Beispiel beträgt die Degression mehr als 3000 Mark bei einer Produktionszunahme von 10000 auf 15000 Stück. Sie verringert sich auf gut 200 Mark, wenn die Produktion von 45000 auf 50000, also auch um 5000 Stück gesteigert wird. Eine weitere Zunahme der Produktion läßt den Degressionseffekt schließlich gegen Null gehen.

Man braucht aber die Überlegungen nicht bis zu diesem Punkt zu treiben, um zu erkennen, was hier gemeint ist. Der Vorteil der großen Stückzahl läßt allmählich nach. Schließlich wird er so unmerklich, daß eine weitere Zunahme der Produktion keine wesentliche Gewinnerhöhung mehr verspricht. Es ist umgekehrt sogar davon auszugehen, daß die Stückkosten ab einer bestimmten Produktion allmählich wieder ansteigen, weil dann zusätzliche Kosten anfallen, die durch verstärkte Abnutzung von Maschinen und Material, durch überproportional wachsenden Energieverbrauch sowie durch zusätzlich anfallenden Leitungs- und Verwaltungsaufwand bedingt sind.

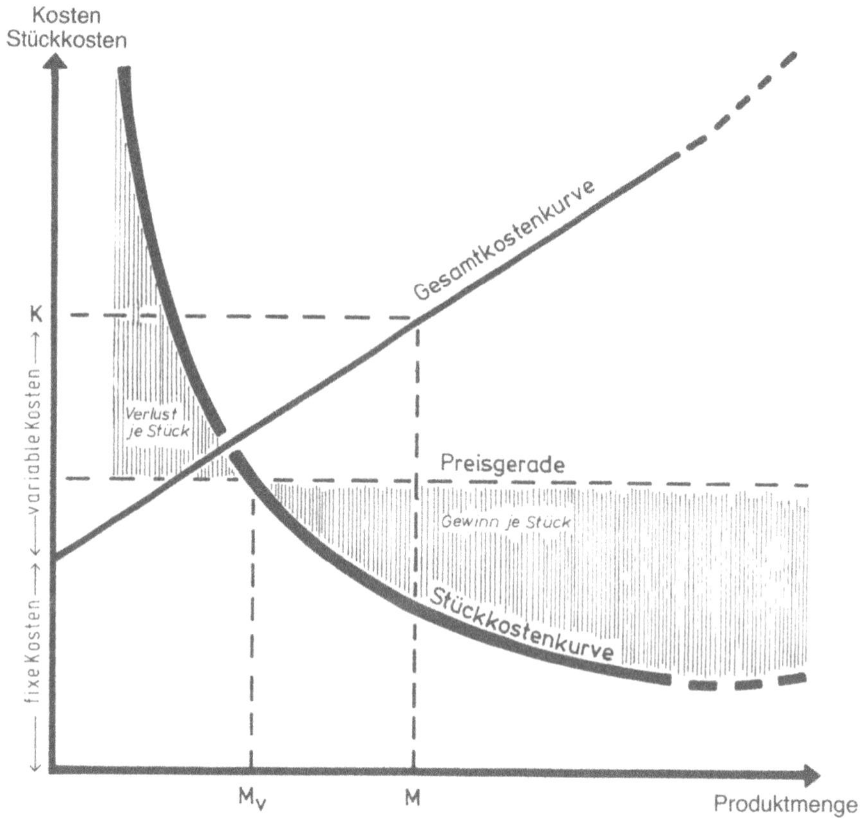

Abb. 3 Der sinkende Verlauf der Stückkostenkurve (Kostendegression)
Weil sich die von der Produktion unabhängigen „Fixkosten" bei der Erhöhung der gefertigten Stückzahl rechnerisch auf eine immer größere Produktmenge verteilen, sinken die „Kosten je Stück" (fallende Stückkostenkurve). Der Gewinn je Stück (gestricheltes Feld) ist um so höher, je mehr Produkte hergestellt (und abgesetzt) werden.

Das Bücher'sche Gesetz der Massenfabrikation

Eine Steigerung der Produktion läßt sich allerdings nicht nur durch fortwährende Erhöhung der Ausbringung (bei unveränderten Fertigungsverfahren) erzielen, was – wie wir gesehen haben – bei größerer Menge nur noch geringe Kostenvorteile bietet. Eine Steigerung ist auch möglich durch Einführung neuer, technisch vollkommener Verfahren, womit zumeist auch eine größere Produktion verbunden ist. Die neuen Verfahren haben zwar zunächst den Nachteil, sehr viel teurer zu sein als die alten. Dennoch sind sie wirtschaftlich interessant, weil ihre bessere

Technik einen wesentlich höheren Output ermöglicht, so daß die Stückkosten ab einer „kritischen Menge" unter diejenigen der alten, einfacheren Verfahren sinken (siehe Abbildung 4 im Schnitt der beiden Stückkostenkurven). Das dahinterstehende „Gesetz der Massenfabrikation" formulierte Karl Bücher bereits im Jahre 1910. Er bezeichnete die kritische Menge, ab der die neuen, zunächst kostspieligeren Verfahren günstiger arbeiten als die alten, die „Nutzenschwelle" der Massenfabrikation. Erst beim Überschreiten dieser Nutzenschwelle erreichen

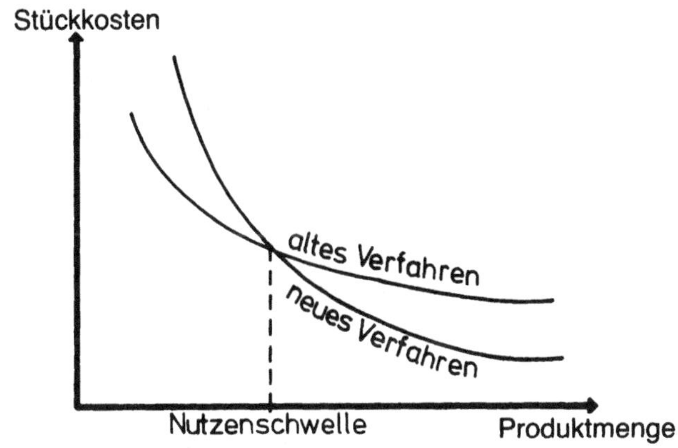

Abb. 4 Das Bücher'sche „Gesetz der Massenfabrikation"
Eine Erhöhung der Produktion ist nicht nur durch Steigerung der Ausbringung möglich (bei unveränderten Fertigungsverfahren), sondern auch durch Einführung neuer, technisch vollkommenerer Verfahren. Obwohl diese zunächst teurer sind, führen sie ab einer bestimmten Produktmenge (Nutzenschwelle) zu niedrigeren Stückkosten als die alten, billigeren Verfahren.

neue Verfahren die angestrebte höhere Wirtschaftlichkeit. Neben dem quantitativen Aspekt der Kostendegression wird hier ein neuer, qualitativer Aspekt sichtbar, der im technisch höherwertigen und (ab einer bestimmten Ausbringung) kostengünstigeren *Verfahren* begründet liegt. Weil aber damit zugleich eine wesentlich höhere Produktion geradezu erzwungen wird, wenn diese sich rentieren soll, stehen wir vor einem weiteren „Motiv", weswegen Unternehmen immer weiter wachsen wollen (oder müssen).

Dieser qualitative, verfahrenstechnisch bedingte Wandel in der Produktion ist heute hochaktuell. Im Pressewesen zum Beispiel veränderte der Übergang vom „handwerklichen" Bleisatz zum elektronisch gesteuerten Lichtsatz eine ganze Branche. Im Druckereigewerbe gilt als Faustregel, daß ein Handsetzer in der Stunde etwa 1000 Zeichen setzen kann. Ein Maschinensetzer, der die Bleilettern einer Druckzeile in einem Stück gießt, schafft bereits 5000 Zeichen. Mit einer modernen Lichtsatzmaschine, bei der ein Kathodenstrahl Buchstaben elektronisch auf Fotopapier zeichnet, läßt sich heute bereits eine Satzleistung von mehreren hunderttausend Schriftzeichen erreichen. Der gesamte Satz für eine 60 Seiten starke Zeitung kann damit in drei Stunden erstellt werden, eine Arbeit, für die Bleisetzer mehrere Tage brauchen.

Geht also ein Unternehmen zu neuen Fertigungsverfahren über, so – um ein anderes Beispiel anzuführen – im Automobilbau von der Werkstattfertigung über das Fließband zur vollautomatischen, elektronisch gesteuerten Fertigungsstraße, dann wird nicht nur vervielfacht, das heißt neben die bereits vorhandenen Maschineneinheiten weitere hinzugestellt. Es findet ein qualitativer Wandel statt, der nicht nur zu völlig neuen technologischen und organisatorischen Fertigungsstrukturen führt und damit neue Dimensionen der Massenproduktion ermöglicht, sondern zugleich einen erheblich geringeren Arbeitseinsatz erfordert. Der damit angesprochene Rationalisierungseffekt, der in vielen Branchen mehr und mehr Arbeitsplätze überflüssig macht, wird uns in diesem Buch des öfteren noch beschäftigen.

Aus all dem wird ersichtlich, wie sehr die Ableitung der Preise aus den betrieblichen Kosten von Unwägbarkeiten begleitet ist, auf die das Unternehmen nur einen begrenzten Einfluß hat. Nicht nur, daß die Stückkosten höchst „unberechenbare" Größen sind, weil der größere Teil der Gesamtkosten beinahe willkürlich zugeordnet werden muß, auch der Umfang der Produktion spielt wegen der Kostendegression eine entscheidende Rolle. Je höher die Produktion, desto niedriger die Kosten je Stück; desto niedriger auch der mögliche Preis. Das gilt natürlich nur, wenn die produzierte Menge tatsächlich abgesetzt wird. Ob also der Preis richtig oder falsch liegt, darüber befindet letztlich nicht der Betrieb, sondern ausschließlich der Markt.

Externe Kosten

Was allerdings bei der herkömmlichen Form der Kostenrechnung im allgemeinen völlig außer Acht bleibt und auch in der betrieblichen Preiskalkulation bis heute kaum eine Rolle spielt, ist die Berücksichtigung der sogenannten *externen* Kosten. Darunter versteht der Betriebswirt alle Kosten, die nicht innerbetrieblich bei der Produktion und Verwaltung entstehen, sondern außerhalb des Unternehmens bedingt durch seine Existenz und Arbeitsweise an sich.

Um es bildhaft am Beispiel einer Anzeigenserie der Umweltstiftung World Wildlife Fund (WWF) zu veranschaulichen. Unter der Überschrift „Solange Geldbußen billiger sind als die Entsorgung im Hafen, sterben jährlich Tausende von Seevögeln den Öltod" heißt es dort: „Wußten Sie, daß Jahr für Jahr über 100000 Schiffe die Nordsee kreuzen und wußten Sie, daß trotz Strafandrohung noch immer viele dieser Schiffe illegal auf hoher See ihre Öltanks reinigen und Treibstoffreste ins Meer pumpen? Warum? Ganz einfach: Weil die Reinigungskosten in Häfen erheblich höher sind als die Geldbußen. Falls jemand überführt wird.

Diese ‚Sparmaßnahmen' kosten unzähligen Vögeln das Leben. Schätzungen belaufen sich auf 400000 tote Seevögel jährlich. Doch Öl ist nicht die einzige Gefahr, die dem Wattenmeer droht. Und die Vögel sind nicht die Einzigen, die davon betroffen sind. Die Nordsee weitet sich immer mehr zur „größten Müllkippe" des Kontinents aus. Flüsse und Kanäle spülen jedes Jahr tausende Tonnen Schwermetalle wie Blei, Quecksilber und andere Giftstoffe ins Meer. Spezialschiffe verklappen über 50 Millionen Tonnen größtenteils vergifteter Klärschlämme und Industrieabfälle in der Nordsee. Chemietanker lassen bei der Reinigung ihrer Tanks tausende Tonnen Gifte ins Wasser ab. Dazu kommen noch riesige Mengen Müll, die einfach über Bord geworfen werden. Insgesamt schätzt man alle Abfälle auf weit über 100000 Millionen Tonnen. Das stellt eine Belastung dar, mit der die Natur einfach nicht mehr fertig wird. Die Folge: Die gesamte Tier- und Pflanzenwelt der Nordsee und damit des Wattenmeeres ist in tödlicher Gefahr".

Externe Kosten sind also nicht nur Kosten im üblichen Sinne, der in „Geld bewertete Faktormengenverzehr“, sondern Gefährdungen von Pflanze, Tier und Mensch, die durch einseitig betriebswirtschaftliches Rentabilitätsdenken verursacht werden. Um ein weiteres Beispiel anzuführen: Wenn ein Betrieb zur Wärmegewinnung eine Großfeuerungsanlage betreibt und den giftigen Rauch durch den (zumeist hohen) Schornstein in die Atmosphäre bläst, ist dies für ihn kostengünstiger, als eine Rauchgasentschwefelungsanlage einzubauen. Der sich durch Luftverschmutzung bildende Saure Regen verursacht allerdings Umweltschäden an Natur und Bausubstanz. Die Kosten, die von der Allgemeinheit aufgewendet werden müssen, diese Schäden zu beseitigen (wenn dies überhaupt noch geht) sind eigentlich dem verursachenden Unternehmen anzulasten, was aber in der Regel nicht geschieht.

Mit dem beinahe buchhalterisch anmutenden Aspekt der externen Kosten wird ein Problemfeld angesprochen, das bis vor wenigen Jahren in der Wirtschaftswissenschaft nur ein Schattendasein als sogenannte „externe Effekte“ (externe Kosten und externe Gewinne) führte, mittlerweile aber ins Zentrum der öffentlichen Diskussion gerückt ist: der Widerstreit von Ökonomie und Ökologie, das konträre Verhältnis von Wirtschaft und Natur.

Welche Lösungsmöglichkeiten sich hier anbieten, aus diesem Widerstreit herauszukommen, ohne gleich die Marktgesetze außer Kraft zu setzen, wird uns noch im letzten Kapitel dieses Buches beschäftigen, so daß der Hinweis hierauf zunächst genügen mag.

Angebot und Nachfrage bestimmen den Marktpreis

Nachdem wir uns lange genug in den Niederungen innerbetrieblicher Kosten- und Preiskalkulation aufgehalten haben, steigen wir hinauf in die Gefilde gesamtwirtschaftlicher Märkte und fragen nach dem zweiten Bestimmungsgrund der Preisbildung, nach dem Einfluß von Angebot und Nachfrage. Einige Aussagen sind uns schon begegnet, so zum Beispiel: „Steigen die Preise, sinkt die Nachfrage“ oder „Steigt die Nachfrage, steigt auch der Preis“ oder „Erhöht sich das Angebot, sinkt der Preis“, aber auch „Steigt der Preis, erhöht sich das Angebot“. Solche Aussagen erscheinen auf den ersten Blick verwirrend, vielleicht sogar widersprüchlich. Fragen wir also, welche „Gesetzmäßigkeit“ dem zugrundeliegt.

Angebots- und Nachfragesetz

Die klassische Theorie der Märkte erklärt die wechselseitigen Einwirkungen von Angebot und Nachfrage auf den Preis mit Hilfe des Preis-Mengen-Diagramms in Abbildung 5. Die beiden sich schneidenden Geraden spiegeln das „Marktgesetz“ in seiner Ausprägung als „Angebotsgesetz“und als „Nachfragegesetz“ wider.

Die Angebotskurve steigt von links unten nach rechts oben. Darin kommt das „Angebotsgesetz“ zum Ausdruck. Es besagt erstens, daß (normalerweise) die angebotene Menge eines bestimmten Gutes mit dem Anstieg des Preises für dieses Gut zunimmt. Sowie umgekehrt, daß die angebotene Gütermenge zurückgeht, wenn der Preis sinkt. Diese Aussage gilt sowohl gesamtwirtschaftlich, für den Markt als Ganzes, als auch einzelwirtschaftlich, aus der Sicht der einzelnen Anbieter (Betriebe). Sie entspricht der Wanderung des Betrachters auf der Kurve, zum Beispiel von G_1 nach G_0 auf der Angebotskurve I. Im Punkt G_0 liegt der Preis

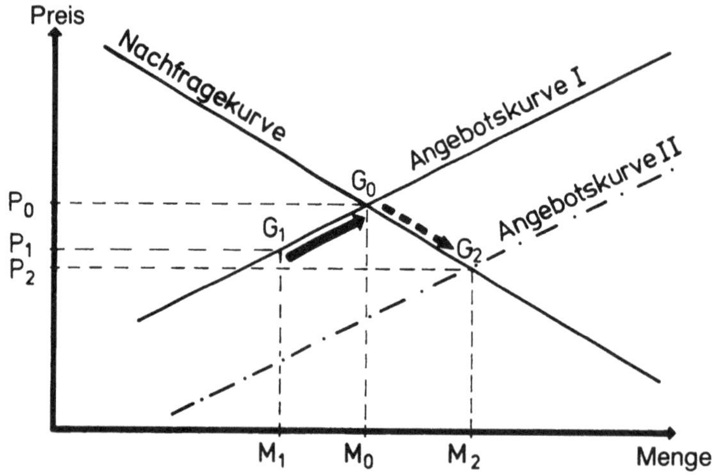

Abb. 5 Das „Gesetz" von Angebot und Nachfrage
Nach der Theorie der Märkte bildet sich der Preis durch das Zusammenspiel von Angebot und Nachfrage. Im Schnitt G_0 von Angebots- und Nachfragekurve wird genau die Gütermenge M_0 angeboten, die die Nachfrager zum Preis P_0 zu kaufen bereit sind (Gleichgewichtspreis). Der Regulator, der dieses Gleichgewicht immer wieder herstellt, ist der Preis. Sein Motor ist die Aussicht auf Gewinn.

höher als im Punkt G_1. Deswegen wird dort auch mehr angeboten, so daß $M_0 > M_1$.

Es besagt zweitens, daß die Zunahme des Gesamtangebots an Gütern die Preise sinken und umgekehrt, die Abnahme des Güterangebots die Preise steigen läßt. Bei dieser Aussage handelt es sich um die Veränderung des Gesamtangebots auf dem jeweiligen Gütermarkt, was durch die *Verschiebung* der Angebotskurve parallel zur Ausgangslage zum Ausdruck kommt. Parallelverschiebung nach rechts (hier als gestrichelte Angebotskurve II) bedeutet eine Erhöhung, Parallelverschiebung nach links eine Reduzierung des Güterangebots. In der Abbildung ist deshalb die Menge $M_2 > M_0$, stattdessen der Preis $P_2 < P_0$.

Die Nachfragekurve, die von links oben nach rechts unten verläuft, bringt das „Nachfragegesetz" zum Ausdruck. Es besagt (analog zu oben) erstens, daß die Nachfrage nach Gütern mit dem Anstieg des Preises fällt bzw. zunimmt, wenn der Preis sinkt (Wanderung auf der Nachfragekurve). Es besagt zweitens, daß die Erhöhung der Nachfrage nach diesem Gut den Preis steigen läßt (Parallelverschiebung nach rechts) und umgekehrt ihre Abnahme den Preis sinken läßt (Parallelverschiebung nach links). Auch diese Aussage gilt gesamtwirtschaftlich für den Markt als Ganzes wie auch einzelwirtschaftlich für den einzelnen Nachfrager (Verbraucher).

Beide „Gesetze" beinhalten also zweierlei, je nachdem ob man sich auf der Geraden hin und her bewegt oder ob man die Gerade parallel verschiebt. Die Wanderung auf der Geraden entspricht der Reaktion von Angebot und Nachfrage auf die Veränderung der Preise. Die Parallelverschiebung der Geraden entspricht der Reaktion der Preise auf die Veränderung von Angebot und Nachfrage.

Giffengüter

Ehe wir weitergehen, sollte noch auf einen historisch belegten Sonderfall eingegangen werden, der in gewisser Weise eine tragische Ausnahme dieser Regeln bildet. Als in Irland in den vierziger Jahren des vorigen Jahrhunderts die Kartoffelpreise stark anstiegen, machte man eine erstaunliche Feststellung. Obwohl die Preise für Kartoffeln ständig nach oben kletterten, wurden sie immer mehr gekauft. Dies schien allen bisher bekannten Regeln von Angebot und Nachfrage zu widersprechen. Was war geschehen?

Sir Robert Giffen, der diesen Effekt mit Hilfe statistischer Untersuchung entdeckt hatte, erkannte bald den Grund für dieses scheinbar widersprüchliche Verhalten der Iren. Er stellte nämlich fest, daß eine allgemeine Teuerung und der ständig sinkende Lebensstandard in Irland die ärmeren Volksschichten dazu zwangen, von den übrigen, teuren Lebensmitteln wie Fleisch und Brot vollends abzugehen, um nur noch die vergleichsweise billigen Kartoffeln zu essen. Aus diesem Grund stieg die Nachfrage nach Kartoffeln weiter an, obwohl auch sie immer teurer wurden.

Man nennt solche Güter, auf die sich bei niedrigstem Einkommen die gesamte Nachfrage konzentriert, die sich deshalb selbst dann erhöht, wenn die Preise für diese Güter steigen, *inferiore* Güter oder, nach dem Entdecker dieses Effekts, Giffengüter.

Aber wie bereits gesagt, dieser traurige Effekt ist eine Ausnahme, die die Regel bestätigt. Es entspricht ohne Zweifel der natürlichen Lebenserfahrung, daß die Nachfrage nach Gütern zurückgeht, wenn die Preise steigen, und daß sie zunimmt, wenn die Preise sinken.

Aber nach welchen Regeln bilden sich die Preise auf den Märkten? Woher „weiß" der Markt, wann das Angebot der Nachfrage entspricht oder auch nicht entspricht? Und wer sagt ihm, wie er zu reagieren hat?

Bildung des Marktpreises

Märkte tendieren zum Gleichgewicht. Sie besitzen die Eigenart, auf Störungen des Gleichgewichts so zu reagieren, daß sich immer wieder ein neues Gleichgewicht zwischen Angebot und Nachfrage einstellt, genauer gesagt: Bis der Wert der angebotenen Gütermenge dem Wert der nachgefragten Gütermenge (jeweils aus Menge mal Preis) entspricht. In Abbildung 5 ist dieser Zustand beim Punkt G_0, im Schnitt von Angebots- und Nachfragekurve, erreicht. Dort wird genau die Gütermenge M_0 auf den Markt gebracht, die die Nachfrager zum Preis P_0 zu kaufen bereit sind. Dies ist der Preis, bei dem alle Güter abgesetzt werden und keinerlei Kaufwünsche offen bleiben. Wie aber geht das vor sich?

Um zu zeigen, wie dies im einzelnen geschieht, wie also Angebot und Nachfrage den Preis bestimmen und umgekehrt, der Preis Angebot und Nachfrage steuert, muß man das Gleichgewicht stören. Wir unterstellen einmal eine plötzliche Steigerung der Nachfrage auf einem beliebigen Markt, der sich gerade im Gleichgewicht befindet. Man könnte dabei an den Kraftfahrzeugmarkt denken, auf den wir uns ja des öfteren schon bezogen haben. Was passiert, wenn plötzlich mehr Automobile nachgefragt werden? Es steigt der Preis, weil das Kraftfahrzeugangebot kurzfristig begrenzt ist und deshalb nicht jeder Kaufwunsch befriedigt werden kann. Das heißt nichts anderes, als daß die Produzenten ihre Chance wahrnehmen, ihre Automobile „meistbietend" an den Mann (oder die Frau) zu bringen. Dies entspricht dem zweiten Satz des „Nachfragegesetzes“: Steigt die Nachfrage (Parallelverschiebung der Nachfragekurve nach rechts), steigt auch der Preis.

Der Anstieg der Autopreise hat zur Folge, daß ein Teil der potentiellen Käufer, die den neuen, erhöhten Preis nicht zahlen können oder wollen, nicht mehr mitmacht oder sich zumindest beim Kauf zurückhält. Dadurch sinkt die Zahl der Nachfrager, die bereit sind, den höheren Preis zu zahlen. Aufgrund der Preiserhöhung stellt sich erneut der Ausgleich zwischen Angebot und Nachfrage ein, jetzt allerdings auf höherem Preisniveau und nur noch für eine kleinere Käuferzahl.

Damit aber ist der Ablauf des Geschehens noch nicht zu Ende. Denn das erhöhte Preisniveau beschert den Autoproduzenten eine Verbesserung ihrer Gewinnsituation. Die realisierten „Sondergewinne“ lassen das Prinzip der Konkurrenz zur Wirkung kommen. Neue Anbieter treten auf den Markt, angelockt vom günstigen Autopreis, aber auch die etablierten Unternehmen erhöhen ihre Autoproduktion, um die Gunst der Stunde zu nutzen. In der zweiten Phase der Entwicklung erhöht also die Zunahme der Nachfrage über steigende Preise auch das Angebot, getreu dem ersten Satz des „Angebotsgesetzes“: Steigt der Preis, erhöht sich das Angebot.

Aber auch damit ist der Wirkungslauf immer noch nicht abgeschlossen. Die Ankurbelung der Kraftfahrzeugproduktion bewirkt allmählich, daß die Preise wieder zu sinken beginnen, jetzt nach dem zweiten Satz des „Angebotsgesetzes“: Steigt das Angebot, sinkt der Preis. Am Schluß sind unter Umständen die Preise wieder die alten, jetzt allerdings auf erhöhtem Mengenniveau. Die Kraftfahrzeuge verkaufen sich wieder zu den ursprünglichen Preisen, aber in wesentlich größerem Umfang – ausgelöst durch die Verlockung der Gewinne und den Druck der Konkurrenz. Der Kraftfahrzeugmarkt befindet sich wieder im Gleichgewicht, die Sondergewinne sind verschwunden.

Natürlich darf hier nicht der Eindruck entstehen, als spiele sich am Ende immer wieder der gleiche Preis ein. Das ist ziemlich ausgeschlossen. Was hier dargestellt werden soll ist dies: Immer wieder versucht der Markt ein Gleichgewicht herzustellen, den wertmäßigen Ausgleich zwischen Angebot und Nachfrage. Ausgesteuert wird das Ganze durch den Preis. Er fördert oder bremst die Marktkräfte. Treibendes Motiv sind die Gewinnaussichten, verschärft durch den Druck der Konkurrenz. Hohe Preise verheißen hohe Gewinne. Günstige Gewinnaussichten aber locken neue Anbieter auf den Markt, die die Preise drücken. Niedrige Preise bedeuten geringere Gewinne, kostenungünstig anbietende Produzenten scheiden aus, potentiell neue Anbieter werden abgeschreckt, so daß das Angebot wieder sinkt. Stets ist es der Preis, der die Signale setzt und Angebot und Nachfrage zum Ausgleich bringt.

Und darin liegt denn auch die sich gegenseitig beeinflussende Wechselwirkung: Auf der einen Seite bestimmen Angebot und Nachfrage die Höhe des Marktpreises; auf der anderen Seite beeinflußt der Marktpreis Angebot und Nachfrage. Der Marktpreis wirkt aber auch auf den betrieblichen Preis, weil ein Unternehmen nicht auf Dauer über dem Marktpreis liegen darf, wenn es seine Existenz nicht gefährden will. Umgekehrt zieht ein niedriger betrieblicher Preis auch den Marktpreis mit nach unten.

EG-Agrarpolitik

Was aber passiert, wenn die Regulationskraft der Preise auf den Märkten nicht mehr wirksam ist oder bewußt außer Kraft gesetzt wird? Anschauungsunterricht in dieser Frage gibt die Entwicklung des europäischen Agrarmarktsystems.

Weil die Abnahmepreise der Landwirtschaftsprodukte für den EG-Agrarmarkt administrativ festgesetzt und durch unbegrenzte Abnahmegarantien geschützt werden, hat sich in den Ländern der Europäischen Gemeinschaft eine immense Überschußproduktion eingestellt, die mit hohen Kosten auf Lager gehalten oder zu Schleuderpreisen an Nicht-EG-Mitglieder abgesetzt werden muß. Da jeder Bauer die generelle Zusage besitzt, daß ihm alle Produkte, die er auf den Markt bringt, zu festen Preisen abgenommen werden, (wenn man von den Quotenregelungen absieht, z.B. für Milch, die eher eine weitere Abkehr vom Marktsystem bedeuten) ufert die Agrarproduktion der europäischen Bauern geradezu zwangsläufig mehr und mehr aus. Obwohl der Landwirt einzelwirtschaftlich durchaus richtig und verständlich handelt, wenn er seine Agrarprodukte immer weiter auszudehnen versucht, um seine Einkommenslage zu verbessern, sind die Auswirkungen gesamtwirtschaftlich fatal. Warum? Das ist leicht zu erklären.

Die staatlich verordneten Preis- und Abnahmegarantien setzen die Marktgesetze, speziell das Angebotsgesetz außer Kraft: Steigt das Güterangebot, sinkt der Preis und als Folge davon reduziert sich auch das Güterangebot. Produkte also, die an gesättigten Märkten nicht mehr absetzbar sind, führen normalerweise zu Preissenkungen, die die kostenungünstig produzierenden Betriebe vom Markt, zumindest zu mehr Zurückhaltung drängen. Das erfordern die Regeln der Marktgesetze.

Solange aber staatliche Interventionsstellen alle Überschüsse (zu festen Preisen) restlos aufkaufen, entfällt für die Bauernschaft das entscheidende Motiv, im folgenden Jahr vorsichtiger, das heißt eben weniger anzubauen. Die von Jahr zu Jahr steigenden Milch- und Weinseen, Fleischhalden und Butterberge sind die allgemein bekannten Folgen dieser, von der Europäischen Gemeinschaft ausgedachten Marktpolitik, die außerdem einen ungeheuren Konzentrationsprozeß in der Landwirtschaft heraufbeschwört, der mit tiefgreifenden Veränderungen in der ländlich-bäuerlichen Sozial-, Größen- und Machtstruktur einhergeht.

Daß da also noch Haken und Ösen zu vermuten sind, wenn es auf den Märkten um die Auswirkungen wirtschaftlicher Macht und Größe geht, wurde bereits einleitend erwähnt. Denn je nach Marktposition gelingt es, trotz der Wirksamkeit der Marktgesetze, höhere Preise durchzusetzen, vor allem dann, wenn die Konkurrenz schwach, abhängig oder überhaupt nicht vorhanden ist.

Markt und Macht: Die Marktformenlehre

„In der Markthall ist es schön/wo bei Rosen Handkäs steh'n/wo Madame fein im Glanz/strenzt dem Bauer eine Gans/Hier bei Zwiebeln, Obst, Gemüse/denk ich Dein und schick Dir Grüße". Der Postkartengruß anno 1897 aus der ehemaligen Frankfurter „Gmieskerch" besingt zwar auch einen Markt im klassischen Sinne, nicht aber unbedingt einen solchen, den wir uns im Rahmen der „Marktformenlehre" vorstellen müssen. Deren Märkte sind nicht real; man trifft dort keine Menschen, nur Wirtschaftssubjekte mit ausschließlich ökonomisch-rationalem Verhalten. Und diese befinden sich auch nicht konkret in einer bestimmten Stadt oder Region, sondern weit abgehoben im Lande der theoretischen Modellbildung. Aber das ist gut so, zunächst wenigstens. Denn immer, wenn man sich in der Wirtschaftswissenschaft verwickelten Verhältnissen gegenübersieht, deren engere Zusammenhänge aufgedeckt werden sollen, greift der Ökonom zum „Modell". Er konstruiert ein vereinfachtes Abbild der Wirklichkeit, indem er alles wegläßt, was zum Erkennen der Gesetzmäßigkeiten nicht unbedingt erforderlich ist oder was dessen Verständnis erschweren könnte.

Solche Modelle sind zwangsläufig wirklichkeitsfremd, dafür aber anschaulich, ein Vorzug, der nicht zu unterschätzen ist. Denn mit der Differenzierung der zahllosen Güter und Dienstleistungen, die heute gehandelt werden, hat die Vielgestaltigkeit der Märkte in einem Maße zugenommen, die sich kaum noch überblicken läßt. Vereinfachung tut also not und nur so sind die nachfolgenden modelltheoretischen Aussagen zu verstehen.

Marktformenschema

Pionierarbeit auf dem Gebiet der Marktformenlehre vollbrachte der Nationalökonom Walter Eucken. Er entwickelte ein System von neun verschiedenen Marktformen. Je nachdem, ob einer, wenige oder viele Anbieter einem, wenigen oder vielen Nachfragern gegenüberstehen, ergibt sich ein Schema aus neun verschiedenen Marktformen, wie sie in Tabelle 2 dargestellt sind.

Zahl der Nachfrager	Zahl der Anbieter		
	einer	wenige	viele
einer	zweiseitiges Monopol	oligop. beschränktes Nachfragemonopol *Eisenbahn, Post (Fernsehverkabelung)*	Nachfragemonopol *regional: Molkerei Weinkellerei*
wenige	oligop. beschränktes Nachfragemonopol *Seeversicherung*	zweiseitiges Oligopol *Flugzeugherstellung*	Nachfrageoligopol *Großmärkte/ Versandhäuser*
viele	Angebotsmonopol *Post (Telefon)*	Angebotsoligopol *Kraftfahrzeug-industrie*	atomistische (freie) Konkurrenz, Polypol *Wochenmarkt*

Tab. 2 Das Marktformenschema

Je nachdem, ob einer, wenige oder viele Anbieter einem, wenigen oder vielen Nachfragern gegenüberstehen, ergibt sich ein Schema aus neun verschiedenen Marktformen. Daraus bilden sich auf der Anbieterseite die Grundtypen *Monopol,* einer verkauft, *Oligopol,* mehrere verkaufen, und *Polypol,* viele verkaufen.

Aus diesen drei Grundformen bildet sich das *Monopol*, einer verkauft, das *Oligopol*, wenige verkaufen und das *Polypol*, viele verkaufen. Es leuchtet ein, daß nicht nur Anbieter in dieses Schema passen, sondern auch Nachfrager. Bestes Beispiel für Nachfrage-Monopolisten sind Post und Eisenbahn, die auf bestimmten Gütermärkten (Telefongeräte, Lokomotiven, Waggons etc.) allein als Nachfrager auftreten und sich damit die Vorteile ihrer Monopolstellung aneignen können. Typische Nachfrage-Oligopolisten sind Großversandhäuser wie beispielsweise Quelle und Neckermann, aber auch Supermärkte wie Aldi, Spar und Edeka, die mit konzentrierter Nachfragemacht einer großen Zahl kleiner Anbieter, ihren Zulieferhändlern, gegenüberstehen.

Monopolistische oder oligopolistische Nachfragekonstellationen können aber auch durch regionale Gegebenheiten eintreten. Molkereien und Weinkellereien, denen die umliegenden landwirtschaftlichen Betriebe ihre Agrarprodukte, wie Milch bzw. Weintrauben, abliefern, besitzen eine regional bedingte Nachfrage-Monopolstellung, weil es meist mit zu hohen Kosten verbunden und zu zeitaufwendig ist, an weiter entfernt liegende Abnehmer zu liefern. Als typisch regionale Angebotsmonopole gelten auch Geschäfte in besonders günstiger Straßen- oder Stadtteillage, so die Buchhandlung allein im Einkaufszentrum einer Stadt oder die einzige Apotheke in der Gemeinde, aber auch die Raststätte und Tankstelle an der Autobahn.

Es erleichtert das Verhältnis, wenn wir uns im folgenden auf die Anbieterseite konzentrieren und die Markformen, die sich aus der unterschiedlichen Zahl der Nachfrager ergeben, außer Acht lassen. Denn für Nachfrager gelten die gleichen Prinzipien der Marktformenlehre wie für Anbieter. Wir betrachten daher in den nächsten Kapiteln lediglich die drei angebotsbezogenen Marktformen, bei denen auf der Nachfragerseite immer *viele* auftreten: das Monopol mit einem Anbieter, das Oligopol mit mehreren, aber wenigen Anbietern, und das Polypol (auch atomistische oder freie Konkurrenz genannt) mit vielen Anbietern.

Das Monopol: Einer herrscht.

Der Monopolbetrieb sieht sich als alleiniger Anbieter auf dem Markt einer großen Zahl Nachfrager gegenüber – eine verführerische Situation. Denn sie gibt dem Monopolisten die Möglichkeit, die Höhe der Preise allein in seinem Sinne zu bestimmen. Er hat ja keine Konkurrenz zu fürchten, auf die er in seiner Disposition Rücksicht nehmen müßte. Er kann die Preise deswegen „beliebig" hoch ansetzen, weil die Nachfrager nicht auf billigere Konkurrenzprodukte ausweichen können. Der Monopolist also Alleinherrscher über alle Verbraucher, der auf dem Markt machen kann, was er will? Ganz so ist es nicht.

Das Monopol in seiner reinen Form ist seltener als man denkt. Im wörtlichen Sinne (griechisch, allein verkaufen) kommt es sogar überhaupt nicht vor.

Selbst in den Extremfällen von Post und Bahn, die – zumindest in der Bundesrepublik – als klassische Angebotsmonopolisten gelten können, mischen sich Elemente der monopolistischen Marktbeherrschung mit Elementen echten Wettbewerbs. Denn selbst wenn sich ein Anbieter völlig allein auf dem Markt befindet, nur er allein eine bestimmte Ware oder Dienstleistung anbietet, konkurriert er immer mit der nächsten Alternative zu seinem Produkt, aber auch um den Geldbeutel der Verbraucher. Die Bahn bietet zwar als einzige Organisation Zugreisen an, ist also klassischer Monopolist; sie konkurriert aber unstreitig mit dem Kraftfahrzeug- und dem Flugverkehr. Bei der Post konkurriert der Brief mit dem Telefon (auch wenn beides in einer Hand liegt, was ja nicht selbstverständlich sein muß), Briefpost und Telefon konkurrieren gemeinsam (demnächst) mit neuen Formen der elektronischen Kommunikation wie Bildschirmtext und Teletext, die als neue Medien über das Fernsehgerät von jedermann bedient werden können.

(Allerdings sind auch diese in der Hand der Post, zumindest in der Bundesrepublik.)

Ein Monopol im strengen Sinne des Wortes gibt es also nicht. Sobald aber mehr als ein Anbieter, auch in indirekter Form, auf dem Markt auftritt, herrscht Wettbewerb. Außerdem gilt auch für ihn das „Marktgesetz“ in Gestalt der fallenden Nachfragekurve: Setzt er den Preis seiner Ware zu hoch an, geht die Nachfrage zurück und damit der Absatz seiner Produkte, weil ein Teil der Verbraucher sich beim Kauf zurückhält oder nicht mehr mithalten kann. Strebt also der Monopolist, mit dem was er tut, das Gewinnmaximum an – was ihm modellgemäß ja auch zu unterstellen ist (siehe die Ausführungen zum homo oeconomicus) und versucht er dies durch ständiges Anheben der Preise zu erreichen, werden ihm durch das Kaufverhalten der Verbraucher Grenzen gesetzt.

Nachfrageelastizität

Entscheidend dafür, wie eng diese Grenzen sind, ist nun die Frage, wie negativ die Nachfrage auf eine Erhöhung der Preise reagiert. Dies allerdings ist je nach Ware und Käuferschicht verschieden. Die Reaktion der Käufer hängt davon ab, wie sehr die monopolistisch angebotenen Güter vom Verbraucher gewünscht oder benötigt werden, ob es sich dabei also um Güter des allgemeinen Grund- oder des gehobenen Luxusbedarfs handelt. Damit stoßen wir auf den in der Marktformenlehre überaus wichtigen Begriff der Nachfrage*elastizität.*

Befinden wir uns beispielsweise auf dem Markt für Güter des allgemeinen Grundbedarfs, worunter im allgemeinen Dinge wie Bekleidung, Nahrungsmittel, Wohnraum etc. verstanden werden, Güter also, auf die der Verbraucher nur schwer verzichten kann, dann reagiert er auf Preiserhöhungen zunächst nicht oder nur kaum. Er braucht ja diese Dinge zum täglichen Leben; sie sind für ihn so gut wie unverzichtbar. Er wird sie also auch dann noch kaufen, bzw. in Anspruch nehmen (müssen), wenn ihre Preise steigen. Der Ökonom sagt dann, die Nachfrage reagiert „unelastisch“. Erst ab einer bestimmten Höhe der Preise ist mit einer Reaktion, d.h. mit einem Rückgang der Kaufwünsche zu rechnen.

Anders verhält es sich bei den Gütern des gehobenen oder Luxusbedarfs (der Leser möge sich selbst die hier zutreffenden Beispiele klarmachen), Güter also, auf die man schon leichter verzichten kann. Hier werden Preiserhöhungen wesentlich schneller zu einer negativen Reaktion der Käufer führen. Die Nachfrage reagiert daher „elastisch“.

Um Elastizität auch in Zahlen auszudrücken: Wenn ein Preisanstieg um 20 Prozent zu einem Rückgang der Verkaufsmenge um 10 Prozent führt, dann reagiert die Nachfrage wenig elastisch (Elastizität = 0,5). Wenn aber derselbe Preisanstieg einen Rückgang des Absatzes um 30 Prozent zur Folge hat, reagiert die Nachfrage erheblich elastischer (Elastizität = 1,5).

Die Elastizität der Nachfrage ist allerdings nicht etwa eine objektiv meßbare Größe. Sie entspringt einer sehr subjektiven, von Mensch zu Mensch und je nach Einkommenslage sehr unterschiedlichen Empfindung. Was dem einen ein Luxusgut, bedeutet dem anderen ein unverzichtbares Grundgut. Auch kommt hinzu, daß sich derartige Einschätzungen im Laufe der Zeit stark verändern können. Eine Urlaubsreise nach Italien oder Spanien bedeutete noch in den fünfziger Jahren den meisten Bundesbürgern ein zumeist unerfüllbarer Wunsch der gehobenen Luxusklasse. Heute ist die jährliche Urlaubsreise, auch in entfernte Länder, aus dem Leben Vieler nicht mehr hinwegzudenken. Sie hat sich im Zuge der Wohlstandsentwicklung zum (beinahe) unverzichtbaren Grundgut gewandelt.

Die Elastzität der Nachfrage richtig einzuschätzen ist daher auch für den Monopolisten ein Spiel mit mehreren Unbekannten. Sein zur Gewinnmaximierung eingesetzes Mittel, die Preise ständig anzuheben, findet seine Grenzen in der Reaktionsempfindlichkeit der Verbraucher. Bei Preiserhöhungen besteht immer die Gefahr von Absatzeinbußen, die seine Erlöse mindern können. Und dennoch befindet sich der Monopolist aufgrund seiner konkurrenzlosen Situation in einer günstigeren Lage als der Produzent im freien Wettbewerb. Bis zu einem gewissen Grad kann er nämlich den Preis seiner Produkte trotzdem anheben, auch wenn er dadurch weniger absetzt und geringere Erlöse erzielt. Den Unternehmer interessieren ja nicht so sehr die Erlöse als vielmehr seine Gewinne. Das Maximum der Gewinne aber realisiert der Monopolist nicht beim größten Absatz, das heißt beim Maximum der Erlöse, sondern unterhalb davon.

Erlösmaximum des Monopolisten

Diese monopolistische Eigenart der Märkte ist von so genereller Bedeutung für das Verständnis des Wechselspiels von Preis und Menge, Erlös und Gewinne, daß wir uns damit etwas mehr auseinandersetzen müssen. Wieso kann der Monopolist höhere Preise fordern als der Produzent im freien Wettbewerb und wieso liegt das Maximum der Gewinne nicht beim Maximum der Erlöse? Der Grund ist einfach: Bei den Gewinnen spielen die Kosten mit hinein, bei den Erlösen nicht.

Erlöse ergeben sich als Einnahmen aus Verkaufsmenge (M) mal Preis (P), die Gewinne als Differenz aus Erlösen (E) und Kosten (K).

$$E = M \times P$$
$$G = E - K$$

Strebt der Monopolist (über die Heraufsetzung der Preise) maximalen Gewinn an, wird er ihn nicht dort erzielen, wo er die meisten Erlöse realisiert, sondern dort, wo die Differenz aus Kosten und Erlösen am größten ist. Um nun zu verstehen, wie die Gewinne auf die Heraufsetzung der Preise reagieren, müssen wir zunächst untersuchen, wie die Erlöse darauf reagieren.

Keinesfalls darf der Monopolist damit rechnen, daß jede Preisanhebung automatisch auch seine Erlöse erhöht. Um dies am Beispiel des Autoproduzenten klarzumachen. Geht er mit dem Preis hinauf, dann erzielt er zwar pro verkauftem Kraftfahrzeug einen höheren Betrag. Ob aber die Erlöse ingesamt (aus Absatzmenge mal Preis) gestiegen sind, läßt sich nicht von vornherein sagen. Denn, wenn die Zahl der abgesetzten Kraftfahrzeuge wegen des höheren Preises zurückgeht, dann kann der Gesamterlös aus dem geringeren Verkauf niedriger liegen als zuvor. Nach einer Preiserhöhung können also die Erlöse zunehmen, sie können aber auch abnehmen. Das hängt ganz davon ab, wie empfindlich die Käufer reagieren. Aber geradezu unglaubhaft klingt der umgekehrte Fall, daß auch eine *Senkung* der Preise die Erlöse sowohl erhöhen als auch vermindern kann.

Wie ist das möglich? Beides, sowohl eine Anhebung als auch eine Senkung der Preise kann die Erlöse des Monopolisten erhöhen, sie aber auch genauso gut verringern. Dies widerspricht, so möchte man meinen, allen Regeln des gesunden Menschenverstandes. Dem ist aber nicht so. Zur Lösung dieser „Widersprüche"

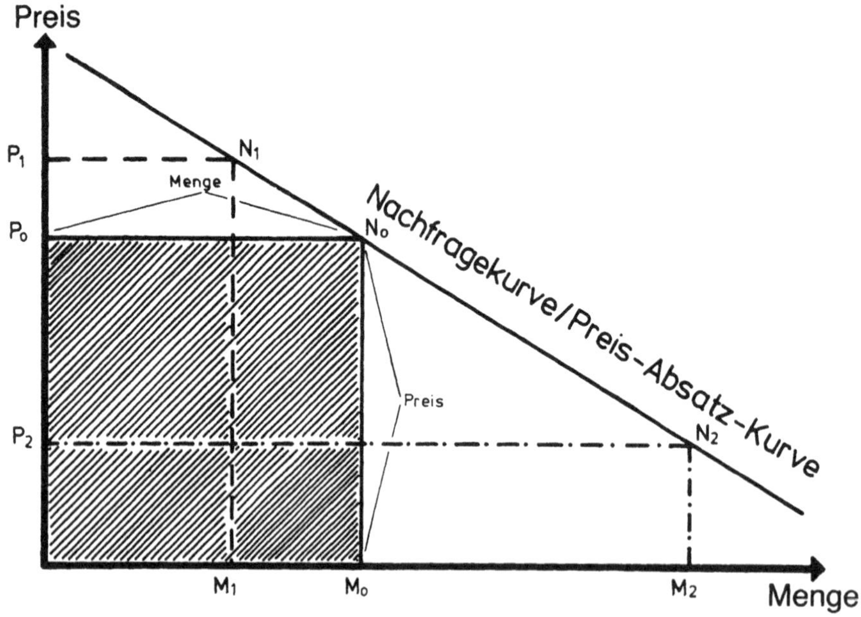

Abb. 6 Die Preis-Absatzkurve des Monopolisten
Auch der Monopolist kann mit den Preisen nicht machen, was er will. Denn seine Erlöse (aus Menge mal Preis der abgesetzten Güter) sind abhängig vom Kaufverhalten der Verbraucher, was im Gefälle der Nachfrage- bzw. Preis-Absatz-Kurve zum Ausdruck kommt: Erhöht der Monopolist den Preis beispielsweise von P_0 auf P_1, kann er nur noch die Menge M_1 absetzen. Die Frage ist, ob sich dadurch seine Erlöse erhöhen oder nicht. Dies entspricht der Frage, ob das Rechteck (schraffierte Fläche) bei N_1 kleiner ist als das bei N_0.

holen wir uns die bereits bekannte Nachfragekurve aus Abbildung 5 zu Hilfe, die wir in Abbildung 6 jetzt als Preis-Absatz-Kurve bezeichnen.

Die Preis-Absatz-Kurve verläuft von links oben nach rechts unten, weil sie Normalverhalten der Verbraucher unterstellt: Steigende Preise bedeuten Nachfrage- und damit Absatzrückgang, fallende Preise bedeuten Nachfrage- bzw. Absatzanstieg. Wir unterstellen zunächst eine Situation, in der sich der Monopolist bei Punkt N_0 befindet. Die in dieser Lage erzielten Erlöse ($M_0 \times P_0$) entsprechen dem Flächeninhalt des schraffierten Rechtecks. Das ist die Ausgangslage.

Erhöht jetzt der Unternehmer den Preis von P_0 auf P_1, dann kann er bei der Elastizität dieser Nachfrage nur noch M_1 Gütermengen absetzen. Die entscheidende Frage lautet nun: Sind die Erlöse im Punkt N_1 größer oder kleiner als im Punkt N_0? Dies entspricht der Frage, ob das neu gebildete Rechteck bei N_1 größer oder kleiner ist als das Rechteck bei N_0.

Aus der Zeichnung ist dies nicht so ohne weiteres zu erkennen. Wir vermuten aber richtig, daß die neu gebildete Fläche kleiner ist, die Erlöse also niedriger liegen. Das gleiche ist auch in der Preis-Absatz-Situation bei N_2 zu erwarten. Auch dort, wo umgekehrt ein niedrigerer Preis mit einer höheren Menge kombiniert ist, scheint ein geringerer Erlös herauszukommen.

Aber wieso kommt das? Daß die Herabsetzung des Preises die Erlöse vermindert, erscheint ja noch plausibel, daß dies aber auch bei der Heraufsetzung der Preise geschieht, wirkt einigermaßen verwirrend.

Um hier klarer zu sehen, machen wir ein kleines Zahlenexperiment. Mit der nachfolgenden, willkürlich gewählten Reihe einer aufsteigenden und einer absteigenden Zahlenfolge, die durch Multiplikation verbunden sind, läßt sich dieser verblüffende Sachverhalt auf einfache Art und Weise veranschaulichen.

Preis (aufsteigend)	Menge (absteigend)	Erlöse (auf- und absteigend)
30	140	4200
35	130	4550
40	120	4800
45	110	4950
50	100	5000
55	90	4950
60	80	4800
65	70	4550
70	60	4200

Die „Preise“ steigen in Fünferschritten von 30 auf 70 Geldeinheiten, die „Menge“ fällt in Zehnerschritten von 140 auf 60 Mengeneinheiten. Und siehe da, die „Erlöse“ (aus Preis × Menge) steigen zunächst kontinuierlich von 4200 auf 5000 an, um dann wieder auf 4200 zurückzufallen.

Es gibt also immer einen Punkt, an dem steigende Preise und fallende Mengen ein Erlösmaximum erreichen, in unserem Beispiel beim Erlös 5000, der sich zum Preis von 50 und der Menge 100 einstellt. Alle übrigen Preis- und Mengenkombinationen führen (zwingend) zu niedrigeren Erlösen.

Vor diesem rein mathematischen Phänomen steht natürlich auch der Monopolist. Darauf muß er – ob er will oder nicht – bei der Kalkulation seiner Preise Rücksicht nehmen.

Um den rechnerischen Zusammenhang von Preis, Menge und Erlösen auch graphisch näherzubringen, sind in Abbildung 7 fünf verschiedene Stufen der Erlösentwicklung dargestellt. Auf der parabolisch gewölbten Erlöskurve liegen alle Gesamterlöse, die sich aus den (im Prinzip unendlich vielen) Preis-Mengen-Kombinationen ergeben. Am niedrigsten sind die Erlöse bei hohen Preisen und dementsprechend niedrigen Mengen (Rechteck bei N_3) sowie umgekehrt bei niedrigen Preisen kombiniert mit hohen Mengen (Rechteck bei N_4).

Und nur eine einzige Kombination aus Preis mal Menge führt zum Erlösmaximum im Scheitelpunkt der Erlöskurve, das Rechteck (Quadrat) bei N_0. Alle Rechtecke, das heißt alle Erlöse links und rechts davon sind kleiner.

Jetzt leuchtet auch unmittelbar ein, warum sowohl steigende als auch fallende Preise eine Erlösminderung, aber auch eine Erlössteigerung bewirken können. Befindet sich nämlich der Monopolist bereits im Erlösmaximum, das heißt auf dem Scheitelpunkt der Erlöskurve, dann bedeutet jede Preisänderung – gleichgültig ob nach oben oder nach unten – eine Verringerung der Erlöse, weil jeder Schritt nach rechts oder links auf der Erlöskurve abwärts führt. Der Leser möge sich selber klarmachen, wie sich die Erlöse verhalten, wenn sich der Monopolist

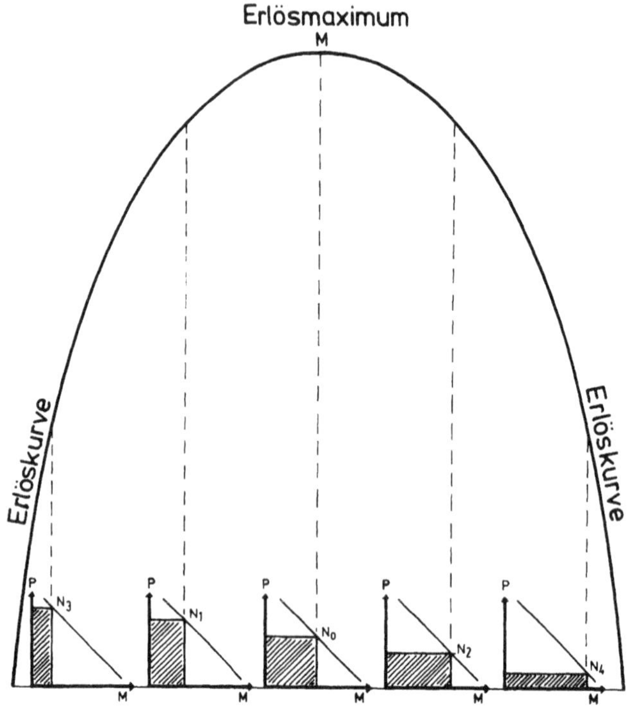

Abb. 7 Fünf Alternativen der Erlösentwicklung
Die Punkte auf der parabolisch nach oben gewölbten Erlöskurve entsprechen dem Flächeninhalt der Rechtecke, die sich aus den (unendlich vielen) Konstellationen von Menge mal Preis ergeben. Bei N_0 befindet sich das Erlösmaximum (Scheitelpunkt der Erlöskurve), weil dort die Fläche des Rechtecks (als Quadrat) am größten ist. Alle Rechtecke, somit auch alle Erlöse, links und rechts davon sind kleiner als das Erlösmaximum.

auf einem anderen Punkt der Erlöskurve befindet. Dann sind alle eingangs erwähnten, zunächst sehr verwirrenden Aussagen leicht erklärbar. Beim Ausgangszustand rechts vom Scheitelpunkt führt jede Preiserhöhung zu einer Steigerung der Erlöse und jede Preissenkung zu ihrer Verminderung. Befindet er sich hingegen links vom Scheitelpunkt, dann verringert eine Preiserhöhung die Erlöse, während eine Senkung der Preise die Erlöse erhöht.

Gewinnmaximum des Monopolisten

Aber wie sieht das Ganze bei den Gewinnen aus? Denn nur auf deren Maximum kommt es ja dem Monopolisten (modellgemäß) an.

Es wurde bereits erwähnt, daß sich die Gewinne anders verhalten als die Erlöse, wenn die Preise steigen oder fallen, weil jetzt die Kosten mit hineinspielen. Dem Monopolisten liegt natürlich wenig daran, möglichst viel abzusetzen, um einen möglichst hohen Erlös zu erzielen. Er möchte den maximalen Gewinn – als Differenz aus Erlösen und Kosten. Folglich realisiert der Monopolist die höchsten Gewinne dort, wo die Differenz zwischen den Kosten und Erlösen am größten ist. Dort aber sind die Preise höher als im Erlösmaximum.

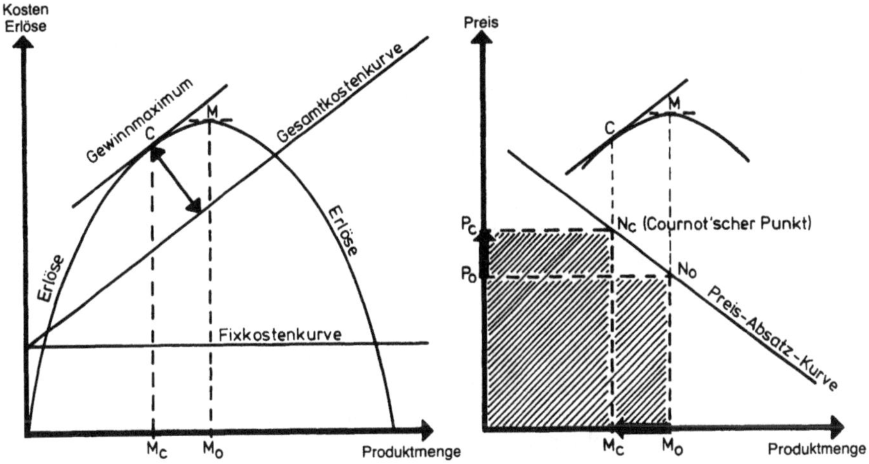

Abb. 8 Das Gewinnmaximum des Monopolisten (der Cournot'sche Punkt)
Der bereits vor knapp 250 Jahren von dem französischen Mathematiker Augustin Cournot geführte Beweis für die stillschweigende Ausbeutung des Konsumenten durch den Monopolisten: Nicht im Erlösmaximum „M“, sondern im Gewinnmaximum „C“ erzielt der Monopolist den höchsten Gewinn (Cournot'scher Punkt, siehe linke Zeichnung). Der Monopolist verkauft somit zu höheren Preisen (und niedrigeren Mengen) als der Produzent bei vollständiger Konkurrenz, wenn er seine Gewinne maximieren will. Der Preis P_C, der zum Gewinnmaximum führt, ist höher als der Preis P_O, der zum Erlösmaximum führt. (siehe rechte Zeichnung)

In Abbildung 8 sehen wir in dem Koordinatensystem der linken Zeichnung, auf dessen Achsen Produktmengen und Erlöse beziehungsweise Gesamtkosten abgetragen sind, die uns schon bekannte, nach unten offene Parabel der Erlöskurve. Sie spiegelt die Höhe der realisierbaren Erlöse wider, wenn der Monopolist die Preise herauf- oder herunterfährt. Auch die Gesamtkostenkurve oberhalb der Fixkostengeraden ist uns bereits vertraut. Sie zeigt die Höhe der Kosten an, die bei steigenden Produktmengen anfallen. Und dort, wo die parabolisch gekrümmte Erlöskurve den größten Abstand von der Kostengeraden hat – im Berührungspunkt C der Tangente parallel zur Kostengeraden – liegt das Gewinnmaximum. Da sich aber Punkt C links vom Erlösmaximum befindet, ist der zum Gewinnmaximum führende Preis P_C höher als der Preis P_0, der Erlösmaximum bedeutet. Dort braucht dementsprechend auch nur weniger produziert beziehungsweise abgesetzt zu werden ($M_C < M_0$). Denn wie sich aus der rechten Zeichnung, in der zusätzlich die Preis-Absatz-Kurve eingetragen ist, entnehmen läßt, ist die Fläche des Rechtecks unterhalb N_C kleiner als die Fläche des Rechtecks (Quadrats) unterhalb N_0.

Der Cournot'sche Punkt

Mann nennt diesen Punkt N_C, der die günstigste Preis-Mengen-Kombination für den Monopolisten wiedergibt, weil nur dort maximaler Gewinn erzielbar ist – den „Cournot'schen Punkt“, zu Ehren des französischen Mathematikers und Nationalökonomen Augustin Cournot, der diesen Zusammenhang bereits 1888 beschrieb.

Dieser Punkt ist deshalb so wichtig, weil er auf höchst elegante Weise belegt, wieso der Monopolist bestrebt ist, ja geradezu bestrebt sein muß, den Preis für seine Produkte höher zu setzen als der Unternehmer im freien Wettbewerb, dessen Gewinnmaximum – wie wir noch sehen werden – beim Erlösmaximum liegt. Der Monopolist braucht nämlich garnicht so viel zu produzieren (beziehungsweise abzusetzen), um den höchstmöglichen Gewinn zu realisieren. Er braucht nur den Preis heraufzusetzen, weil bereits eine geringere Absatzmenge seine Gewinne maximiert. Natürlich kann der Monopolist den Preis seiner Produkte nicht beliebig anheben. Auch das macht die Zeichnung deutlich. Ab einer bestimmten Preishöhe gehen die Gewinne zurück, weil die Differenz aus Erlösen und Kosten wieder geringer wird.

Damit sind wir beim Kern der Monopoltheorie: Mit dem höheren Preis geht die „systemimmanente" Übervorteilung des Konsumenten einher, die sich allein aus der Monopolstruktur, der „Alleinherrschaft" des Produzenten erklärt. Neben der unerwünschten Machtkonzentration sind also die tendenziell zu hohen Preise das eigentliche Problem des monopolisierten Marktes. Die Preise sind höher als sie sein könnten, wenn Wettbewerb herrschte – die stillschweigende „Ausbeutung" des Verbrauchers, der sich beide Seiten noch nicht einmal bewußt sein müssen.

Das Oligopol: Kampf der Giganten

Wenden wir uns der zweiten Marktform zu, dem Oligopol. Sie ist die typische Marktform der modernen Industriegesellschaft. Vom Wort her bedeutet sie *wenige* verkaufen auf dem Markt, aber diese sind groß, zumeist sogar gigantisch: „Ein Geisterflugzeug fliegt um die Welt, ruhelos wie der Fliegende Holländer. Es soll die europäischen Flugzeugbauer schrecken und die Manager der internationalen Fluggesellschaften verunsichern. Seine Konstrukteure haben schon vor Jahren auch einen Namen an seinen Rumpf geschrieben: Boeing 7-7 (...). Ein Flugzeug, das wieder mit Propellern angetrieben wird und deshalb sensationell sparsam im Verbrauch von kostbarem und teurem Treibstoff ist (...). Bisher teilten sich die Amerikaner Boeing und McDonnell Douglas diesen Kuchen. Doch seit der kleine Airbus auf dem Markt ist, hatten bis zur Pariser Luftfahrtausstellung fünf Luftfahrtgesellschaften Kaufverträge für 51 Flugzeuge von Typ A 320 unterschrieben – genug, um die Amerikaner nervös zu machen und eine Gegenoffensive auszulösen (...). Der Kampf der Giganten auf dem Flugzeugmarkt wird hart. Es geht in der Klasse A 320 um etwa 4000 Flugzeuge. Auf dem gesamten Markt werden in den nächsten Jahren rund 150 Milliarden Dollar umgesetzt, bis über das Jahr 2000 hinaus nach einer anderen Schätzung sogar 500 Milliarden Dollar ..."[4]

Der Auszug aus der ZEIT gibt den Blick frei in den Oligopolmarkt der Neuzeit. Der Oligopolist heute ist der internationale Großkonzern, der mit geballter Wirtschaftsmacht in vielen Ländern und auf vielen Märkten heimisch ist. Doch auch kleinere Betriebe können oligopolistisch strukturiert sein; das hängt ganz von der Art und Spezialität der Produkte ab, die über den Markt gehandelt werden. Entscheidend ist, daß es immer wenige sind, die sich als Konkurrenten gegenüberstehen.

[4] DIE ZEIT vom 7.6.1985 (Auszug)

Dabei ist die Frage, wieviel „wenige“ sind, nicht ohne weiteres mit der Zahl 3, 5 oder 20 zu beantworten. Der Übergang zu „vielen“ Konkurrenten, dem Polypol, ist fließend und läßt sich nicht eindeutig abgrenzen. Um sich hier zu helfen, stellt man im allgemeinen nicht auf die absolute Zahl der Anbieter ab, sondern auf ihr erzwungenes Verhalten am Markt. Muß ein Anbieter in seiner Verkaufspolitik, vor allem bei der Kalkulation der Preise, die Reaktion seiner Konkurrenten mitberücksichtigen, dann liegt ein Oligopolmarkt vor.

Unsicherheit auf dem Oligopolmarkt

Während also – vereinfacht ausgedrückt – der Monopolist nur zwei Aspekte zu berücksichtigen hat, die Reaktion der Nachfrager, d.h. ihre Nachfrageelastizität, und die Höhe der eigenen Kosten, tritt für den Oligopolisten ein dritter Aspekt hinzu: das Verhalten der Konkurrenten auf dem Markt. Wie beim Monopol strebt auch der Oligopolist modellgerecht das Gewinnmaximum an: Er versucht den Preis durchzusetzen, der ihm die höchste Differenz aus Kosten und Erlösen verspricht (Cournot'scher Punkt). Hier wie dort liegt dieser Preis höher als im freien Wettbewerb, kommt es also zur Übervorteilung des Verbrauchers. All dies gilt im wesentlichen auch für den Oligopolisten. Hinzu kommt jetzt allerdings, daß seine Preise außerdem noch von den Preisen seiner Konkurrenten abhängig sind.

Zu den Schwierigkeiten, die Nachfrageelastizität richtig einzuschätzen und die eigenen Kosten produktgerecht zu ermitteln, tritt nun das Moment der Unsicherheit hinzu. Die Frage lautet jetzt nicht mehr nur: Wie hoch sind die eigenen Kosten und wie verhält sich der Verkäufer auf Veränderungen der Preise, sondern auch: Wie verhält sich die Konkurrenz? Wie hoch sind deren Kosten und Preise? Wie stark ist sie? Was hat sie vor?

Vor allem bei Preisänderungen ist das Verhalten der Konkurrenten ausgesprochen ungewiß, wenn es nicht vorher abgesprochen wurde. Preisabsprachen sind zwar in der Bundesrepublik gesetzlich verboten, was aber nicht verhindert, daß trotzdem immer wieder Fälle vorkommen, in denen heimlich Verabredungen über die Höhe der Preise getroffen werden. Weil solches häufig am Rande von Konferenzen, sozusagen während des Frühstücks geschieht, spricht man sinnigerweise auch von „Frühstückskartellen“.

Unterstellt, dies sei hier nicht der Fall, kann sich die einseitige Erhöhung der Preise für den Oligopolisten gefährlich auswirken. Folgt nämlich die Konkurrenz seiner Preiserhöhung nicht, verschafft ihm deren Zurückhaltung Wettbewerbsnachteile, weil er seine Produkte jetzt teurer anbietet als die anderen. Er muß damit rechnen, daß seine Kunden zur Konkurrenz überwechseln, um dort billiger einzukaufen. Es sei denn, der Oligopolist kann auf feste Stammkundschaft rechnen, die ihm auch bei Preiserhöhungen treu bleibt. Sicher ist dies aber keineswegs und so ist eine Preiserhöhung für ihn mit nicht unerheblichen Risiken verbunden.

Ein heikles Unterfangen stellt aber auch eine Senkung der Preise dar, wenn auch aus anderen Gründen. Geht ein Oligopolist mit dem Preis seiner Ware herunter, so muß er nämlich damit rechnen, daß seine Konkurrenten sofort mit ihren Preisen nachziehen, weil sie ja sonst befürchten müßten, auf ihrer Ware sitzen zu bleiben. Der Oligopolist muß also darauf gefaßt sein, daß die einseitige Preissenkung eine ähnliche Reaktion seiner Konkurrenten nach sich zieht, so daß am Ende alle zu niedrigeren Preisen anbieten und dann schlechter dastehen als zuvor.

Es ist daher garnicht zu erwarten, daß sich Oligoplisten allzu ernsthaft unterbieten. Man scheut den Preiskampf, weil er im Grunde keine Vorteile verspricht. Es sei denn, einer der Oligopolisten fühlt sich stark genug, einen ruinösen Verdrängungswettkampf mit Dumpingpreisen vom Zaun zu brechen. Solche Existenzkämpfe hat es vor allem in der Frühphase des Kapitalismus häufig gegeben, wonach sich am Ende Supergiganten herausbildeten, von denen der Rockefeller-Öltrust die wohl größte Berühmtheit erlangte. Doch seine Übergröße brachte schließlich den Stein ins Rollen, der die erste wirksame Anti-Trustgesetzgebung der Welt in den Vereinigten Staaten in Gang brachte.

Kämpferischer Wettbewerb

Heute ist etwas mehr Ruhe auf den Oligopolmärkten eingekehrt. In Deutschland verhindern Wettbewerbsgesetze (z.B. das Gesetz gegen den unlauteren Wettbewerb sowie das Gesetz gegen Wettbewerbsbeschränkungen) die gröbsten Auswüchse. Dies darf aber nicht darüber hinwegtäuschen, daß der kämpferische Wettbewerb, die beinahe kriegerische Auseinandersetzung zwischen den Wirtschaftsgiganten hinter den Kulissen mit unverminderter Heftigkeit weitgergeht, wenn auch mit subtileren Methoden. Vor allem wenn es um die Sicherung und Erweiterung von Marktanteilen oder um die Eroberung neuer Märkte geht, werden harte Bandagen angelegt. Ein anschauliches Beispiel gnadenloser Auseinandersetzung bietet der nachfolgende Auszug aus einem „Lagebericht", der das Ringen der beiden US-amerikanischen Elektronikriesen IBM und AT&T bei der Eroberung neuer Märkte in der Kommunikationsindustrie schildert:

„Dieses Spiel wird viele Mitspieler haben, aber der größte Gegenspieler für die AT&T-Mutter wird niemand anderes als IBM sein, der Computerriese. IBM wechselt von den Computern zur Kommunikation gerade in dem Augenblick über, da AT&T von der Kommunikation zu den Computern überwechselt. Nichts illustriert den neuen Wettbewerb der beiden Riesengesellschaften in der Tat besser als die Konzernzentralen, welche die beiden einander gegenüber in Manhattan errichteten. AT&T's Hauptquartier ist ein massiver, monumentaler Bau, der Macht und Autorität ausstrahlt. Dieses Gebäude ist 13 Geschosse höher als das IBM-Gebäude, und man hofft bei AT&T, daß man nicht nur in diesem Sinne auf den neuen Rivalen ‚herabblicken' kann. IBM seinerseits beeilt sich, in das Territorium seines neuen Gegners einzudringen. Sie hat sich mit einer kanadischen Gesellschaft zusammengeschlossen, um die Arbeiten an einer neuen Familie computerisierter Telefonanlagen zu beginnen (...).

Am schärfsten wird der Wettbewerb zwischen den beiden Giganten nicht in der Geschäftswelt, sondern in den Millionen von Haushalten überall in Amerika entbrennen. Beide klotzen mächtig bei diesen revolutionären privaten elektronischen Informationssystemen. Das Jahr 1990 wird die Hochzeit zwischen dem Personalcomputer und dem Fernsehen erleben; aber niemand wartet so lange ab, bis diese fortgeschrittene Technologie perfekt ist ..."[5]

Schon dieser kurze Blick hinter die Kullissen des Konzernmanagements macht deutlich, warum das Streben nach Macht und wirtschaftlicher Stärke im Denken des Oligopolisten einen nahezu alles beherrschenden Einfluß erlangt. Nie kann er sicher sein, ob sich nicht Finanzkraft oder Umsatzvolumen seiner Konkurren-

---

[5] Nussbaum, B.; „Das Ende unserer Zukuntt", München 1984, S. 65

ten unbemerkt erhöhen, der eine vielleicht ein neues Management einsetzt, der andere eine aggressivere Unternehmensstrategie verfolgt. Womöglich werden kostengünstigere Produktionsverfahren eingeführt oder es sind neue, gewinnträchtige Produkte in der Planung, die einen Vorsprung auf dem Markt ermöglichen.

Zwar bewirkt das Moment der Vorsicht und der unvollkommenen Information über die Stärke des Gegners eine relative Zurückhaltung auf dem Markt. Dennoch ruht der kämpferische Wettbewerb nicht, er verlagert sich nur: vom Gewinnmotiv auf das Streben nach Sicherheit. Vor allem die eigene Größe erscheint als der beste Garant dafür, wobei sich das unternehmerische Wachstum zunehmend auf die internationale Ebene erstreckt. Nicht nur viele und vor allem verschiedene Produkte zu fertigen (Diversifizierung der Produktion) verschafft Sicherheit. Dies auch in vielen Ländern gleichzeitig zu tun, entspricht dem selben sicherheitssuchenden Kalkül (Internationalisierung der Produktion).

Konzentration und Internationalisierung

Dazu gehört, sich an möglichst zahlreichen Firmen zu beteiligen oder sie ganz zu übernehmen, um die Zahl der Standbeine zu erhöhen oder das unternehmerische Risiko zu streuen. Die Bildung von Konzernen und Kartellen hat daher in der Bundesrepublik (wie überhaupt in den industrialisierten Ländern der westlichen Welt und Japans) überragende Bedeutung gewonnen. Trotz zumeist strenger Wettbewerbsschutzgesetze hat sich der Konzentrationsprozeß seit dem Zweiten Weltkrieg ununterbrochen verstärkt, in der Bundesrepublik von ursprünglich 15 bis 30 jährlichen Zusammenschlüssen Ende der 50er Jahre auf mehr als 600 Zusammenschlüsse in den 80er Jahren (s. Tabelle 3).

Tab. 3 Unternehmenszusammenschlüsse in der Bundesrepublik seit 1960.
Die Zahl der Unternehmenszusammenschlüsse (Konzernbildung) hat seit Kriegsende ununterbrochen zugenommen, von etwas mehr als 20 Zusammenschlüssen Anfang der sechziger Jahre auf mehr als 500 bis 600 in den achtziger Jahren.
Quelle: Hauptgutachten der Monopolkommission 1982/83, S. 211
* geschätzt aufgrund der neuesten Presseberichterstattung.

Unternehmenszusammenschlüsse in der Bundesrepublik

Jahr	Anzahl
1960	22
1962	38
1964	36
1966	43
1968	65
1970	305
1972	269
1974	318
1976	453
1978	558
1980	635
1981	618
1982	603
1983	506
1984*	700

Dabei zeigt sich, daß die Häufigkeit der Zusammenschlüsse mit der Größe der Unternehmen zunimmt. Je größer ein Konzern, desto öfter ist er an Zusammenschlüssen beteiligt. So waren nach dem Hauptgutachten der Monopolkommission im Berichtsjahr 1982/83 die ersten 25 Unternehmen der 100 größten Konzerne in der Bundesrepublik an fast der Hälfte aller in diesem Zeitraum angemeldeten Zusammenschlüsse beteiligt. Auf die nächsten 25 Größten entfielen lediglich 22 Prozent der Zusammenschlüsse, auf die zwischen Platz 51 und 75 rangierenden Unternehmen 19,4 Prozent und auf die letzten 25 der 100 Größten nur noch 9,1 Prozent[6].

So ist nicht verwunderlich, daß zahlreiche Märkte heute von nur noch wenigen Großunternehmen beherrscht werden. Die Zusammenstellung in Tabelle 4 zeigt, daß in einigen Wirtschaftszweigen die jeweils 6 bis 10 größten Unternehmen bereits bis zu 90 Prozent aller Umsätze auf sich vereinen, inbesondere in der Büromaschinen- und Datenverarbeitungsindustrie, im Bergbau, in der Tabakindustrie und in der Mineralölverarbeitung – ein Konzentrationsgrad, der wettbewerbspolitisch bereits als sehr bedenklich zu bezeichnen ist.

Tab. 4 Marktanteil der sechs bzw. zehn größten Unternehmen in der Bundesrepublik
Oligopolistische Märkte sind durch zunehmende Konzentration gekennzeichnet. Auch in der Bundesrepublik werden heute zahlreiche Märkte nur noch von wenigen Großunternehmen beherrscht, wobei die jeweils sechs bzw. zehn Größten einiger Branchen bereits bis zu 90 Prozent der Umsätze auf sich vereinen.
Quelle: Hauptgutachten der Monopolkommission 1982/83, S. 366 in Verbindung mit S. 284f.

	Marktanteil der sechs	zehn
	umsatzgrößten Unternehmen am Gesamtumsatz der Branche (%)	
Büromaschinen, Datenverarbeitung	87,6	91,4
Bergbau	83,6	94,0
Mineralölverarbeitung	81,1	93,6
Fahrzeugbau, Reparatur von Kfz	64,4	72,7
Tabakverarbeitung (drei größte U)	62,9	
Eisenindustrie	62,4	77,2
Schiffbau	62,0	72,7
Gummiverarbeitung	51,8	63,8
Zellstoff, Papier	44,9	56,0
Elektrotechnik	41,6	48,0
Chemische Industrie	40,4	47,0

Oligopolistisch strukturierte Märkte sind folglich nicht nur durch die geringere Zahl von Produzenten gekennzeichnet, sondern auch durch fortschreitende Konzentration von Marktmacht: Die Zahl der auf dem Markt befindlichen Unternehmen nimmt ab, ihre Wirtschaftskraft nimmt zu. Konzentration von Marktmacht gefährdet jedoch die Funktionsfähigkeit des Wettbewerbs. Denn, nach Sicherheit streben, heißt in erster Linie Überwindung oder Vermeidung von „störendem“ Wettbewerb. Selbst wenn der Oligopolist für sich keine Vormachtstellung anstrebt, muß er ständig vorbeugende Maßnahmen treffen, um dem Vormachtstreben der anderen entgegenzuwirken. Schon ein Werbefeldzug (man beachte

[6] Hauptgutachten der Monopolkommission 1982/83, S. 139

die Bezeichnung) kann heftige Gegenreaktionen auslösen. Jede eigene, aber auch jede fremde Aktion bedroht den Frieden, weil bereits die vermutete Absicht des Konkurrenten eigene Aktivitäten auslöst, die neue Unsicherheiten schafft und dadurch die Konkurrenz in Handlungszwang versetzt. So ist im Oligopolmarkt jeder ständig von jedem bedroht.

In dem Bestreben nach Sicherheit werden immer neue Kampfstrategien entwickelt, um Marktanteile auszudehnen oder neue Märkte zu erobern.

Dabei verlagert sich – wie bereits erwähnt – der Schauplatz der Kämpfe zunehmend auf die internationale Ebene. Der Oligopolist der Neuzeit ist der internationale Großkonzern; sein Markt ist der Weltmarkt. Der internationale Großkonzern überwindet auf seine Weise die Enge nationalstaatlicher Grenzen. Er verkauft seine Produkte nicht nur in aller Welt. Er produziert sie auch in möglichst vielen Ländern, in Tochterbetrieben, deren Zahl zwanzig oder auch dreißig übersteigen kann. Der Autohersteller Daimler-Benz zum Beispiel, der nach Umsatz zweitgrößte Konzern der Bundesrepublik, hat es nach dem Commerzbank-Führer „Wer gehört zu wem" mittlerweile auf achtzehn inländische „Töchter" gebracht (beziehungsweise auf zwanzig, wenn die Flugzeugwerke Dornier und der Elektrokonzern AEG mitgezählt werden). Hinzu kommen zwölf weitere Töchter im Ausland. Nicht wenige Konzerne produzieren bis zu vierzig Prozent ihres Umsatzes in Ländern außerhalb des Stammlandes, dem Sitz der Zentrale.

Wie sich deutsche Unternehmen im Konzert der Weltkonzerne einordnen, ist aus Tabelle 5 zu ersehen, in der die zehn größten deutschen Industrieunterneh-

Tab. 5 Die zehn größten deutschen Industrieunternehmen im internationalen Vergleich

Der Oligopolist der Neuzeit ist der internationale Großkonzern. Sein Markt ist der Weltmarkt. An der Spitze aller Industrieunternehmen dieser Erde rangiert der US-amerikanische Ölriese EXXON. Sein Gesamtumsatz umfaßt fast 100 Milliarden Dollar (Stand 1983), umgerechnet mehr als 300 Milliarden Deutsche Mark. Dies entspricht dem Sozialprodukt ganzer Nationen wie Holland 335 Milliarden, Österreich 276 Milliarden, Belgien 193 Milliarden Dollar. Auf Rang 24 erscheint der größte deutsche Konzern, die SIEMENS AG, gefolgt von Daimler Benz (Rang 29) und dem Volkswagenwerk (Rang 36).
Quelle: Hauptgutachten der Monopolkommission 1982/83, S. 104 (enthält nicht den VEBA-Konzern), Umsatz einschließlich Auslandstöchter.

Unternehmen (Sitz)	Umsatz in Mio. US-$ 1982	Weltrang 1982
Exxon (USA)	97 173	1
Royal Dutch/Shell Group (GB/NL)	83 759	2
General Motors (USA)	60 026	3
Mobil (USA)	59 946	4
British Petroleum (GB)	51 322	5
....	....	....
Siemens	16 963	24
Daimler-Benz	16 023	29
Volkswagenwerk	15 417	36
Hoechst	14 409	42
Bayer	14 346	43
BASF	12 960	48
Thyssen	12 947	49
VEBA Oel	7 645	86
Ruhrkohle	7 246	91
Friedrich Krupp	6 886	95

men im Vergleich zu ihrer internationalen Konkurrenz aufgereiht sind. Trotz ihrer unbestreitbaren Weltgeltung werden deutsche Konzerne immer noch von 23 anderen Großunternehmen übertroffen. An der Spitze dieser Erde rangiert der US-amerikanische Ölriese EXXON (in Deutschland besser bekannt unter dem Namen ESSO) mit einem Gesamtumsatz, der bereits 1983 fast 100 Milliarden Dollar betrug, umgerechnet mehr als 300 Milliarden Deutsche Mark. Dies entspricht dem Sozialprodukt ganzer Industrienationen wie beispielsweise Holland mit umgerechnet 335 Milliarden Mark, Österreich 276 oder Belgien 193 Milliarden Mark (Stand 1983).

Es folgt ein weiterer Ölgigant die Royal Dutch Shell-Group, ein wahrer *Multi* weil er zugleich in zwei Nationen, in Großbritannien und in den Niederlanden, zu Hause ist. Dann erst kommt ein Automobilkonzern, General Motors (USA), sofort danach aber wieder zwei Ölkonzerne, Mobil (USA) und British Petroleum (Großbritannien). Erst auf Rang 24 erscheint der größte deutsche Konzern, die Siemens AG, gefolgt von Daimler-Benz (Rang 29) und mit großem Abstand das Volkswagenwerk (Rang 36), die Chemiekonzerne Bayer (43) und BASF (48). Die Vorherrschaft der US-amerikanischen Großkonzerne ist nicht zu übersehen. Dennoch nehmen bundesrepublikanische Konzerne im Vergleich zu anderen Nationen durchschnittlich den zweiten Platz ein.

Das Polypol: Konkurrenz der Vielen

Beim Polypol, der Konkurrenz der Vielen, stehen auf dem Markt für eine bestimmte Ware viele Anbieter mit verschwindend kleinen Marktanteilen vielen Nachfragern gegenüber. Vollständige Konkurrenz in seiner (theoretisch) reinen Form ist allerdings an einige Voraussetzungen gebunden, die in der Wirklichkeit so nicht anzutreffen sind. Vollständige (auch: atomistische) Konkurrenz herrscht nämlich nur dann, wenn alle Hersteller genau das gleiche Produkt anbieten, neue Anbieter jederzeit auf dem Markt auftreten können (es gibt also keinerlei Zutrittsschranken) und alle Käufer und Verkäufer bestens über die Preise aller Konkurrenten informiert sind. Darüber hinaus sind noch einige andere Bedingungen zu beachten. So wird vor allem unendliche Reaktionsgeschwindigkeit der Verkäufer und Käufer unterstellt, die Käufer besitzen keine persönlichen Präferenzen für bestimmte Anbieter und das wichtigste: Die Produzenten streben stets maximalen Gewinn, die Konsumenten maximalen Nutzen an.

Vollständige Konkurrenz

Ausgangslage dieser merkwürdig anmutenden atomistischen (sehr kleinen) Märkte ist also eine Situation, in der alle Anbieter dasselbe Produkt in gleicher Qualität anbieten und exakt den gleichen Preis fordern. Letzteres, nämlich identische Preise, liegt nach den Regeln des Modells zwingend auf der Hand. Denn würde einer der Anbieter den Preis erhöhen, ginge er schlagartig der gesamten Nachfrage verlustig, weil ja die Käufer, ihren Nutzen maximierend, sofort alle zur Konkurrenz überliefen. Warum sollten sie auch eine Ware zu einem höheren Preis erwerben, wenn dasselbe Produkt überall billiger zu haben ist? Und weil bei ihnen vollständige Information und unendlich hohe Reaktionsgeschwindigkeit unterstellt ist, tun sie dies sofort, unmittelbar im Augenblick der Preisveränderung.

Aber auch eine Preissenkung ist nicht denkbar, weil sie keinerlei Vorteile verspricht. Geht ein Produzent mit dem Preis seines Gutes herunter, zieht er sofort die gesamte Nachfrage auf sich, weil ja unterstellt ist, daß alle Kunden alle Preise kennen und sofort ihr Kaufverhalten umstellen. Denn warum sollten auch hier die Käufer teurere Produkte kaufen, wenn dieselben auch billiger zu haben sind. Das wiederum ruft die übrigen Konkurrenten auf den Plan, deren Verkauf ja jetzt auf Null steht. Sie müssen, um ihrerseits wieder verkaufen zu können, ihren Preis in gleicher Weise herabsetzen. Da sich dies alles, wie gesagt, mit unendlicher Geschwindigkeit vollzieht, sind die Preise bei allen Konkurrenten immer gleich, und zwar gerade so hoch, daß die Gesamtkosten aller Unternehmen gedeckt sind (Minimalpreise). Denn würden die Preise unter diese Schwelle sinken, müßten die Produzenten mit ungünstigerer Kostenstruktur ausscheiden, so daß die Verbleibenden deren Marktchancen wahrnehmen und entsprechend mehr absetzen könnten.

Auch ist es nicht möglich, daß einzelne Produzenten höhere Gewinne erzielen als andere. Ginge dies trotzdem, dann locken die höheren Gewinne neue Anbieter auf den Markt, womit sich die Gewinnsituation insgesamt wieder verschlechtert.

Bei vollständiger Konkurrenz sind also die Preise tendenziell starr, aber auf dem niedrigsten nur denkbaren Niveau. Die Unternehmen können auf neue Marktchancen nur mit einer Erhöhung der zu verkaufenden Gütermenge reagieren. Sie sind reine „Mengenanpasser“, wie der Ökonom sagt. Die Preise übernehmen sie vom Markt, d.h. sie setzen sie so, wie der Markt sie vorgibt. Dies wiederum bedeutet, daß die Produzenten immer nur versuchen können, Produktion und Absatzmenge zu erhöhen, um den Gewinn zu steigern, worum sie modellgemäß auch stets bemüht sind.

Denn je mehr verkaufte Produkte, desto höher die Erlöse aus Menge mal (konstantem) Preis. Bei linearen Kostenverläufen liegt das Erlösmaximum, das hier jetzt zugleich maximalem Gewinn entspricht, an der Kapazitätsgrenze des Betriebes. Abbildung 9 veranschaulicht diesen Sachverhalt. Weil der Polypolist den Preis seiner Produkte nicht verändern kann, läßt sich sein Gewinn nur über die Steigerung der Absatzmenge erhöhen. Aus diesem Grund produziert der Polypolist (zu niedrigsten Preisen) stets an der Kapazitätsgrenze seines Betriebes, um maximalen Gewinn zu erzielen.

Worauf es hier ankommt, und damit können wir den Gang durch die Marktformenlehre allmählich beenden, ist folgendes. Weil der Polypolist in vollständiger Konkurrenz ständig die Mengen erhöhen muß, um seinen Gewinn zu steigern, und weil die Preise stets bei ihrem Minimum liegen – gerade hoch genug zur Dekkung der betrieblichen Kosten, deswegen wird im freien Wettbewerb mehr produziert und zu niedrigeren Preisen abgesetzt als im Monopolfall und tendenziell auch im Oligopolfall. Im Monopol liegt – wie wir gesehen haben – das Gewinnmaximum bei höheren Preisen (und kleineren Mengen) als das Erlösmaximum. Der freie Wettbewerb verschafft also den Verbrauchern eindeutig Vorteile, weil dort (zur Gewinnmaximierung) niedrigere Preise gefordert werden als in allen anderen Marktformen.

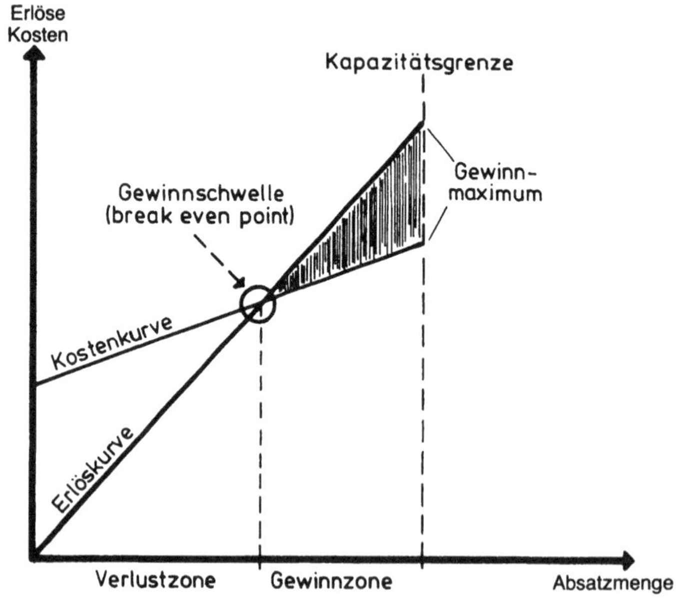

Abb. 9 Gewinnmaximum bei vollständiger Konkurrenz

Bei vollständiger Konkurrenz liegt das Gewinnmaximum an der Kapazitätsgrenze des Betriebes. Das Gewinnmaximum des Polypolisten wird daher im Erlösmaximum erzielt. Die Preise sind als Minimalpreise stets niedriger als im Monopolfall.

Wochenmarkt als Pate

Natürlich entspringen solche Überlegungen nur dem theoretischen Modellfall. In der Praxis der Märkte kommen Fälle dieser Art in reiner Form auch gar nicht vor. Die Modellbildung kann daher nur die Erkenntnis der großen Linie, der tendenziellen Verhaltensweise sichtbar machen. In der Praxis finden wir immer nur die Mischform. So ist auch das Modell der vollkommenen Konkurrenz ein sehr theoretischer Sonderfall. Pate stand dabei der örtlich begrenzte Wochenmarkt, bei dem die Konkurrenz sozusagen gemütliche Züge trägt: „Tief in der Nacht trotteten die Pferdefuhrwerke aus allen Himmelsrichtungen in die schlafende Stadt, beladen mit Gemüse, Kartoffeln, Obst, mit Butter, Honig, mit Körben voll lebenden Geflügels – jungen Hühnern, gemästeten Gänsen, Tauben, den fetten Poularden –, Geräuchertem, hausgemachten Würsten, Fässern voll eingesäuertem Kraut. Zur Jagdzeit hatte man die Fuhrwerke mit langen Stangen versehen, die sich unter dem Gewicht der daran hängenden toten Hasen bogen. Man brachte Hirsche und Rehe zum Markt – in Reihen lag das Wild auf dem nächtlichen Pflaster, dazwischen die schillernd bunten Fasane, das zarte Braun der Rebhühner. Ein Treiben voll Farbe, Wogen scharfer Gerüche, ein betäubendes Durcheinander von Stimmen und Geschäftigkeit. Jeder Marktfahrer suchte den von ihm gemieteten Platz, seinen Stand, der noch beim Licht der flackernden Lampen eingerichtet wird. In den vom Kerzenlicht in die Finsternis gezirkelten sanftgelben Inseln hocken die Bauern eng beieinander, um, müde von der langen Anfahrt, auf einem kleinen Öferl den geliebten Kaffee aufzuwärmen“[7].

[7] Peter, Chr.; Stärk, G.; „Markttag rund um die Welt“, o.J., S. 22

Dieses Stimmungsbild vom „Wiener Naschmarkt" spielt zwar um die Jahrhundertwende, aber allzusehr haben sich die Verhältnisse auf den Wochenmärkten bis heute nicht verändert. Der Konkurrent ist hier Berufsgenosse, Kollege, Nachbar; man kennt sich, man tut sich nicht weh. Der Wettbewerb ist friedlich. Und so erstaunt auch nicht, daß einiges zu stimmen scheint, was wir über das Polypol erfahren haben, vor allem die weitgehende Einheitlichkeit der Preise. Davon kann sich jeder überzeugen, wenn er sich dem Vergnügen unterzieht (und das ist es zweifellos), auf einem typischen Wochenmarkt spazieren zu gehen.

Dennoch muß hier eingeschränkt werden, daß auch das Polypol monopolistische oder oligopolistische Züge annehmen kann. Zitieren wir als Beispiel einen Ausschnitt aus einem Zeitungsbericht über die 250-Seelen-Gemeinde Ahrendshöff in Nordfriesland: „Im Dorf hatte es vor Jahren noch zwei Lebensmittelhändler gegeben – der übriggebliebene Kaufmann sagt dazu: ‚Zwei Geschäfte, das war nun mal zu viel hier.' Er verkauft neben Obst, Gemüse, Fleisch auch Gummistiefel, Nähnadeln und Fahrrad-Ersatzteile, ‚alles, was die Leute im Dorf so brauchen'. Ansonsten ist er froh, daß seine Familie noch ihr Auskommen hat. Das gilt wohl auch für den Bäckermeister, der wunderbare Brötchen backen kann. Angesichts der zwei Dutzend Bauernhöfe und der wenigen von Einfamilienhäusern gesäumten Straße fragten wir uns, wie der Bäckerladen überleben konnte. Im Dorf gibt es außerdem den ‚Dörpskrog', eine Kneipe, in der es wie in einem Wohnzimmer aussieht, und gleich daneben die ‚staatlich geprüfte Waage bis 1000 Kilogramm' fürs Getreide"[8].

Im Bereich des Einzelhandels, in räumlich abgelegenen Regionen, gibt es auch heute noch Kleinanbieter, die aufgrund ihrer exponierten Lage eine gewisse Vorzugsstellung besitzen. Das kann – wie unser Beispiel zeigt – auch zu Verdrängungswettbewerb führen. Der Ökonom belegt diese spezielle Form der Marktsituation mit dem etwas widersprüchlichen Begriff der „monopolistischen Konkurrenz". Aber solche Fälle sind eher harmlose Sonderformen, die keine eigenständige Bedeutung besitzen, harmlos auch im Vergleich zu der ungeheuren Machtentfaltung der internationalen Großkonzerne, die heute die Wirtschaftswelt beherrschen.

Zins: Der Preis für's Geld

Der Zins ist der „kleine Bruder" des Preises. Ihm kommt nach Meinung vieler Ökonomen nicht die umfassende Steuerungsfunktion auf den Märkten zu wie dem Preis. Er hat aber auch seine Märkte, auf denen er wirken kann, so vor allem die Wertpapier- und Aktienmärkte. Einige Ökonomen freilich messen dem Zins eine erheblich größere, geradezu überragende Bedeutung bei. Da er die Geldmärkte steuere, lenke er indirekt auch die Gütermärkte. Der Zins sei sozusagen der Preis der Preise und damit das wichtigste Steuerungsinstrument in der Wirtschaft. Wir sehen, auch hier Widersprüchliches. Was also ist der Zins?

Zunächst einmal seine Definition: Der Zins, aus dem lateinischen census, Abschätzung, ist das Entgelt für die zeitweilige Überlassung von Geld. Nehmen wir an, Sie wollen ein Auto kaufen, das 20000 Mark kostet. Dann haben Sie zwei Möglichkeiten, sich das nötige Geld zu beschaffen. Sie sparen den Betrag vorher

[8] Frankfurter Rundschau vom 5.5.1984

an, um das Geld bar auf den Tisch zu legen (oder per Scheck von ihrem Konto zu überweisen, was auf dasselbe hinausläuft). Das ist der erste Weg. Ansparen aber dauert in der Regel mehrere Jahre. Wollen Sie schneller zu Ihrem Auto kommen, gehen Sie zur Bank und vereinbaren einen Kredit in der gewünschten Höhe, um damit das Auto zu bezahlen. Das ist der zweite Weg der Geldbeschaffung und den wollen wir uns näher ansehen.

Sie haben also einen bestimmten Geldbetrag geliehen (einen Kredit aufgenommen), um damit in den sofortigen Genuß ihres Gefährts zu gelangen. Für diesen „Zeitgewinn" müssen sie ein Entgelt entrichten, den Zins, ganz abgesehen davon, daß sie natürlich den Kredit tilgen, das heißt, wieder zurückzahlen müssen.

Weil eine solche Kreditaktion heute zumeist nicht mit einer Barauszahlung verbunden ist, sondern in der Regel bargeldlos als Überweisung von Konto zu Konto erfolgt, spricht man bei der Aufnahme eines Kredits auch von Kapitaldisposition, genauer gesagt von Geldkapitaldisposition. Der Zins also ist der Preis für die zeitweilige Überlassung von Geldkapitaldisposition.

Zins- und Zinseszinseffekt

Ehe wir weitergehen und danach fragen, was oder wer die Höhe des Zinses bestimmt, erscheint es ganz sinnvoll, zunächst einmal die mathematischen Grundlagen des Zinses zu beleuchten, soweit sie zum Verständnis des Zinses und seiner Eigenschaften erforderlich sind.

Den meisten dürfte die Zinsformel als sogenannte „Kip-Regel" noch aus der Schulzeit in Erinnerung sein:

$$Z = \frac{K \cdot i \cdot p}{100}$$

Mit dieser Formel läßt sich errechnen, wieviel Mark Zinsen (Z) bei einem bestimmten Zinssatz (p) nach einer vorgegebenen Zahl von Jahren (i) anfallen, wenn ein bestimmter Kapitalbetrag (K) als Kredit in Anspruch genommen wird. Nehmen wir an – um beim vorigen Beispiel zu bleiben – Sie vereinbaren für den 20000 Mark-Kredit eine Laufzeit von fünf Jahren. Wenn die Bank dafür einen Zinssatz von zehn Prozent verlangt, müssen Sie mit folgenden Zinsen rechnen:

$$Z = \frac{20000 \cdot 5 \cdot 10}{100} = 10000$$

Nach Ablauf von fünf Jahren sind außer den geliehenen 20000 Mark zusätzlich 10000 Mark Zinsen, insgesamt also 30000 Mark zurückzuzahlen. Das Auto hat somit 50 Prozent mehr gekostet, als wenn Sie es aus eigener Tasche bezahlt hätten.

Da Zinsen in der Regel nicht erst am Ende der Laufzeit fällig werden, müssen sie periodisch (monatlich oder jährlich) beglichen werden. Geschieht dies nicht, werden sie dem Kreditbetrag wieder zugeschlagen. Für sie sind dann gleichfalls Zinsen zu zahlen, sozusagen die Zinsen der Zinsen. Um diesen „Zinseszinseffekt" zu berechnen braucht man eine etwas kompliziertere Formel:

$$K_e = K_0 (1 + \frac{p}{100})^i$$

Betrachten wir auch hier die Wirkung des Zinseszinseffektes am Beispiel unseres Kredits in Höhe von 20000 Mark (Ausgangsbetrag K_0), den Sie zu einem Zinssatz von zehn Prozent auf fünf Jahre in Anspruch nehmen. Wie hoch ist dann der Endbetrag K_e, den Sie einschließlich Zinsen zurückzahlen müssen?

$$K_e = 20000\left(1 + \frac{10}{100}\right)^5 = 32210$$

Jetzt beträgt der Endbetrag 32210 Mark, eine Zinsbelastung von 12210 statt 10000 Mark wie im vorigen Beispiel. Der Zinseszinseffekt verstärkt also die Zinsbelastung nicht unbeträchtlich, und zwar umso mehr, je länger die Laufzeit des Kredits dauert und je höher der Zinssatz ist.

Die Dynamik des Zinseszinseffektes wird besonders anschaulich, wenn man nach der „Verdoppelungszeit" des Kapitals fragt, das heißt, nach wieviel Jahren sich ein Kapitalbetrag verdoppelt hat, wenn ein bestimmter Zinssatz zugrundegelegt wird:

Zugrundegelegter Zinssatz von	Verdoppelung des Kapitalbetrages nach ... Jahren (mit Zinseszinseffekt)
1 Prozent	70 Jahre
2 Prozent	35 Jahre
3 Prozent	23 Jahre
4 Prozent	18 Jahre
5 Prozent	14 Jahre
6 Prozent	12 Jahre
7 Prozent	10 Jahre
8 Prozent	9 Jahre
9 Prozent	8 Jahre
10 Prozent	7 Jahre
12 Prozent	6 Jahre
14 Prozent	5 Jahre
18 Prozent	4 Jahre

Die Verdoppelungszeit des Kapitalbetrags nimmt mit jedem Prozentpunkt rapide ab, das heißt, der Zinseszinseffekt verdoppelt das Kapital in immer kürzeren Zeitabständen. Ein mit ein Prozent verzinster Kapitalbetrag verdoppelt sich nach 70 Jahren, aber bereits nach 23 Jahren, wenn drei Prozent zugrundegelegt werden. Ein Zinssatz von fünf Prozent verdoppelt das Kapital schon nach 14 Jahren, neun Jahre schneller, bei zehn Prozent alle sieben Jahre, bei 14 Prozent sogar schon alle fünf Jahre.

Die Dynamik des Zinseszinseffekts greift unerbittlich zu, wenn ein Schuldner zur Tilgung seines Kredits nicht mehr in der Lage ist. Dann türmt sich in kürzester Zeit ein immer höherer Schuldenberg auf, wie dies – um hier vorzugreifen – derzeit in den meisten Entwicklungsländern der Fall ist. Aber auch das Denken in volkswirtschaftlichen Wachstumsgrößen gerät durch den Zinseszinseffekt ins Zwielicht. Bereits vier Prozent jährliches Wirtschaftswachstum bedeuten, daß sich das Wirtschaftsvolumen alle 18 Jahre verdoppeln müßte, und das von Mal zu Mal mit immer größeren Absolutbeträgen.

Anrüchige Vergangenheit

Kehren wir nach diesem Exkurs in die mathematischen Grundlagen des Zinses zurück zum Ausgangspunkt. Wir hatten gesagt, der Zins ist das Entgelt für die Überlassung von Kapital, entweder bar auf die Hand oder bargeldlos in Form eines Kredits. Wir wissen jetzt, warum es wie selbstverständlich einen Zins gibt.

Das war nicht immer so. Der Zins als „arbeitsloses Einkommen" hat eine teilweise anrüchige Vergangenheit und seine Existenzberechtigung war lange Zeit umstritten. Die frühchristliche Lehre lehnte ihn als mit dem Gebot der Nächstenliebe unvereinbar ab und verbot ihren Gläubigen, Geld gegen Zahlung eines Zinses auszuleihen. Auch die Sozialisten aller Schattierungen verteufelten den Zins, dessen Herrschaft gebrochen werden müsse, weil er ein Instrument der Kapitalisten zur Unterdrückung und Ausbeutung der Arbeiterklasse sei. So versuchte die UdSSR nach 1917 in der ersten Phase der russischen Revolution, ohne Geld und Zins auszukommen; ein Unterfangen, das sie schon nach kurzer Zeit wieder aufgeben mußte.

Heute hat der Zins eine unangefochtene Stellung auf der ganzen Welt. Niemand stellt mehr in Zweifel, daß der Wunsch, über mehr Geld verfügen zu können, eine wirtschaftliche Besserstellung bedeutet, die honoriert werden muß.

Höhe des Zinses

Aber was bestimmt die *Höhe* des Zinses? Zunächst einmal wie beim Preis: Angebot und Nachfrage nach Geldkapital. Wichtig ist aber auch die Dauer der Kreditinanspruchnahme und schließlich die „Liquiditätsneigung" der Marktteilnehmer.

Unter Liquidität versteht man die Eigenschaft des Kapitals, „flüssig" gemacht werden zu können, das heißt zur Begleichung von Verbindlichkeiten (zum Beispiel Bezahlung einer Rechnung) tatsächlich zur Verfügung zu stehen. So kann man sämtliche Kapitalwerte in eine Liquiditätsskala einordnen, die den Grad der „Verflüssigungsmöglichkeit" angibt. Am flüssigsten ist Bargeld, es steht dem Besitzer jederzeit zur Verfügung. Bereits weniger flüssig sind Schecks oder täglich fällige Bankguthaben. Dann kommen Sparguthaben mit gesetzlicher Kündigungsfrist, auf die man täglich (allerdings nur bis maximal 2000 Mark monatlich) zurückgreifen kann. Es folgen Aktien und Wertpapiere, deren Umsetzung in verfügbares Kapital bereits einige Tage in Anspruch nehmen kann, desgleichen Gold und Edelsteine oder andere Wertgegenstände. Wertvolle Gemälde und Antiquas brauchen zumeist schon längere Zeit, bis sie günstig verkauft, das heißt zu Geld gemacht sind. Noch länger dauert es bei Warenlagern, Produktionsanlagen und Gebäuden, deren Liquidität in der Regel am niedrigsten ist.

Bezüglich der Höhe des Zinses kann man also sagen, und so lautet – auf einen einfachen Nenner gebracht – die „Liquiditätstheorie": Der Verzicht auf Liquidität wird honoriert durch den Zins: je niedriger die Liquidität des zur Verfügung gestellten Kapitals, desto höher der Zins. Der Zins kann somit auch als Prämie für die Preisgabe von Liquidität verstanden werden.

In Abbildung 10 ist dargestellt, wie groß die Unterschiede bestimmter Zinsarten sein können, aber auch wie die Zinssätze im Laufe der Jahre Schwankungen ausgesetzt sind, die bis zu zehn Prozentpunkte ausmachen.

Dabei ist der Unterschied zwischen „Haben"- und „Soll"-Zinssätzen zu beachten. Die Bezeichnung „Haben"-Zins besagt, daß es sich um den Zinssatz handelt,

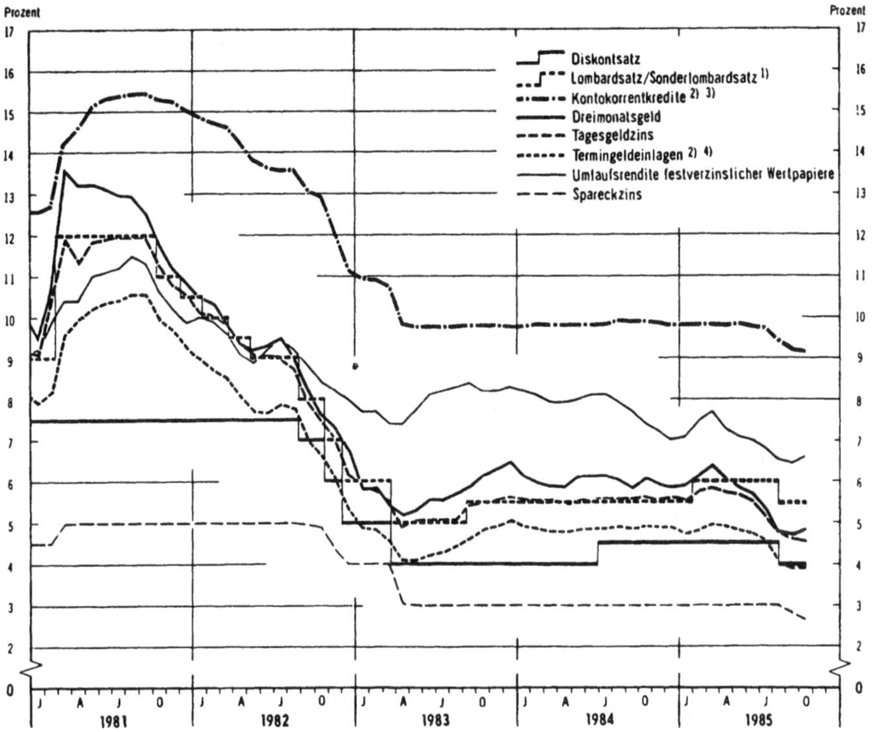

Abb. 10 Entwicklung ausgewählter Zinsen in der Bundesrepublik
Der Zins ist der Preis für die (zeitweilige) Überlassung von Geld, genauer gesagt, von Kapitaldisposition. Drei Faktoren bestimmen seine Höhe: Angebot und Nachfrage nach Geld, die Dauer der Inanspruchnahme eines Kredits und die „Liquiditätsneigung" der Marktteilnehmer, das heißt ihr Wunsch nach Kassenhaltung. Die Vielfalt der Zinsarten, aber auch ihre unterschiedliche Höhe mit Differenzen bis zu zehn Prozent und mehr veranschaulicht die graphische Darstellung der Zinsentwicklung.
Quelle: Jahresgutachten 1985/86 des Sachverständigenrates, S. 74

den der Kreditgeber (beziehungsweise der Sparer) dafür beansprucht, daß er sein Geld zur Verfügung stellt. „Soll"-Zinssätze beziehen sich im Gegensatz dazu auf die Inanspruchnahme von Krediten. Sie liegen in der Regel drei bis fünf Prozentpunkte über den Haben-Sätzen. Soll- und Habenzins sind wie An- und Verkaufspreise zu sehen. Ihre Differenz spiegelt den Gewinnaufschlag wider, der der kreditgebenden Bank zugute kommt und womit sie ihr Geld verdient.

Investition, Ersparnis und Zins

Der Zins ist, wie gesagt, ein Preis. Also steuert auch er seine Märkte. Nach der klassischen Theorie sind dies aber nicht nur die Geld-, Kredit- und Aktienmärkte. Er steuert auch die Investitionen im volkswirtschaftlichen Produktionsprozeß. Wie aber macht er das?

Um dies zu verstehen, rufen wir uns die Gleichheitsthese von Investition und Ersparnis (I = S) in Erinnerung. Der Zins sei – so sagt die klassische Theorie – der entscheidende Steuerungsfaktor, der diese Gleichheit immer wieder herstellt. Liegen beispielsweise die Ausgaben für Investitionen zu hoch, höher als die gleichzeitig getätigten Ersparnisse, dann steigt der Zins, weil die Nachfrage nach Geldkapital höher ist als das Angebot aus Ersparnis. Der steigende Zins aber dämpft die Investitionsbereitschaft, wodurch die Investitionen wieder zurückgehen. Wird hingegen weniger investiert als gespart, dann sinkt der Zins, weil mehr Geld zur Verfügung steht, als gerade gebraucht wird. Sinkender Zins regt die Investitionstätigkeit wieder an, womit sich auch die Gleichheit von Investitionen und Ersparnis wieder einstellt.

So einleuchtend dieser Zinsmechanismus klingt, er ist so nicht haltbar. Heute wird allgemein bezweifelt, daß der Zins eine allzu starke Wirkung auf die Investitionsbereitschaft der Unternehmen ausübt.

Selbst von einer Zinssenkung glaubt man nicht, daß sie einen großen Einfluß auf das Investieren hat. Umgekehrt gibt es genügend Beispiele, daß trotz hohem Zinsniveau unbeirrt investiert wird, wenn die wirtschaftliche Lage hierzu Anlaß gibt. Offensichtlich sind die *Erwartungen* an die längerfristige Wirtschaftsentwicklung sehr viel entscheidender als die zufällige Höhe des geltenden Zinssatzes. Es gibt zwar Branchen, vor allem der Wohnungsbau, die sehr sensibel auf hohe Zinsen reagieren. Dennoch tritt bei der größeren Zahl der Unternehmen der Zins weit zurück hinter marktstrategischen Überlegungen, die sich mehr an der Position am Markt, an der Risikoeinschätzung und nicht zuletzt an den Gewinnaussichten orientieren. Liegen die prognostizierten Gewinne hoch, wird die Position am Markt günstig eingeschätzt und hält sich das Risiko in Grenzen, wird investiert, auch wenn die Zinsen hoch sind. Umgekehrt bewegen niedrige Zinsen keinen Unternehmer dazu, bei schlechten Gewinnaussichten und hohem Risiko größere Investitionen einzuleiten.

Und auch die Sparbereitschaft der Haushalte wird nicht oder nur kaum, jedenfalls nicht ausschließlich von der Höhe der Zinsen beeinflußt. Hier richtet sich der Wille zum Sparen in erster Linie nach der Höhe der verfügbaren Einkommen: je höher das Einkommen, desto stärker die Neigung zum Sparen. Dies liegt in erster Linie daran, daß bei wachsendem Einkommen die Ausgaben für den benötigten Konsumbedarf nicht in gleichem Maße mitsteigen. Der prozentuale Anteil dieser Ausgaben sinkt also mit der Höhe der Einkommen. Es wird daher relativ weniger ausgegeben und intensiver gespart, wenn mehr verdient wird (Engelsches Gesetz).

Eine entscheidende Rolle spielt dabei das Ausmaß der Inflation. Denn nur sie entscheidet darüber, wieviel der Zins „real", das heißt nach Abzug der Preissteigerung, überhaupt noch wert ist. Ein „nominaler" Zinssatz von acht Prozent zum Beispiel bedeutet bei einer Inflationsrate von fünf Prozent einen „Realzins" von nur noch drei Prozent. Aus Abbildung 11 ist ersichtlich, wie sich Nominal- und Realzins unter dem Eindruck unterschiedlicher Inflationsraten in den wichtigsten Industrienationen seit 1980 entwickelt haben. Hohe Preissteigerungen können den Realzins sogar ins Minus drücken, so am stärksten in Italien im Jahr 1980, als der Nominalzins von 16 Prozent von einer Inflationsrate über 20 Prozent mehr als aufgezehrt wurde (Realzins – 4,5 Prozent). Ähnliche Effekte, wenn auch nicht ganz so stark, gab es zeitweilig in Großbritannien, Frankreich, in der Schweiz und in den USA.

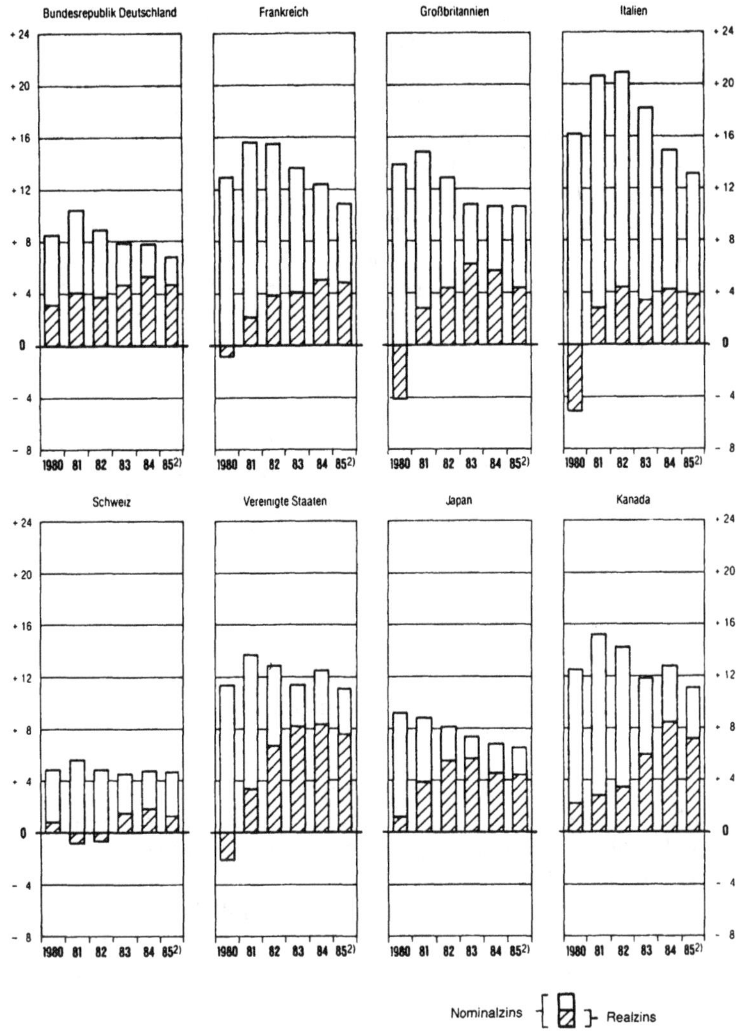

Abb. 11 Realzins in ausgewählten Ländern
Die Höhe der Inflation mindert den „realen" Wert des Zinses. Eine Inflationsrate von fünf Prozent macht aus einem „Nominalzins" von acht Prozent einen „Realzins" von nur noch drei Prozent. Auch negative Realzinssätze sind möglich, wenn die Inflationsrate höher liegt als der Nominalzinssatz.
Quelle: Jahresgutachten 1985/86 des Sachverständigenrates, S. 32
Realszins dort definiert als: Umlaufrendite langfristiger, festverzinslicher Staatsschuldpapiere, abzüglich Veränderungsrate des Preisindex für die Lebenshaltung.

Staatsverschuldung und Zins

Die Höhe des Zinses wird also nicht so sehr davon bestimmt, in welchem Umfang gespart und investiert wird, sondern in welchem Umfang und vor allem mit welcher Fristigkeit Geld für Investitions-, Konsum- oder Spekulationszwecke benötigt wird. Letztlich bestimmen die Marktgesetzte, das heißt Angebot und Nachfrage nach Geld die Höhe des Zinses, und zwar sowohl in privaten Unternehmen und Haushalten als auch im globalen Rahmen der gesamten Volkswirtschaft.

Wenn, wie derzeit in den Vereinigten Staaten, immense Haushaltsdefizite von jährlich rund 200 Milliarden Dollar durch Kreditaufnahme auf dem Kapitalmarkt finanziert werden müssen, dann sind Verknappung des Geldes und Anstieg des Zinsniveaus die unausbleibliche Folge. Ein Zinssatz in Spitzenzeiten von 16 Prozent, wie im Jahre 1981 erreicht, berührt allerdings den Nerv der Volkswirtschaft, vor allem auch in Ländern, die vom „Leitzins“ der USA abhängig sind.

Dann nämlich lockt der hohe amerikanische Zins Kapital aus anderen Ländern an, eben auch aus den Entwicklungsländern, die ihr Kapital an sich dringend selbst benötigen. Die kreditmäßige Austrocknung dieser Länder ist die Folge, was die zumeist sowieso schon geringe Investitionsneigung im eigenen Lande weiter abschwächt oder ganz zum Erliegen bringt.

Außerdem bedeuten steigende Zinsen Verteuerung der in Anspruch genommenen Kredite, woraus sich ein neues Problem ergibt: Die Gesamtverschuldung eines Landes wächst. Liegt diese bereits sehr hoch, führt der Zinseszinseffekt rasch zu einer dramatischen Verschärfung des Problems. Das Zahlenbeispiel eingangs dieses Kapitels macht deutlich, daß eine Verzinsung von 12 Prozent, wie sie (1984) in den Vereinigten Staaten für Kredite an erste Adressen (prime rate) gefordert wurden, den Rückzahlungsbetrag eines in Anspruch genommenen Kredits alle sechs (!) Jahre verdoppelt, wenn er nicht getilgt werden kann.

Er verdoppelt sich bereits nach vier Jahren, wenn – wie Anfang der achtziger Jahre – Spitzensätze von 16 und 18 Prozent an die amerikanischen Banken zu zahlen sind. Vor dieser Überschuldungsproblematik stehen die meisten Entwicklungsländer, an der Spitze Mittel- und Südamerika. In Tabelle 6 sind die größten Schuldner der Welt zusammengestellt. Allein die vier höchstverschuldeten Länder Mexiko, Argentinien, Kolumbien und Brasilien tragen zusammen eine Bürde von 220 Milliarden Dollar Auslandsverbindlichkeiten (zum größten Teil an die USA). Jede Erhöhung des Zinssatzes um ein Prozent erschwert die Zinslast um weitere zwei Milliarden Dollar jährlich.

Die Gesamtverschuldung aller Länder der Dritten Welt beträgt derzeit (1984) mehr als 900 Milliarden Dollar. An Tilgung ist seit Jahren kaum zu denken. Immer wieder werden die fälligen Zinsen dem Schuldbetrag zugeschlagen, weil sonst die totale Zahlungsunfähigkeit droht.

Lateinamerika (Mrd. $)		*Asien (Mrd. $)*		*Afrika (Mrd. $)*		*Osteuropa (Mrd. $)*	
Brasilien	97	Südkorea	40	Ägypten	22	Polen	27
Mexiko	89	Israel	29	Nigeria	14	Jugoslawien	21
Argentinien	44	Philippinen	26	Marokko	11	DDR	12
Venezuela	35	Indonesien	24			Rumänien	9
Chile	20	Malaysia	14				

Tab. 6 Die höchstverschuldeten Länder der Erde

Insgesamt sind die Länder der Dritten Welt mit mehr als 900 Milliarden Mark Auslandsschulden belastet (Stand 1985). An der Spitze liegen die latein-amerikanischen Staaten Brasilien, Mexiko und Argentinien, die allein einen Schuldenberg von 230 Milliarden Dollar zu tragen haben. Jährlich wächst der Berg um nochmals 39 Milliarden Dollar Zinsen. Jeder Zinsanstieg um ein Prozent erhöht die Last um weitere zwei Milliarden Dollar.

Der Zinseszinseffekt wirkt hier mit seiner ganzen Unerbittlichkeit: Aus 900 Milliarden Dollar Schulden werden in sechs Jahren 1800 Milliarden Dollar, in zwölf Jahren, d.h. in der zweiten Hälfte der neunziger Jahre, bereits 3600 Milliarden Dollar, wenn nichts Entscheidendes oder ein Wunder geschieht. Der Konkurs ganzer Nationen droht oder – mit ähnlich schwerwiegenden Folgen für die Weltwirtschaft – die kollektive Verweigerung der Schuldnerländer an die Adresse der Gläubigernationen, eine in der Wirtschaftsgeschichte der Welt einmalige Umkehrung der Kapitalabhängigkeit.

Das Geld: An sich wertlos

„Jeder hat welches, keiner hat genug davon. Man haßt es, wenn es fehlt, man empfängt es mit offenen Armen. Es schläft, es zirkuliert, es macht fruchtbar, es verschwindet, es korrumpiert, es macht groß ...", so Gay de Rothschild in seinem Buch „Geld ist nicht alles". Das sagt sich leicht, wenn man genug davon hat. Vielen bedeutet es alles, aber sie besitzen zu wenig davon. Gleichwie, ob genug oder nicht genug, Geld übt eine magische Anziehungskraft auf den Menschen aus.

Sehr verschieden sind die Versuche, es sich anzueignen. Die einen probieren es mit Gewalt: „Am frühen Vormittag des 26. März, einem Montag, betreten drei Personen, darunter (sagen später die Zeugen) ‚mindestens eine Frau', mit vermummten Gesichtern und olivgrünen Overalls die Zweigstelle der Würzburger Stadtsparkasse in der Wittelsbacherstraße. Einer der Täter bleibt sichernd an der Eingangstür stehen, während die beiden anderen, bewaffnet mit einer Maschinenpistole, Personal und Kunden in Schach halten und dann flink hinter den Bankschalter eilen, wo sie 70000 Mark einsammeln. In dem Fluchtwagen, in dem ein vierter Täter in einer Nebenstraße wartet, findet die Polizeit später die rasch entfernten Kleidungsstücke der Bankräuber"[9].

Die anderen wissen einen eleganteren Weg: „Wenn in der Schweiz von Gnomen die Rede ist, denkt niemand an Kobolde, Zwerge oder Erdgeister, sondern an ganz soignierte, unauffällige Herren. Sie kleiden sich in dezentem Flanell; sie gehen ihren Geschäften nicht in Erdhöhlen, sondern hinter imposanten Fensterfronten nach. Ihren Nimbus verdanken die Gnome einer Tarnkappe, die ihnen unermeßliche Reichtümer beschert hat: dem Schweizer Bankgeheimnis, das 1984 fünfzig Jahre alt wird. Industriekapitäne und Mafiosi, Ölscheichs und Devisenschmuggler aus Entwicklungsländern, einfache Steuerhinterzieher – in der Schweiz wähnen sie alle ihr Scherflein im Trockenen"[10].

Ursprünglich in der ehrenwerten Absicht geschaffen, den im benachbarten NS-Staat Deutschland verfolgten Juden eine sichere Gelegenheit zu bieten, ihr Geld dem Zugriff der Nationalsozialisten zu entziehen, ermöglichte der berühmte Artikel 47 des „Bundesgesetzes über die Banken und Sparkassen" die Einrichtung anonymer Chiffrekonten, in deren Folge der Schweiz ungeheure Geldmengen, Wertpapiere, Gold und Pretiosen zugeflossen sind. In den unterirdischen Tresoren lagert Kapital im Wert von etwa tausend Milliarden Franken, ein großer Teil davon als Fluchtgelder aus der Dritten Welt, aber auch als illegal transferierte Devisen aus westlichen Nationen, die dem Fiskus entzogen wurden.

[9] Frankfurter Rundschau vom 27.4.1984
[10] DIE ZEIT vom 27.4.1984

So kursiert denn bezeichnenderweise in Geldkreisen das geflügelte Wort: „Geld allein macht nicht glücklich, man muß es auch in der Schweiz haben". Dieser weise Rat der Geldanlage lenkt über zu der Frage, die hier interessiert: Was ist eigentlich Geld, dieses verlockende Medium, das den Menschen derart fasziniert, ihn dazu verführt, es sich in möglichst großen Mengen, auch auf illegalen Wegen anzueignen?

Geschichte des Geldes

Geld hat eine lange Geschichte und eine vielfältige dazu. Das schwerste Geld zum Beispiel gab es auf der Insel Yap in Mikronesien: runde Steinplatten mit einem Durchmesser bis zu 3 Metern und einem Gewicht von mehreren hundert Kilogramm. Diese Steine, die erst mühsam auf schmalen Auslegerbooten über See von weither herangeschafft werden mußten, bekundeten Reichtum und Rang des Besitzers.

Es handelte sich allerdings noch nicht um richtiges Nutzgeld im heutigen Sinne, sondern um rein abstrakte Wertsymbole, um sogenanntes „Schatzgeld".

Aus der Notwendigkeit, beim Tausch ungleicher Güter einen allgemein anerkannten Wertmaßstab zu finden, entwickelte sich zunächst das Naturalgeld in Form von Getreidekörnern, Kakaobohnen oder Tabakrollen, aber auch in Gestalt von Werkzeugen, Geräten und Fellen, sowie Tierzähnen, Vogelfedern und Muscheln. Sehr verbreitet war auch Vieh als Zahlungsmittel wie Rinder, Ziegen, Schafe oder Kamele.

Früh kamen Metalle, in erster Linie Kupfer, Silber oder Blei, als Geldeinheit auf. Schon im dritten Jahrtausend vor Christi benutzten die Sumerer im Zweistromland des heutigen Iraks und Irans solche Zahlungsmittel. Zunächst blieb aber die Naturalie – das Maß Getreide, ein Rind oder Ähnliches der allgemeine Wertmaßstab. Auch die Griechen und Römer kannten solche Naturalwährungen. Bei Homer zum Beispiel wird die goldene Rüstung des Diomedes auf 100 Ochsen und die bronzene Rüstung des Glaucos auf 9 Ochsen geschätzt.

Eine skurille Zahlungseinheit bildeten eiserne „Bratspieße", eine besondere Form griechischen Schatzgeldes, das im Tempel von Delphi gelagert war. Von der griechischen Bezeichnung Obeliscos oder Obelos für Bratspieß rührt der Begriff Obulus, das Scherflein oder das kleine Geldgeschenk.

Im Altertum beherrschte geprägtes Münzgeld aus Gold, Silber oder Kupfer und Bronze den Zahlungsverkehr. In Athen sind seit 550 vor Christus Silbermünzen nachgewiesen. Der griechische Drachme bildete das erste international anerkennte Zahlungsmittel. Die bekannteste Währungseinheit im römischen Reich war die Silbermünze Denar, die 200 Jahre vor Christus eingeführt wurde.

In Deutschland und Österreich setzten sich im 14. und 15. Jahrhundert Gulden und Thaler als Münzwährung durch. Sie wurden erst im Reichsgründungsjahr 1871 durch die neue Währungseinheit „Goldmark" (zu 100 Pfennig) abgelöst.

Das Papiergeld tauchte zuerst in China auf, lange bevor es in Europa heimisch werden konnte. Bereits zu Beginn des 7. Jahrhunderts n. Chr. kamen dort die ersten „Banknoten" in Umlauf, deren Wert ausschließlich Ausdruck kaiserlicher Macht war. Marco Polo berichtete nach seinem Aufenthalt von 1271 bis 1292 am Hofe des Groß-Khan seinen staunenden Zeitgenossen: „Und alles dieses Papier wird mit einer Umsicht behandelt, als ob es das reine Gold wär. Denn auf jedes

Stück schreiben nur einige hierzu besonders angestellte Beamten der kaiserlichen Münze ihren Namen und bekräftigen ihn mit ihrem Siegel. Dann wandert das Papier zum Oberaufseher der Münze, der alle Papiere zusätzlich mit seinem zinnoberfarbenen Siegel versieht. Auf diese Weise wird jeder abgestempelte Schein zu vollwertigem Geld. Jeder nimmt dieses Geld ohne Bedenken an, weil er damit anstandslos jede Ware, auch Perlen, Gold und Silber kaufen kann ...“[11].

Von einigen unbedeutenden Vorläufern abgesehen (z.B. in Form von Schuldverschreibungen, die bereits geldähnlichen Charakter angenommen hatten) können die in Frankreich während der Revolution im Jahre 1790 ausgegebenen Assignaten für sich in Anspruch nehmen, die ersten, vom Staat in Umlauf gebrachten Banknoten Europas gewesen zu sein. Auf enteignete Kirchen- und Adelsgüter gezogen galten sie eine kurze Zeit als offizielles Zahlungsmittel in der noch jungen französischen Republik. Die hemmungslose Vermehrung dieser Note führte jedoch rasch zur völligen Entwertung, weswegen die Assignaten schon bald zugunsten der alten Münzwährung wieder abgeschafft werden mußten. Dennoch hielt das Papiergeld nicht ganz hundert Jahre später seinen Einzug in Europa und verdrängte das Münzgeld, das heute nur noch den Charakter von Wechselgeld besitzt.

Ohne Zweifel gehört Geld zu den großen Erfindungen der Menscheit. Erst seine Verwendung ermöglichte Wirtschaften auf arbeitsteiliger Grundlage, den Handel im großen Stil mit den verschiedenartigsten Gütern aus aller Herren Länder der Welt.

Die „Triade“ des Geldes

Im Grunde ist Geld ausschließlich Mittel zum Zweck; der Zweck ist der Warentausch:

Ware A – Geld – Ware B.

So hat Geld eigentlich keinen Wert; es „kostet“ lediglich das Papier, auf dem es gedruckt steht. Seinen Wert erhält es erst durch den Tauschwert der Waren, die bei Kauf und Verkauf den Besitzer wechseln. Wenn ein Metzger ein Dutzend Brötchen kaufen will, dann könnte er zum Bäcker gehen und mit ihm vereinbaren, die gewünschten Brötchen gegen eine bestimmte Menge Fleisch einzutauschen. Werden sich beide einig, kommt der Tausch zustande. Geld wäre garnicht vonnöten. Aber dabei tauchen zwei Probleme auf. Zunächst einmal: Wieviel Fleisch soll der Metzger hergeben, um das gewünschte Dutzend Brötchen zu erhalten? Aber noch schwieriger: Was tun, wenn der Bäcker gerade kein Fleisch benötigt oder sogar Vegetarier ist?

Wie kommt der Metzger dann zu seinen Brötchen? Geld löst dieses Problem. Der Metzger zahlt einen bestimmten Betrag für die Brötchen und der Bäcker kann dafür statt Fleisch beliebige andere Güter erwerben.

Geld übt also eine Mittlerfunktion aus, indem es die Schwierigkeit beseitigt, für die Vielzahl der Güter immer gerade das richtige Tauschgut und den dazugehörigen Tauschpartner zu finden. Der Ökonom sagt, Geld ist ein *Tauschmedium*. Mit anderen Worten: Geld ist generalisierte Kaufkraft. Wer es besitzt hat einen

[11] Vom Amulett zur Zeitung, 7000 Jahre frühe technische Kultur. rororo Sachbuch

allgemeinen, nicht näher spezifizierten Anspruch auf Waren und Dienste aller Art. Entscheidend für den Wert ist einzig und allein, daß der Besitzer jederzeit darauf vertrauen kann, für sein Geld immer etwas kaufen zu können.

Geld ist somit an sich wertlos, wenn man vom Metallwert der Münzen und dem Wert des bedruckten Papiers absieht. Seinen Wert erhält es erst durch die Möglichkeit, für einen bestimmten Betrag eine ganz bestimmte Gütermenge zu erwerben. Der Flugzeugentführer, der mit einem Lösegeld von einer Million Mark über der Wüste abspringt, bleibt – selbst wenn er heil unten ankommt – ein armer Mann, solange er gezwungen ist, das Geld versteckt zu halten. Geld zu besitzen allein genügt noch nicht. Man muß es auch rechtmäßig besitzen oder wenigstens den Anschein erwecken – und man muß es ausgeben können. In der Wüste gelten eben andere Gesetze. Wie schnell allerdings die Menschen der Faszination des Geldes erliegen und wie leicht man ihnen rechtmäßigen Besitz vorgaukeln kann, lehrt das täglich Leben.

Von Mark Twain stammt die amüsante Geschichte von der Million-Pfund-Note, die ihren „Besitzer" zu einem wohlhabenden Manne machte, ohne daß sie ihm gehörte und er sie jemals auszugeben brauchte. Zwei steinreiche Brüder, die im vorigen Jahrhundert in London lebten, schlossen eine ausgefallene Wette über 20000 Pfund, daß ein Fremder – ausschließlich im Besitze einer Million-Pfund-Note, deren rechtmäßigen Besitz er nicht beweisen könne – kaum einen Monat überleben werde. Die riesige Geldnote wäre für ihn völlig wertlos, weil er sie weder bei der Bank noch sonstwo vorzeigen könne, ohne auf der Stelle festgenommen zu werden. So behauptete der eine Bruder. Der andere hielt dagegen und die Wette war perfekt, wie das bei Engländern so üblich ist. Als sie schließlich ein geeignetes „Opfer" in Gestalt eines verarmten, aber aufgeweckten jungen Mannes gefunden hatten, überredeten sie ihn, die Banknote anzunehmen, und die Sache konnte losgehen.

Trotz seines plötzlich ungeheuren Reichtums in Gestalt der Million-Pfund-Note wähnte sich der neue Besitzer zunächst in keiner sehr glücklichen Lage, weil diese Note für ihn ja völlig nutzlos sei: „So nutzlos wie eine Handvoll Asche (...) Ich könnte sie nicht ausgeben, selbst wenn ich es versuchen wollte, denn kein ehrlicher Bürger, ja nicht einmal ein Gauner würde sie abnehmen oder mit ihr etwas zu tun haben wollen", klagte er[12]. Aber wie groß war sein Erstaunen, als er zum ersten Mal in einer Gastwirtschaft sein Mittagessen bezahlen wollte und die wundersame Wandlung des Wirtes bemerkte, als dieser die Million-Pfund-Note gewahr wurde: „Sein Blick hing an der Note, er stand wie erstarrt. Mit ganzem Leib und ganzer Seele war er in Anbetung versunken und sah aus, als könnte er kein Glied mehr rühren. Im Nu hatte ich meinen Entschluß gefaßt und tat das einzig Vernünftige, was ich in meiner Lage tun konnte. Ich reichte ihm die Note hin und sagte völlig unbefangen: ‚Geben Sie mir bitte heraus'.

Das brachte ihn wieder zu sich; er erschöpfte sich in Entschuldigungen, daß er nicht imstande sei, die Note zu wechseln, ja ich brachte ihn nicht einmal dazu, sie anzurühren. Nur anschauen wollte er sie, immer nur anschauen. Er konnte sich gar nicht satt daran sehen, doch er schrak vor der Berührung zurück, als wäre es ein geweihter Gegenstand, viel zu heilig für die Händes eines armen Sterblichen.

---

[12] Dieses und die nachfolgenden Zitate entnommen aus: „Die Million-Pfund-Note" von Mark Twain, in: Der Connaisseur, eine Sammlung von Geldgeschichten, Zürich 1965

‚Es tut mir leid, wenn ich Ihnen Mühe mache', begann ich wieder, ‚doch ich muß darauf bestehen. Bitte wechseln Sie, ich habe kein anderes Geld'.

Doch er erklärte, das mache nichts: er wolle die kleine Zeche gern anstehen lassen. Ich entgegnete, es könne einige Zeit dauern, bis ich wieder in diese Gegend komme; allein er versicherte nochmals, das sei ohne Bedeutung, er könne warten; überhaupt könne ich bei ihm jederzeit haben, was ich wolle, und die Rechnung so lange anstehen lassen, wie es mir beliebe. Er sagte, er werde doch hoffentlich nicht davor zurückschrecken, einem so reichen Herrn wie mir Vertrauen zu schenken, bloß weil ich in Ulklaune sei und es darauf anlege, durch meine Kleidung die Leute irrezuführen."

Ähnlich erging es ihm anschließend beim Schneider, der ihm im Anblick des Geldscheins nur vom Teuersten, natürlich ohne Bezahlung, verkaufen wollte, und auch bei allen übrigen Händlern, bei denen er sich nach und nach aufs beste ausstattete. Bald sprach es sich herum, daß sich da ein fremder Kauz mit Million-Pfund-Noten in der Westentasche in London niedergelassen habe. Und so rückte er nach und nach in den Mittelpunkt des gesellschaftlichen Lebens. Jeder wollte den Westentaschen-Millionär kennenlernen. Dann stieg er in geschäftliche Transaktionen ein, die für ihn sehr erfolgreich verliefen, obwohl er dabei sein Geld gar nicht wirklich einsetzte. Stets genügte seine Unterschrift und alle waren von seiner Bonität überzeugt.

Als er schließlich nach einem Monat wie vereinbart die Million-Pfund-Note seinen Gönnern wieder zurückgab, hatte er nicht nur eine weitere Million hinzugewonnen, sondern auch das Herz der reizenden Tochter eines der beiden steinreichen Brüder. So glücklich kann das Schicksal spielen.

Aber darauf kam es hier nicht an. Vielmehr sollte deutlich gemacht werden, daß nicht so sehr der rechtliche Besitz des Geldes maßgebend ist für den wirtschaftlichen Erfolg als vielmehr der psychologisch bedingte Anschein, solches zu besitzen. So lange die Leute in der Illusion leben, man habe welches, so lange besitzt man Geld tatsächlich.

Die kleine Geschichte zeigt aber noch etwas anderes. Geld hat eine weitere Eigenschaft, die gerade in der modernen Industriegesellschaft von großer Bedeutung ist. Geld ist Wertaufbewahrungsmittel. Weil der Besitzer von Geld darauf vertrauen kann, zu jedem beliebigen Zeitpunkt jede gewünschte Ware kaufen zu können, ist er auch nicht gezwungen, Geld nach Erhalt sofort in Ware umzusetzen. Er kann den Gegenwert des Geldes über einen längeren Zeitraum aufbewahren. Geld wird damit zum Bestandteil seines Vermögens.

Dies aber ist eine Eigenschaft, die dazu neigt, sich selbständig zu machen. Sie kann geradezu aus den Fugen geraten, wenn das Anhäufen von Geld zum Zweck an sich wird. Dann nämlich kehrt sich die vorhin beschriebene Wirkungskette um und wird zu

Geld – Ware – mehr Geld.

Jetzt ist Gelderwerb mit der Absicht der Geldvermehrung der eigentliche Zweck des Handelns. Die Ware degeneriert zum Mittel, ausschließlich um das Geldvermögen zu vergrößern.

Damit ist eine der Grundfragen wirtschaftlichen Handelns angesprochen: Ist Güterversorgung das Ziel und Geldverdienen das Mittel? Oder ist Geldverdienen das Ziel und Güterversorgung nur das geeignete Mittel dazu, sozusagen sein Abfallprodukt? Die Antwort ist mehr als umstritten. Sie hängt nicht zuletzt von Charakter und Geisteshaltung der Menschen ab, die sich mit Wirtschaften beschäftigen. Bereits in Zusammenhang mit der Interpretation des „erwerbswirtschaftlichen Prinzips“ sind wir auf einige Aspekte dieser Frage eingegangen. Der Leser möge sich daher die Antwort selber geben.

Gehen wir also weiter und betrachten die dritte Eigenschaft des Geldes, die mehr seine praktische Seite berührt: Geld ist generalisierte Recheneinheit. Erst durch Einschaltung des Geldes wird es möglich, völlig verschiedene Güter – Kraftfahrzeuge, Fernseher, Obst, Küchenschränke, Bücher und Taschenrechner, aber auch Haareschneiden, Steuerberatung, Urlaubsreisen und Theaterbesuche – auf einen Nenner zu bringen, das heißt zu einer einheitlichen Wertgröße zusammenzufassen. Dies aber ist wesentliche Voraussetzung für alle Formen des Wirtschaftens, für Geschäftsabrechnungen, Statistiken, Buchhaltung und Bilanzabschlüsse im privaten, unternehmerischen und staatlichen Haushalts-, Investitions- und Kostenrechnungswesen.

Man nennt diese drei Eigenschaften des Geldes – Tauschmedium, Wertaufbewahrungsmittel und Recheneinheit – die „Triade des Geldes“. Von Geld wird daher erst dann gesprochen, wenn alle drei Eigenschaften erfüllt sind.

Geldmengenkonzept M1 bis M4

Aber Geld ist nicht gleich Geld. Seine Gestalt erscheint in schillernder Vielfalt. Zunächst einmal unterscheidet man „Bargeld“ und „Giralgeld“. Bargeld ist das, was wir in der Brieftasche oder im Portemonnaie mit uns herumtragen, also Banknoten (Papiergeld in Form von Zehn-, Zwanzig- oder Fünfzigmarkscheinen etc.) und Münzen (Pfennigstücke, Groschen, Ein-, Zwei-, Fünfmarkstücke). Davon glaubten wir auch die ganze Zeit gesprochen zu haben. Aber das ist nur der eine Teil des Geldes, der geringere sogar. Sehr viel größere Bedeutung für die Wirtschaft besitzt das Giralgeld.

Im Grunde ist Giralgeld (Buchgeld) kein Geld im üblichen Sinne, das man anfassen oder in die Tasche stecken kann, sondern nur ein Kontobetrag; Geld also, das auf einem Konto bei einer Bank oder Sparkasse eingezahlt wird und das jederzeit (beziehungsweise nach vereinbarten Zeitabständen) wieder zurückgefordert werden kann. Genauer gesagt, Giralgelder sind Forderungen von privaten Haushalten, Betrieben oder staatlichen Einrichtungen an die Banken und Sparkassen.

Dabei unterscheidet man vier verschiedene „Geldmengenkonzepte“. Je nach Liquidität der Geldart, das heißt wie schnell sie zu Bargeld gemacht werden kann, spricht man von der Geldmenge M_1, M_2, M_3 oder M_4 (siehe Abbildung 12).

M_1 ist die flüssigste der vier Geldmengen. Darin enthalten sind Bargeld und „Sichtguthaben“; das sind die Gelder auf dem Girokonto der Geschäftsbanken, über die man jederzeit verfügen kann.

Interessanterweise gehört dazu auch das Geld, das man als Kredit von der Bank erhält. Gewährt die Bank zum Beispiel einen Kredit von 5000 Mark, wird dieser Betrag zunächst dem persönlichen Girokonto gutgeschrieben, so daß der Kreditnehmer dieses Geld zusätzlich ausgeben kann. Zur „flüssigen“ Geldmenge M_1 gehören also auch alle von der Bank gewährten Kredite, sobald sie als Sichtguthaben auf dem Girokonto erscheinen.

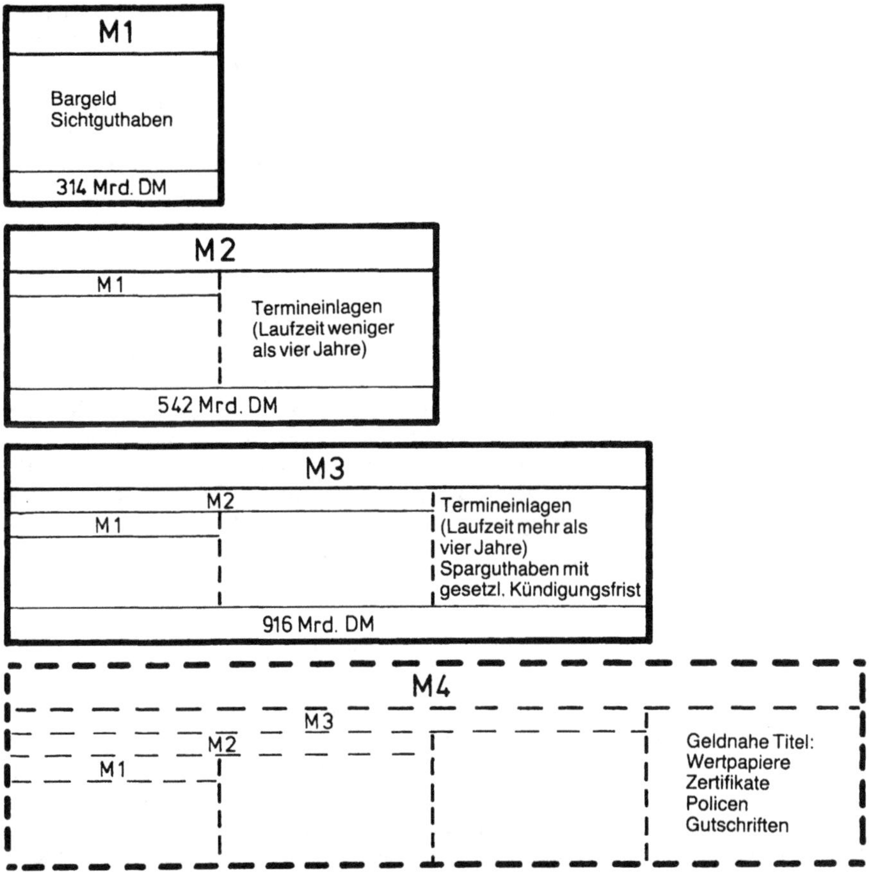

Abb. 12 Die Geldmengenkonzepte M_1 bis M_4
Je nach der Zeitspanne, in der man wieder über Kontengeld verfügen kann, unterscheidet man vier Geldmengenkonzepte. M_1 ist die „flüssigste" Geldmenge. Sie besteht aus Bargeld und Sichtguthaben, über die man jederzeit kurzfristig verfügen kann. In den Geldmengen M_2 und M_3 sind neben M_1 alle Termineinlagen enthalten und in M_4 außerdem alle „geldnahen" Titel (Wertpapiere, beleihbare Policen etc.).
Quelle: Zu den Zahlenangaben: Monatsberichte der Deutschen Bundesbank, März 1985 (Stand Dezember 1984)

Nicht zur Gelmenge M_1 zählt hingegen das Bargeld in der Kasse oder im Tresor der Bank. Das kann man sich so klar machen. Zahlt jemand 1000 Mark auf sein Girokonto ein, erhält er damit bei der Bank ein Sichtguthaben in Höhe von 1000 Mark. Er hat jetzt eine Forderung über diesen Betrag gegenüber der Bank. Das eingezahlte Geld wandert in den Tresor der Bank und würde jetzt ein zweites Mal gezählt, wenn die Tresorbestände der Geldmenge M_1 hinzugerechnet würden. Um also Doppelzählungen zu vermeiden, bleiben die Bargeldbestände der Banken und Sparkassen bei der Berechnung der Geldmenge M_1 unberücksichtigt.

Fügt man der Geldmenge M_1 die „Termineinlagen" hinzu, alle Guthaben mit einer Laufzeit von weniger als vier Jahren (Quasigeldbestände), erhält man die

Geldmenge M_2. Guthaben auf Sparbüchern mit gesetzlicher (das heißt täglicher) Kündigungsfrist und die Termineinlagen mit einer Laufzeit von mehr als vier Jahren bilden zusammen mit der Geldmenge M_2 die Geldmenge M_3.

Darüber hinaus ist es üblich, die sogenannten „geldnahen Titel" (near-moneys) mit M_3 zu einer Geldmenge M_4 zusammenzuziehen. Das sind alle marktgängigen Wertpapiere, wie beleihbare Policen, Gutschriften etc. Solche „Geldsubstitute" werden vor allem von Bausparkassen, Versicherungen und Hypothekenbanken bereitgestellt.

Geldschöpfung

Bereits am Beispiel der Geldmenge M_1 sind wir auf eine Merkwürdigkeit gestoßen, mit der wir uns näher befassen müssen. Gemeint ist die Fähigkeit der Banken zur „Geldschöpfung". Zahlt jemand 1000 Mark auf sein Konto ein, wechselt dieser Geldbetrag zunächst nur den Besitzer; die gesamtwirtschaftliche Menge des Geldes bleibt hiervon unberührt. Wenn aber umgekehrt die Bank einen Kredit in Höhe von 1000 Mark gewährt, dann erhöht sich auch die gesamtwirtschaftlich umlaufende Geldmenge. Die Banken können also „Geld schöpfen", das heißt mehr Geld in Umlauf bringen, als gedruckt vorhanden ist – eine der wichtigsten Phänomene des heutigen Geld- und Finanzsystems. Banken können Geld erzeugen, sozusagen aus dem „Nichts" heraus, in eigener Regie und eigener Verantwortung.

Zunächst einmal, wer ist denn normalerweise berechtigt, Geld zu produzieren?

Als erstes der Staat, aber nur für Hartgeld (Münzen), und dann die Deutsche Bundesbank für Banknoten (Papiergeld). Letzterer kommt allerdings die sehr viel größere Bedeutung zu. Die Bundesbank ist die alleinige vom Gesetzgeber beauftragte Währungsbehörde. Sie, und nur sie hat das Monopol zur Herstellung von Banknoten. Die Deutsche Bundesbank, die Zentral- oder Notenbank der Bundesrepublik, ist daher vom Staat völlig unabhängig. Im Gegensatz zu anderen Ländern kann nicht einmal die Regierung der Bundesbank vorschreiben, wieviel oder welches Geld sie zu drucken beziehungsweise in Umlauf zu geben hat. Dies ist auch gut so; denn Regierungen sind stets der Versuchung ausgesetzt, im Haushalt fehlendes Geld einfach durch neu gedrucktes zu ersetzen.

Wenn also nicht einmal der Staat Geld in Umlauf bringen darf (wenn man von der vergleichsweise geringen Bedeutung der Münzproduktion absieht), um wieviel erstaunlicher ist es, daß ganz normale Geschäftsbanken hierzu berechtigt sind. Wo doch Banken letzten Endes nichts anderes als Geldhändler sind, die vom Geldausleihen leben wollen.

Hat sich hier ein Konstruktionsfehler eingeschlichen? Der Verdacht könnte sich aufdrängen, wenn man bedenkt, daß an der „sekundären" Geldschöpfung, wie man diese Fähigkeit der Banken nennt (im Gegensatz zur „primären" Geldschöpfung der Bundesbank), in der Bundesrepublik nahezu 6000 Banken beteiligt sind – davon 5000 Spar- und Darlehenskassen sowie mehr als 300 Kreditbanken und über 600 Sparkassen. Alle 6000 Banken sind berechtigt, durch Vergabe von Krediten Geld zu schöpfen.

Was auf den ersten Blick wie ein uferloses Chaos aussieht, entpuppt sich bei näherem Hinsehen als durchaus feingesteuertes Regelsystem, in dem die Bundesbank dem Geldschöpfungsgebahren der Geschäftsbanken klar definierte Grenzen setzen kann. Wie eng oder wie weit diese Grenzen sind, in welchem Umfang also die Banken Geldschöpfung betreiben können, wollen wir an einem Beispiel zu erläutern versuchen.

Ein Privatmann namens Meier zahlt bei seiner Bank 10000 Mark auf sein Girokonto ein. Der Kunde Meier besitzt jetzt „Giralgeld" in Höhe von 10000 Mark. Die einbezahlten Banknoten wandern in den Tresor der Bank. Dort bleiben sie – wie wir bereits wissen – gesamtwirtschaftlich zunächst neutral, weil sie, um Doppelzählungen zu vermeiden, bei der Höhe der Geldmenge M_1 nicht mitgerechnet werden. (Die Banken selber zählen natürlich sehr genau. Für sie ist dieses Geld Betriebskapital, mit dem sie arbeiten und Geld verdienen.) Die gesamtwirtschaftliche Geldmenge erhöht sich erst, wenn die Bank diesen Betrag einem anderen Kunden, dem Geschäftsmann Müller, in Form eines Kredits zur Verfügung stellt. Jetzt existieren Bargeld und Giralgeld nebeneinander: Sowohl der Privatmann Meier als auch der Geschäftsmann Müller verfügen über jeweils 10000 Mark. Gesamtwirtschaftlich gesehen sind also 20000 Mark im Umlauf. Hier ist allerdings eine Einschränkung zu machen.

Die Bank kann nicht den von Meier eingezahlten Betrag in voller Höhe an Müller weitergeben; insofern muß das Beispiel korrigiert werden. Sie braucht nämlich eine stets verfügbare Bargeldreserve, weil sie jederzeit dafür gerüstet sein muß, daß Herr Meier (und alle übrigen Guthabenbesitzer) sein gesamtes Geld wieder von seinem Konto abheben will. Nehmen wir einmal an, die Erfahrung habe gezeigt, eine „Liquiditätsreserve" von zwanzig Prozent der Einlage stelle eine ausreichende Sicherung für alle Fälle dar. Die Bank zweigt dann von den eingezahlten 10000 Mark einen Betrag von 2000 Mark ab und legt ihn als Barreserve in den Tresor. Sie kann dann nur den verbleibenden Betrag von 8000 Mark Herrn Müller als Kredit zur Verfügung stellen. Die zusätzliche Geldschöpfung beträgt somit 8000 Mark, die gesamtwirtschaftlich umlaufende Geldmenge ist auf 18000 Mark gestiegen.

Damit ist der Prozeß der Geldschöpfung aber noch lange nicht zu Ende. Gelangen nämlich die Herrn Müller zur Verfügung stehenden 8000 Mark im Verlaufe geschäftlicher Transaktionen wieder auf eine andere Bank, wiederholt sich dort der gleiche Prozeß. Die Bank bildet eine zwanzigprozentige Liquiditätsreserve von 1600 Mark und verleiht den Restbetrag von 6400 Mark an einen ihrer Kunden. Auf diese Weise läßt sich das Spiel von Geldeingang, Reservebildung und Kreditvergabe immer weiter fortsetzen, bis der Ausgangsbetrag schließlich „aufgezehrt" ist.

Wie hoch ist schließlich die Geldschöpfung insgesamt, als Summe über alle beteiligten Banken? Hierzu steht eine einfache Formel zur Verfügung. Die höchstmögliche Geldmenge M_g, die das Geschäftsbankensystem zusätzlich in Umlauf bringen kann, beträgt

$$M_g = \frac{1}{r} M_a,$$

wenn M_a für den eingezahlten Ausgangsbetrag und r für den Prozentsatz der Liquiditätsreserve (als Dezimalzahl) steht.

Eine Liquiditätsreserve von zwanzig Prozent ermöglicht also eine Geldschöpfung in fünffacher Höhe des ursprünglich eingezahlten Geldbetrags, diesen mitgerechnet. Der Ausgangsbetrag von 10000 Mark erlaubt den Banken (das heißt allen Banken, die an den geschäftlichen Transaktionen beteiligt sind) eine Geldmenge bis zu 50000 Mark in Umlauf zu bringen, einschließlich des eingezahlten Ausgangsbetrags. Dementsprechend führt eine Liquiditätsreserve von zehn Prozent zu einer Geldschöpfung von maximal 100000 Mark.

Den Quotienten $\frac{1}{r}$ nennt man den gesamtwirtschaftlichen „Geldschöpfungsmultiplikator". Je größer der Prozentsatz r der Liquiditätsreserve, desto kleiner die Geldschöpfungsmöglichkeit der Banken und umgekehrt, je kleiner r, desto größer die Geldschöpfung. Die Liquiditätsreserve „bremst" also die Multiplikatorwirkung, und zwar um so mehr, je größer sie ist. Könnten die Banken auf eine Reservebildung ganz verzichten, wäre die Geldschöpfung unendlich groß. Schon daran sieht man, wie wichtig diese Liquiditätsreserve ist. Aus diesem Grund ist eine Mindestreserve auch gesetzlich (je nach Wirtschaftslage in unterschiedlicher Höhe) vorgeschrieben.

Aber was geschieht, wenn der Bank doch einmal das Bargeld ausgeht, weil plötzlich mehr Geld abgehoben wird, als die Liquiditätsreserve ausmacht? Dann wendet sie sich an die Zentralbank (Bundesbank) und besorgt sich neues Geld, indem sie Wechsel und sonstige Wertpapiere „rediskontiert", das heißt, an die Bundesbank abtritt und dafür Bargeld erhält.

Was also den privaten (und öffentlichen) Unternehmen die Geschäftsbank, ist den Geschäftsbanken die Zentralbank. Die Zentralbank fungiert als Bank der Geschäftsbanken, von der diese ihre Kredite erhalten, um liquide zu bleiben. Einem Privatmann oder einem Unternehmen ist dieser Weg versperrt. Sie dürfen sich nur an die Geschäftsbanken halten.

Eine Sonderstellung genießt hier der Staat. Nur er allein ist als „Nichtbank" berechtigt, mit der Zentralbank geschäftlich zu verkehren. Sie führt sozusagen seine Finanzkonten und gibt ihm gelegentlich Kredit, eine weitere Form der Geldschöpfung, hier allerdings in Verbindung von Regierung und Bundesbank.

So also spielt sich das Prinzip der Geldschöpfung ab. Wenn man bedenkt, daß Bargeldreserven von zehn bis zwanzig Prozent im allgemeinen ausreichen, um liquide zu bleiben, ist eine Vermehrung des Geldumlaufs auf das Fünf- bis Zehnfache des Bargeldumlaufs jederzeit möglich. Und so erhält man eine Vorstellung von der ungeheuren Dynamik, die unserem Geldsystem innewohnt, wenn die Geldschöpfung beziehungsweise ihr Gegenstück, die Kreditaufnahme, bis an die Grenzen des Möglichen ausgereizt wird.

Steuerungsinstrumente der Zentralbank

Damit aber das Vermehrungsprinzip der Geldschöpfung nicht nur nach den Vergabekriterien der Geschäftsbanken und den Kreditwünschen ihrer Kunden funktioniert, hat der Gesetzgeber verschiedene Instrumente vorgesehen, die die Deutsche Bundesbank zur Lenkung der gesamtwirtschaftlichen Geldversorgung einsetzen kann, sogar muß, wenn sie dies aus gesamtwirtschftlichen Gründen für geboten hält. Denn Geschäftsbanken sind in erster Linie Unternehmen, die aus verständlichen Gründen immer so handeln, daß es ihnen selber gut bekommt. Das kann betriebswirtschaftlich durchaus zweckmäßig, volkswirtschaftlich aber äußerst schädlich sein.

Die Geschäftsbanken sind daran interessiert, so viele Kredite wie nur eben möglich zu guten Zinsen an den Mann zu bringen. Davon leben sie. Viel Geld im

Tresor zu halten ist geradezu ein schlechtes Zeichen unternehmerischer Geschäftspolitik. Das Geld, das sie besitzen, muß in Umlauf gebracht werden. Nur so können sie Gewinne machen.

Eine allzu intensive Geldschöpfung kann aber volkswirtschaftlich beträchtlich Schaden anrichten. Denn ist der Geldumlauf durch Kredite bereits künstlich aufgebläht, führen weitere Kredite zu gefährlichen inflatorischen Turbulenzen, denen die Bundesbank entgegenwirken muß, auch im Interesse der Geschäftsbanken selber. Wie macht sie das?

Zu den wichtigsten Instrumenten, die der Bundesbank hierfür zur Verfügung stehen, zählen Refinanzierung (Diskontpolitik), Anhebung oder Senkung der Mindestreserven (Mindestreservepolitik) sowie Rückkauf von Wertpapieren (Offenmarktpolitik).

Die Diskontpolitik ist das „klassische" Mittel der Zentralbank, die Geldschöpfung der Geschäftsbanken zu beeinflussen. Braucht eine Geschäftsbank – weil ihre Kreditgeschäfte besonders gut florieren – zusätzliches Bargeld, dann kann sie dieses von der Bundesbank besorgen, indem sie eigene Aktiva (Handelswechsel, Schecks etc.) gegen Bargeld eintauscht. Dafür berechnet die Bundesbank Zinsen, deren Höhe sich nach dem „Diskontsatz" richtet, den die Bundesbank je nach Einschätzung der Wirtschaftslage hoch oder niedrig ansetzt. Eine Anhebung des Diskontsatzes dämpft den Wunsch der Geschäftsbanken nach Bundesbankkrediten, seine Senkung erhöht ihre Bereitschaft dazu.

Eine weitere Begrenzung der Bargeldbeschaffung besteht in diesem Zusammenhang darin, die „Rediskontierung" von Handelswechseln mengenmäßig einzuschränken. Auch hier kann die Bundesbank für jede Geschäftsbank ein ganz spezielles „Rediskontierungskontingent" festlegen, das sie je nach Bedarf herauf- oder herunterfahren kann.

Die Veränderung des Diskontsatzes reicht allerdings nicht in jedem Fall, um die Geldmenge im volkswirtschaftlich gewünschten Sinne auszusteuern. Vor allem die Anhebung des Diskontsatzes versagt, wenn die Geschäftsbanken selber noch liquide sind, so daß sie gar kein zusätzliches Bargeld von der Bundesbank benötigen. Dann kann sie niemand daran hindern, den Unternehmen mehr Kredit einzuräumen, als die Bundesbank aus wirtschaftspolitischen Gründen zulassen möchte. Um dies dennoch wenigstens einzuschränken, besitzt die Zentralbank ein zweites Instrument: Die Anhebung der Mindestreservesätze.

Die Geschäftsbanken sind durch Gesetz verpflichtet, einen bestimmten Prozentsatz ihrer Aktiva als „Mindestreserve" zinslos an die Zentralbank abzuführen, und zwar unabhängig von der eigenen Liquiditätsreserve, die sie aus Vorsichtsgründen bilden. Die Zentralbank ist nun berechtigt, diesen Reservesatz anzuheben oder ihn zu senken. Erhöht sie ihn, entzieht sie den Banken Liquidität und zwingt sie dazu, sich bei der Kreditvergabe zurückzuhalten. Senkt sie den Mindestreservesatz, erhöht sie die Liquidität der Geschäftsbanken und damit die Möglichkeit zur Kreditvergabe.

Bei dem dritten Steuerungsinstrument, der Offenmarktpolitik, bietet die Bundesbank den Geschäftsbanken eigene Wertpapiere (Wechsel, Aktien etc.) zu besonders günstigen Konditionen an. Gehen die Geschäftsbanken darauf ein und erwerben solche Papiere, verringert sich ihr Bargeldbestand, womit der erwünschte Effekt, die Kreditvergabe einzuschränken, ebenfalls erreicht wird.

All diese hier beschriebenen Maßnahmen geben der Bundesbank recht brauchbare Instrumente an die Hand, einer unerwünschten Aufblähung des Geldvolumens entgegenzuwirken. Dennoch ist ihre Macht begrenzt, wenn es umgekehrt darum geht, die Kreditnachfrage vor allem in einer Phase wirtschaftlicher Depression wieder anzuregen. Man kann zwar die Kreditvergabe verteuern und damit ihre Inanspruchnahme erschweren. Man kann aber kein Unternehmen dazu bringen, einen Kredit – auch wenn er noch so günstig ist – gegen seinen Willen aufzunehmen. Um es bildhaft auszudrücken: Man kann zwar das Pferd zum Trog führen, aber zwingen zu saufen kann man es nicht.

Hier liegen die Einflußgrenzen der Zentralbankpolitik. Und deshalb entwikkelt sich denn auch die Volkswirtschaft nicht immer so, wie es Regierung und Zentralbank gerne hätten. Eine der unangenehmsten Folgen derartiger Fehlentwicklungen ist die Inflation.

Inflation: Geld vermehrt sich, der Wert nicht

Wer sich bei drei bis fünf Prozent jährlicher Inflation berechtigt Sorgen um die wirtschaftliche Entwicklung macht oder um sein Erspartes bangt, kann sich ein Leben mit mehreren hundert Prozent Inflation überhaupt nicht vorstellen: „Eine Inflation von derzeit über 20 Prozent monatlich – aufs Jahr umgerechnet sind das etwa 500 Prozent – macht aus jedem Gewerbetreibenden einen Glücksspieler und aus jedem Verbraucher einen Don Quichote, der gegen die Windmühlen der ständigen Preissteigerung kämpft, natürlich vergeblich. Daß die Gewerkschaften nunmehr zweiwöchentliche (statt monatliche) Lohnzahlungen eingeführt wissen möchten, daß die Kreditkartenorganisationen die bargeldlosen Einkäufe dreimal statt wie bisher zweimal (und noch vor kurzem nur einmal) im Monat abrechnen wollen, daß die Bank-Computer, die auf Beträge bis zu 15 Stellen eingerichtet sind, an die Grenzen ihrer rechnerischen Kapazität stoßen – dies alles sind äußere Zeichen einer Entwicklung, die sich im Leben eines jeden einzelnen Bürgers stärker bemerkbar macht als der notorische „israelisch-arabische Konflikt", der inzwischem im allgemeinen Bewußtsein auf Platz zwei hinter die Inflation zurückgefallen ist"[13].

Was dieser Artikel aus DIE ZEIT über den von Inflation gekennzeichneten Alltag im heutigen Israel berichtet, hat seine Wurzeln in einer der wesentlichen Eigenschaften des Geldes, die bereits im vorigen Kapitel angeklungen ist: Der Wert des Geldes haftet nicht am Geld selbst – zunächst ist er nichts anderes als eine Zahl auf bedrucktem Papier – sondern am Vertrauen, damit stets eine bestimmte Menge Waren oder Dienste erwerben zu können – eine weitgehend psychologische Frage also.

Wird dieses Vertrauen gestört und ist zu befürchten, daß man für ein und dieselbe Sache immer mehr Geld hergeben muß, bleibt einem nichts anderes übrig, als sein Geld so schnell wie möglich wieder loszuwerden, um etwas „Handfestes" dafür zu kaufen. Das aber treibt die Preise immer weiter nach oben. Das Geld verliert seine Funktionsfähigkeit. Flucht in die Sachwerte nennt man diese typische Begleiterscheinung der Teuerung, die man allgemein als Inflation (lateinisch Aufblähung) bezeichnet. Woraus aber entsteht Inflation? Warum werden die

---

[13] DIE ZEIT vom 4.1.1985

Güter des einen Landes immer teurer, die des anderen Landes aber nicht oder nicht so sehr? Wovon hängt es ab, wieviele Güter man für einen bestimmten Geldbetrag kaufen kann?

Geldmengentheorie

Ganz einfach, so sagt die Geldmengentheorie, von der Menge des Geldes, die insgesamt in einer Volkswirtschaft zirkuliert. Eine Erhöhung der Geldmenge, so die Argumentation, läßt die Preise steigen, wenn die insgesamt im Land verfügbare Gütermenge unverändert bleibt. Wissenschaftlich ausgedrückt: Eine Zunahme der monetären Nachfrage bei gleichbleibendem Güterangebot läßt die Preise steigen, das heißt den Wert des Geldes sinken. Dies ist das Grundgerüst der „Geldmengen- oder Quantitätstheorie", wie sie von den „Monetaristen" vertreten wird. Schauen wir uns ihren Gedankengang etwas näher an.

Wie überall auf den Märkten, auf denen sich Angebot und Nachfrage gegenüberstehen, entscheidet auch auf dem Geldmarkt die relative Seltenheit des Geldes über die Höhe seines Wertes, mit anderen Worten über seine Kaufkraft.

Aber was heißt „selten" im Zusammenhang mit Geld? Selten im Vergleich zu was? – im Vergleich zum Gesamtangebot an Waren und Diensten innerhalb der Volkswirtschaft. Eine Geld- und Kreditschöpfung gilt als inflationär, wenn ihr keine entsprechende Vermehrung der Gütermenge gegenübersteht oder anders ausgedrückt, wenn sich das Geld schneller vermehrt als die Güter. Dazu ein Beispiel.

Man stelle sich vor, in einem kleinen Land werde nur ein einziges Produkt hergestellt, und zwar 10000 Stück jährlich. Die gesamte Nachfrage des Landes richte sich auf dieses eine Produkt. Man stelle sich weiter vor, die umlaufende Geldmenge in diesem Land betrage 100000 Geldeinheiten; der Einfachheit halber sagen wir Mark dazu. Würde man einmal im Jahr die gesamte Geldmenge zum Erwerb dieser Produkte aufwenden, ergäbe sich ein Durchschnittspreis von 10 Mark je Stück.

Nun verändern wir die Situation und lassen die Regierung (oder die Zentralbank) dieses Landes die Notenpresse in Gang setzen und noch einmal 100000 Mark drucken, die in Umlauf kommen. Nun stehen den 10000 Produkten 200000 Mark gegenüber. Folge? Ein Produkt wird jetzt zu 20 Mark gehandelt, wenn alles Geld ausgegeben, also nichts gespart wird. Was ist geschehen? Die Geldmenge ist im Verhältnis zur Gütermenge größer geworden. Die Kaufkraft, der Wert des Geldes, aber ist gesunken, weil sich jetzt eine größere Geldmenge auf das nach wie vor unveränderte Güterangebot bezieht. Das heißt aber nichts anderes: Geld hat soviel Wert wie die Güter, die man dafür kaufen kann.

Der Preis könnte nur dann in seiner ursprünglichen Höhe von zehn Mark gehalten werden, wenn sich auch die Menge der Güter im gleichen Zeitraum verdoppelt hätte. Inflation liegt somit immer dann vor, wenn mehr Geld zum Erwerb der vorhandenen Güter auf den Märkten zur Verfügung steht als zuvor.

Was aber passiert, wenn die erhöhte Geldmenge nicht in einem Jahr, sondern in zwei Jahren ausgegeben wird, um die gleiche Gütermenge zu kaufen? Oder anders ausgedrückt, wenn sich die Umlaufgeschwindigkeit des Geldes verlangsamt, sich hier also halbiert? Dann stellt sich wieder der Ausgangspreis von zehn Mark ein, weil jetzt nur 100000 Mark für 1000 Produkte in jedem Jahr den Besitzer wechseln. Die Verlangsamung der Umlaufgeschwindigkeit des Geldes könnte also den preistreibenden Effekt der Geldvermehrung ganz oder teilweise kompensieren – wenn sie sich tatsächlich beeinflussen ließe. Die Anhänger der Geldmengentheorie allerdings vertreten die Auffassung, die Umlaufgeschwindigkeit des Geldes sei nahezu konstant, weil sie eine weitgehend technische, insbesondere von den Zahlungssitten und der Organisationsstruktur der Banken abhängige Größe sei, die sich kaum verändere oder verändern lasse.

Fisher'sche Verkehrsgleichung

Grundlage der hier geschilderten Zusammenhänge bildet eine Gleichung, die man sich ihrer Bedeutung wegen einprägen sollte:

$$M \cdot V = Q \cdot P$$

Man bezeichnet diese, erstmals von Irving Fisher zu Anfang dieses Jahrhunderts aufgestellte Formel als die Tausch-, Verkehrs- oder Quantitätsgleichung der Volkswirtschaft. Sie besagt, die Gütermenge Q multipliziert mit ihren Preisen P (genauer: dem Preisniveau, dem Durchschnittswert aller Preise) entspricht der im Umlauf befindlichen Geldmenge M, multipliziert mit ihrer Umlaufgeschwindigkeit V. Das heißt nichts anderes, als daß der Wert der ge- und verkauften Güter (immer) so groß ist wie die Menge des Geldes, die hierzu aufgewendet werden muß.

Im Grunde ist diese Aussage reine Identität: Der Gesamtwert des Geldes entspricht immer dem Gesamtwert der Güter, die in einem bestimmten Zeitraum gehandelt werden. Das entscheidende an der „monetaristischen" Erklärung der Inflation ist die Unveränderlichkeit der Umlaufgeschwindigkeit: Wenn in dieser Gleichung neben der Gütermenge auch die Umlaufgeschwindigkeit konstant bleibt, verändert sich der Preis (das Preisniveau) zwangsläufig proportional mit der Variation der Geldmenge. Um es in Zahlen auszudrücken: Erhöht sich die Geldmenge um zehn Prozent, steigt auch das Preisniveau um zehn Prozent. Wird die Geldmenge um zehn Prozent reduziert, sinken auch die Preise um zehn Prozent.

Dies ist der Kern der Geldmengentheorie, die modelltheoretische Grundlage des „monetaristischen" Wirtschaftskonzepts. Wegen der Identität beider Gleichungen ist allerdings noch nichts über die *Entstehung* der Inflation ausgesagt, sondern nur, daß für Inflation eine Erhöhung der Geldmenge *Voraussetzung* ist.

Wie man sieht, ist die Umlaufgeschwindigkeit der neuralgische Punkt in diesem Modell. Vor allem ihre Konstanz wurde von vielen Ökonomen, allen voran John M. Keynes, in Frage gestellt. Er meinte sogar, Umlaufgeschwindigkeit und Geldmenge stehen in umgekehrtem Verhältnis zueinander. Je mehr Geld in Umlauf komme, desto langsamer zirkuliere es. Die Verlangsamung hätte aber zur Folge, daß eine Geldmengenerhöhung keine preistreibenden Effekte auslösen könne. Umgekehrt, und dies ist der wesentliche Aspekt dieser Gedankenführung für die Wirtschaftspolitik eines Landes, würde eine gesamtwirtschaftliche Verknappung des Geldes keine oder nur eine sehr geringe inflationshemmende Wirkung ausüben. Generell sei, so die Argumentation, zwar ein Zusammenhang zwischen verfügbarer Geldmenge und Inflation nicht zu leugnen, aber nur im entgegengesetzten Sinne. Inflation sei immer nur von einer Geldvermehrung *begleitet*, nie aber von ihr *verursacht*.

Wer nun Recht hat, läßt sich nicht schlüssig beantworten. Die Ökonomen sind in dieser Frage zerstritten, wenn auch an der weitgehenden Konstanz der Umlaufgeschwindigkeit des Geldes heute nicht mehr zu zweifeln ist. Wie aus Statistiken der Deutschen Bundesbank zu ersehen ist, schwankt die Umlaufgeschwindigkeit, das heißt die Relation Bruttosozialprodukt zur Zentralbankgeldmenge, durchweg um Werte zwischen zehn und elf. Das heißt, im Durchschnitt der letzten 15 Jahre war der Geldwert des Bruttosozialprodukts insgesamt zehn bis elf mal größer als die tatsächlich zirkulierende Zentralbankgeldmenge: Jede Deutsche Mark floß also insgesamt zehn bis elf mal im Jahr durch den Wirtschaftskreislauf der Bundesrepublik.

Warum aber ist Inflation etwas Schlechtes? Wer sind die Leidtragenden davon?

Folgen der Inflation

Zu allererst gehen Perioden hoher Inflation zu Lasten der Arbeitnehmereinkommen, wenn die Löhne nicht im gleichen Umfang mitsteigen (wage lag-Hypothese). Dies gilt vor allem für nichtdynamisierte Renteneinkommen, Renten also, die nicht mit der Inflation automatisch angehoben werden. Ganz besonders benachteiligt sind alle Geld- und Sparvermögen. Bargeld sowie verliehenes Geld, Erspartes und gewährte Kredite werden von der Inflation voll getroffen. Sparguthaben verlieren immer mehr an Wert, je schneller die Preise steigen. Wer Geld verliehen hat, erhält – je länger die Rückzahlung dauert – um so wertloseres Geld zurück. Wie die Erfahrung in der Vergangenheit lehrt, gelingt es bei höheren Inflationsraten häufig nicht, die Entwertung des Geldes über den Zins wieder aufzufangen (siehe die Ausführungen zum Realzins).

Trotz der nachteiligen Folgen, die der Inflation im allgemeinen anhaften, kann allerdings an einer mäßigen Teuerung im Lande sogar ein gewisses Interesse bestehen, zumindest für bestimmte Personengruppen. Eine Zeit lang nämlich fördert die Geldvermehrung die Produktion und belebt die Geschäfte, denn die Aussicht auf steigende Preise erhöht – zumindest nominell – die Aussicht auf steigende Erlöse und höheren Gewinn. Überhaupt kommen alle Sachwertbesitzer, neben dem Staat alle Unternehmen und vermögenden Privatpersonen, in den Genuß der durch Preissteigerungen ausgelösten Vermögensumschichtung. Denn nur das Sachvermögen wie Boden, Gebäude, Maschinen, Material und Anlagen, behält auch bei Inflation seinen realen Wert; die Preise für Sachgüter steigen ja im Gleichtakt mit der Geldentwertung. Flucht in die Sachwerte ist denn auch – wie bereits erwähnt – die „natürliche" Reaktion, um der Inflation zu entgehen oder sie wenigstens abzumildern. Dies aber ist nur aus der Sicht des Einzelnen das geeignete Mittel dazu. Gesamtwirtschaftlich wirkt ein solches Verhalten ausgesprochen schädlich. Denn Flucht in die Sachwerte heißt ja nichts anderes als weitere Erhöhung der Nachfrage nach Sachgütern, was deren Preise noch mehr in die Höhe treibt und die Inflation weiter anheizt – ein circulus vitiosus, der in erster Linie zu Lasten der Arbeitslosen und einkommensschwachen Bevölkerungsgruppen geht.

Aber auch der Staat kann in der Erhöhung des Geldumlaufs einen bequemen Weg sehen, seine Einnahmen aufzubessern, so zum Beispiel über inflationär erhöhte Umsatz-, Gewinn- und Einkommensteuern, mit denen er eigene Projekte finanzieren kann; leichter jedenfalls, als wenn er stattdessen die Steuern anheben müßte. Nicht selten finden große Inflationen – wie die Vergangenheit lehrt – ihre erste, schleichende Ursache darin, daß die Regierung den Metallgehalt der Münzen verschlechterte (dies vor allem in Zeiten reiner Münzwährung), daß sie eigenes Papiergeld in Umlauf brachte (was sie in der Bundesrepublik heute nicht mehr darf) oder daß sie die Zentralbank anhielt, ihr immer häufiger Kredite zu gewähren, ohne diese dann zurückzuzahlen.

Und wer bezahlt letztlich das Ganze? Natürlich auch hier der Steuerzahler. Dies macht das vorangegangene Beispiel deutlich. Im Ausgangszustand konnte man zum Preis von zehn Mark insgesamt 10000 der fiktiven Produkte erwerben. Daraus resultierte die Geldmenge von 100000 Mark. Wenn jetzt der Staat nochmals 100000 Mark in Umlauf bringt, steigt der Preis der Produkte auf 20 Mark. Dies aber hat zur Folge, daß die Bürger, die sich im Besitz der 100000 Mark befinden, jetzt nur noch 5000 Produkte kaufen können. Wer bekommt die restlichen 5000 Stück? Natürlich der Staat, für das von ihm zusätzlich in Umlauf gebrachte Geld. Der Bürger bezahlt über die Preiserhöhung den zusätzlichen Güterbedarf des Staates, so als sei dieses Geld wie bei einer Steuer eingezogen worden.

Fazit: Für die Ausgaben des Staates – wie könnte es auch anders sein – kommt immer der Bürger auf, entweder über den Einbehalt von Steuern oder über die inflatorische Ausweitung der Geldmenge.

Damit sind wir bei einem merkwürdigen Paradoxon des Geldes bzw. seines Wertes, worin erneut das zwittrige Verhältnis von einzelwirtschaftlicher und gesamtwirtschaftlicher Wirkungsweise zum Ausdruck kommt. Erwirbt der Einzelne, gleichgültig ob Mensch oder Betrieb, mehr Geld, erhöht die größere Geldmenge sein Vermögen und damit seinen Wohlstand. Erhöht aber eine Volkswirtschaft ihr gesamtes Geldvolumen, nimmt deswegen noch lange nicht das Volksvermögen zu. Die Gesamtheit der Bürger des Landes wird nicht nur nicht reicher, sondern eher ärmer, weil die Ausweitung der gesamtwirtschaftlichen Geldmenge die Kaufkraft mindert und damit den Wohlstand der Gesamtheit verringert.

Ursachen der Inflation

Soviel soll genügen zum Thema Inflation, soweit es sich aus der Geldmengentheorie erklärt. Darüber hinaus existieren zahlreiche andere Theorien über die Ursache der Inflation. Es gibt eben viele Gründe, warum in einem Land die Preise steigen, nur selten ist einer alleine daran schuld.

So können überhöhte Konsumnachfrage, überhöhte Einkommen, übermäßige Staatsverschuldung und ungünstige volkswirtschaftliche Kostenstrukturen genauso preistreibend wirken wie die Erhöhung der Energiepreise, überhöhtes Zinsniveau, militärische Auseinandersetzungen und anderes mehr.

Aus der Vielzahl der Inflationstheorien lassen sich jedoch zwei Aspekte der Verursachung herauskristallisieren, auf die sich die meisten Erklärungsansätze zurückführen lassen: Nachfragesoginflation (demand-pull-inflation) oder Kostendruckinflation (cost-push-inflation). Im ersten Fall geht man davon aus, daß eine überhöhte Güternachfrage auf der Verbraucherseite den Preisauftrieb verursacht, wenn zum Beispiel die Einkommen übermäßig steigen, das Güterangebot hingegen unverändert bleibt oder nicht im gleichen Maße mitsteigt. Im zweiten Fall drücken steigende Kosten bei Produktion und Verteilung der Güter die Preise nach oben. Diese können ebenfalls durch zu hohe Lohnkosten verursacht sein, aber auch durch hohen Zins, steigende Beschaffungspreise für Energie und Rohstoffe oder verteuerte Importe, wie das Beispiel der beiden Ölpreisschübe in den siebziger Jahren zeigt.

Die Ursachenforschung der Inflation ist ein weites Gebiet, auf das wir hier nur einen kurzen Blick werfen können. In Zusammenhang mit dem Problem Arbeitslosigkeit (Phillips-Theorem) und den außenwirtschaftlichen Beziehungen (importierte Inflation) werden wir allerdings darauf noch zurückkommen müssen.

Welche immer wieder wechselnde Rolle die Inflation in der Bundesrepublik seit Anfang der sechziger Jahre spielte, ergibt sich aus der Darstellung in Abbildung 13. In dieser Zeit sind drei Inflationsphasen mit einem jeweils höheren Preisgipfel zu erkennen. Im Jahr 1966 stieg das Preisniveau auf einen zwar noch sehr kleinen Gipfel von 3,5 Prozent, um acht Jahre später 1974 bereits auf 6,9 Prozent weiter anzusteigen. Auf dem dritten Gipfel im Jahre 1981 nahmen die Preise nochmals um 6,3 Prozent zu, sanken dann allerdings bis 1986 wieder unter den Tiefststand der sechziger Jahre zurück.

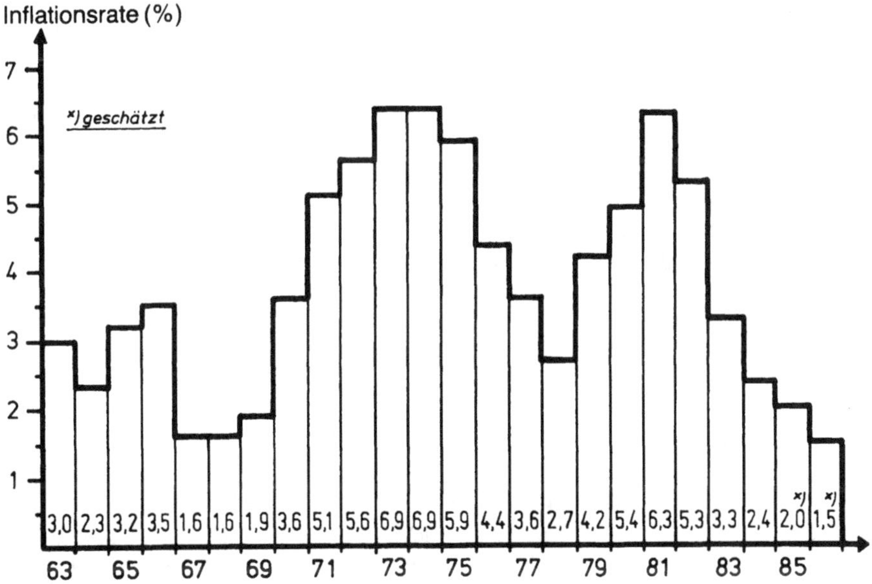

Abb. 13 Entwicklung der Inflation in der Bundesrepublik

Seit Anfang der sechziger Jahre sind drei Inflationsschübe zu erkennen mit jeweils höheren Gipfelpunkten. Auf dem ersten, vergleichsweise niedrigen „Gipfel" im Jahre 1966 betrug die Preissteigerung 3,5 Prozent. Auf dem zweiten Gipfel 1973/74 nahm die Teuerung um 6,9 Prozent zu; 1981 stieg sie nochmals auf 6,3 Prozent, um danach allerdings auf den niedrigsten Stand seit der Währungsreform zurückzufallen.

Quelle: Nach den statistischen Angaben im Jahresgutachten des Sachverständigenrates 1985/86, S. 305: Errechnet aus dem Preisindex für die Lebenshaltung „Alle privaten Haushalte" (mit eigenen Ergänzungen für 1985 und 1986)

Messung der Inflation

Bis hier war immer nur vom Geldwert und seiner Veränderung in Gestalt der Inflation die Rede, nicht aber davon, wie sich derartige Wertveränderungen feststellen lassen. Woran merkt man überhaupt, daß Inflation herrscht und wie mißt man sie? Wo doch die Preise der Waren und Dienste im allgemeinen nicht im Gleichtakt, sondern verschieden schnell ansteigen?

Um dieses Problem zu lösen, stellt das Statistische Bundesamt einen „Warenkorb“ zusammen, in den alle Güter „hineingelegt“ werden, die ein Haushalt im Durchschnitt eines Jahres kauft und die als repräsentativ für eine bestimmte Bevölkerungsgruppe gelten können. Solche Bevölkerungsgruppen können beispielsweise „Vier-Personen-Haushalte von Angestellten und Beamten“ oder „Zwei-Personen-Haushalte von Renten- und Sozialhilfeempfängern“ oder auch „Alle privaten Haushalte“ sein.

So enthält der in der öffentlichen Diskussion am häufigsten benutzte Preisindex für „Alle privaten Haushalte“ Anteile für Nahrung, Bekleidung und Möbel, Theaterkarten und Kinderwagen. Aber auch der durchschnittliche Aufwand für Miete, Medikamente, für den Besuch eines Restaurants, die Benutzung öffentlicher Verkehrsmittel sowie für Reparaturen an Auto und Wohnung finden sich in diesem Warenkorb. Um solche von den Haushalten getätigten Ausgaben für die Statistik herauszubekommen werden umfangreiche Erhebungen durchgeführt. Jeden Monat sind zahlreiche amtliche Preisermittler in ausgewählten Gemeinden unterwegs und stellen in vorher genau festgelegten Geschäften, Filialen und Kaufhäusern insgesamt zwischen 200000 und 300000 Einzelpreise für etwa 800 Waren fest, deren Ergebnisse an das Statistische Bundesamt übermittelt werden.

Beim „Füllen“ der Warenkörbe entsteht zunächst ein Gewichtungsproblem. Weil ein Haushalt in einem Jahr nicht genau ein Paar Schuhe, ein Auto oder ein Brot verbraucht, sondern vielleicht 4 Paar Schuhe, im Durchschnitt ein Fünftel Auto und etwa 150 Kilogramm Brot, müssen die sich im Korb befindlichen Waren mit den Verbrauchsmengen eines Jahres (bzw. der zu untersuchenden Periode) „gewichtet“ werden.

Die Durchschnittspreise für Schuhe sind daher mit vier, fürs Auto mit 0,20 und für Brot mit 150 zu multiplizieren, um den verbrauchsgerechten Wert des Warenkorbes zu erhalten. Man vergleicht dann die mit den Mengen gewichteten Preise zweier Perioden, indem man ihren „Preisindex“ bildet.

	Ausgangsjahr (z.B. 1985)			Vergleichsjahr (z.B. 1986)		
	Preis (DM)	Mengengerüst	gewichteter Preis	Preis (DM)	Mengengerüst	gewichteter Preis
	1	2	3	4	5	6
Schuhe (1 Paar)	70	4	280	75	4	300
Auto (1 Stück)	15000	0,20	3000	15700	0,20	3140
Brot (1 Kilo)	3	150	450	3,2	150	480
SUMME gewichtet			3730			3920
PREISINDEX			1,00			1,05

Tab. 7 Berechnung der jährlichen Preissteigerung (Preisindex nach Laspeyeres)

In diesem Beispiel ist unterstellt, daß die Preise im genannten Zeitraum für ein Paar Schuhe von 70 auf 75 DM, für ein Auto von 15000 auf 15700 DM und für ein Kilogramm Brot von 3,00 auf 3,20 DM gestiegen sind. Der in Spalte 6 errechnete Preisindex von 1,05 besagt, daß die mit ihren Verbrauchsmengen gewichteten Preise um fünf Prozent gestiegen sind (3920 : 3730 = 1,05).

In unserem Beispiel in Tabelle 7 steigt der Preisindex (das gewichtete Preisniveau) vom angenommenen Ausgangsjahr 1985 zum folgenden Vergleichsjahr 1986 im Durchschnitt um fünf Prozent (siehe die dortigen Erläuterungen).

Bei diesem Verfahren, das nach dem Nationalökonomen und Statistiker Etienne Laspeyres als Laspeyres-Preisindex bezeichnet wird, bleiben die im Haushalt verbrauchten Mengen über mehrere Jahre konstant, damit die reine Preisentwicklung sichtbar wird (Konstanz des Mengengerüsts). Als generelles „Wägungsschema“ dient eine einmalige Einkommens- und Verbrauchsstichprobe. Um zu erfahren, wieviel Gütermengen in den Haushalten im Durchschnitt eines Jahres konsumiert werden, führen 50000 Haushalte im Auftrag des Statistischen Bundesamtes über mehrere Monate hinweg detaillierte Ausgabenbücher, auf deren Grundlage das „Mengengerüst“ ermittelt wird.

Da sich aber die Verbrauchergewohnheiten auch hinsichtlich der durchschnittlich gekauften Mengen ändern, zum Beispiel wie häufig man ins Kino geht oder wieviel Geld im Urlaub ausgegeben wird, führt diese Indexberechnung im Laufe der Zeit immer mehr in die Irre. In der amtlichen Statistik wird deshalb das Mengengerüst alle vier Jahre neu ermittelt und der Preisindex auf ein neues Ausgangsjahr umgestellt.

Man sieht, Preissteigerungen sind auch ein statistisch-mathematisches Problem, weil sowohl das Verfahren nach Laspeyres als auch andere Verfahren (zum Beispiel nach Hermann Paasche, bei dem die sich ändernde Qualität der Güter mit einbezogen wird) Ungenauigkeiten in sich bergen, die jeweils auch zu anderen Ergebnissen der Preisentwicklung führen.

Inflation, ein weltweites Phänomen

Permanente Preissteigerungen sind, wie gesagt, ein weltweites Phänomen. In allen Ländern der Erde herrscht heute Inflation, wenn auch in sehr unterschiedlichem Umfang. Je nach Höhe der Inflationsrate spricht man von „schleichender“ oder von „galoppierender“ Inflation, wobei die Grenzen fließend sind. Die Darstellung in Abbildung 14 zeigt, daß die Skala der Inflationsraten im internationalen Vergleich von 2,1 Prozent in Japan und in der Bundesrepublik bis über 700 Prozent in Bolivien reichen (Stand 1984).

Man muß sich die Auswirkungen solch horrender Preissteigerungen bildhaft vor Augen führen, um sich auszumalen, was dies im täglichen Leben bedeutet. Eine Inflationsrate von jährlich 100 Prozent heißt, daß sich die Preise jedes Jahr verdoppeln; bei 200 Prozent verdreifachen, bei 300 Prozent vervierfachen sie sich. Aufgrund einer Inflation von 700 Prozent kostet ein Gerät, das in diesem Jahr noch für 1000 Mark zu haben ist, im nächste Jahr bereits 8000 Mark und wird das Jahr darauf bereits 64000 (!) Mark dem Käufer aus der Tasche ziehen – Preissteigerungen, die in dieser Größenordnung für den Bundesbürger heute kaum mehr vorstellbar sind.

Aber auch in Deutschland sind in der Geschichte des Geldes ähnliche und noch höhere Inflationen nichts Unbekanntes. Als nach dem Ersten Weltkrieg im November 1923 die hochinflationierte Reichsmark von der neu geschaffenen Rentenmark abgelöst wurde, entsprach eine Rentenmark dem unglaublichen Wert einer Billion (!) Reichsmark – eine Negativerfahrung, die vor allem den älteren Bürgern in der Bundesrepublik bis heute eine tiefsitzende Angst vor Inflation eingeprägt hat.

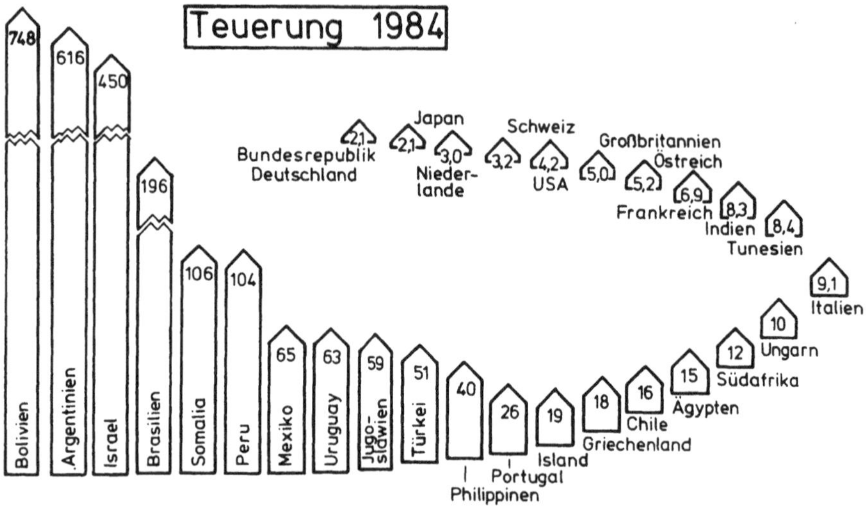

Abb. 14 Inflationsraten im internationalen Vergleich
Hohe Preissteigerungen sind ein seit Jahren international verbreitetes Phänomen. Besonders hart betroffen sind die Länder der Dritten Welt. Mit Inflationsraten von 400 bis mehr als 700 Prozent führen Bolivien, Argentinien, Israel und Brasilien die Teuerungsländer an. Eine Inflationsrate von 700 Prozent bedeutet, daß sich die Preise von Jahr zu Jahr verachtfachten! Eine Ware zum Preis von 1 000 DM kostet im folgenden Jahr bereits 8 000 DM, ein Jahr darauf bereits 64 000 DM.
Quelle: Globus-Kartendienst, entnommen aus DIE ZEIT vom 30.11.1984

Auch in der Teuerung nach dem Zweiten Weltkrieg, die jedoch bei weitem nicht diese Ausmaße angenommen hatte, tauschte sich die neue Deutsche Mark immerhin noch im Verhältnis eins zu zehn gegen die alte Reichswährung ein.

Preisstop

Angesichts solcher Dimensionen der Teuerung sind die immer wiederkehrenden Versuche zu verstehen, Inflation sozusagen unter Umgehung des Marktes mit Hilfe staatlich verordneter Preisstops aufzuhalten. Solche Versuche scheiterten jedoch regelmäßig, weil sie nicht Ursachen beseitigen, sondern nur Symptome kurieren. Ein Preisstop macht Inflation nur unsichtbar, er verhindert sie nicht. Schwarze Märkte sind die Folge. Die Güter verschwinden von den offiziellen Märkten und werden nur noch zu oft horrenden Preisen im Geheimen gehandelt. Nach außen scheint ein Preisstop die Inflation aufzuhalten, wohl müßte man besser sagen zurückzustauen. Doch dann bricht die Katastrophe herein, wenn der Preisstop wieder aufgehoben wird.

Ein anschauliches Beispiel liefert die jüngste Wirtschaftspolitik Jugoslawiens. Der Internationale Währungsfond (IWF) hatte 1984 vom praktisch zahlungsunfähigen Jugoslawien (für die Gewährung neuer Kredite) die Beendigung des 1983 administrativ verordneten Preisstops gefordert. Bereits die Ankündigung, daß der Preisstop in Kürze aufgehoben werden sollte, führte zu panikartigen Reaktionen der Bevölkerung:

„Seitdem grassiert in Jugoslawien ein in diesem Ausmaß nie gekanntes Kauffieber. Aus nicht unberechtigter Angst vor den preistreiberischen Folgen dieses

Schrittes, der die im Vorjahr bereits bei knapp 60 Prozent liegende Inflation – Jugoslawien hält damit Europarekord – möglicherweise auf dreistellige Höhen treiben könnte, suchen die Verbraucher noch schnell ihr flüssiges und hierzu von den Banken geliehenes Geld in Konsumgütern anzulegen. Die Kaufwut richtet sich insbesondere auf Güter des gehobenen Bedarfs. Tiefkühltruhen, Kühlschränke, Waschmaschinen, Elektroherde, Farbfernseher, Möbel und Teppiche gingen weg wie die berühmten ‚warmen Semmeln'.

Die zum Kauf angebotenen Bestände dieser Waren waren nur allzu bald erschöpft. Das lag allerdings nicht nur an der überschäumenden Kauflust der Konsumenten. Produzenten und Händler hielten ihrerseits in Erwartung der Preisfreigabe und damit fetterer Gewinne ihre Waren bewußt zurück oder gaben sie ‚unter dem Ladentisch' nur an bevorzugte Kunden ab"[14].

Bereits dieser kurze Einblick in das Wirtschaftsgeschehen eines Ostblocklandes macht deutlich, wie groß die inflationsbedingten Probleme sind, wenn der Staat administrativ auf die Preisbildung einzuwirken versucht. Übermäßige Inflation lastet wie ein böses Schicksal auf der Volkswirtschaft und erschüttert nicht selten das gesamte Rechts-, Wirtschafts- und Gesellschaftsgefüge eines Landes.

Deflation

So gefährlich allerdings Inflation für die Wohlfahrt eines Landes ist, sie muß sich hüten, in ihr Gegenteil, in *Deflation,* umzuschlagen. Dadurch entsteht ein vielleicht noch sehr viel größeres Problem. In der Bundesrepublik zum Beispiel sind die Inflationsraten zwischen 1981 und 1986 von 6,3 Prozent auf beinahe ein Prozent gefallen. Eine Fortsetzung dieser Entwicklung braucht aber nicht bei Null – bei Preisstabilität – haltzumachen. Dann aber steigen die Preise nicht mehr, sondern fallende Preise bestimmen die Wirtschaftslage. Das ist Deflation.

Sinkende Preise werden zwar vom Verbraucher gern gesehen. Sie erhöhen seine Kaufkraft und er kann sich für sein Geld mehr kaufen als zuvor. Aus der Sicht der Volkswirtschaft hingegen sind sinkende Preise nicht weniger gefährlich als steigende Preise. Fallende Preise bedeuten nämlich, daß Unternehmen für ihre Waren weniger erlösen, als sie zuvor an Arbeitsaufwand und Material hineingesteckt haben. Sie führen zu einer sukzessiven Entwertung der Vorratslager, aber auch der nicht verkauften Waren.

Die Gefahr droht, daß den Banken übereignete Warenbestände keine ausreichende Sicherung mehr bieten, so daß die Bonität (Kreditwürdigkeit) der Unternehmen leidet und Kredite womöglich vorzeitig gekündigt werden. Unternehmen, die sich hoch verschuldet haben, können wegen der verschlechterten Gewinnaussicht ihre Schulden nicht termingerecht zurückzahlen. Finanzschwache Betriebe reduzieren die Produktion oder stellen sie ganz ein oder gehen in Konkurs. Außerdem ist zu befürchten, daß sich selbst finanzkräftige Unternehmen, aber auch die Verbraucher mit ihren Käufen zurückhalten werden. Denn für sie ist nicht einzusehen, weswegen sie heute kaufen sollen, was morgen schon billiger zu haben ist und sich in Zukunft noch weiter verbilligen wird. Allgemeiner Nachfrageschwund breitet sich aus.

Um von den unverkäuflichen Lagerbeständen herunterzukommen, tun die Unternehmen volkswirtschaftlich gesehen genau das Falsche. Sie bieten ihre Pro-

---

[14] DIE ZEIT vom 27.4.1984

dukte zu immer niedrigeren Preisen an, womit sie die Abtriebskräfte der Deflation weiter verstärken. Die Wirtschaft gerät in einen Zustand allgemeiner Produktions- und Absatzlähmung. Die Konjunktur stagniert, das Sozialprodukt schrumpft, die Arbeitslosigkeit erhöht sich. Die Wirtschaft sinkt in einen Zustand tiefer Depression, einer Phase gesamtwirtschaftlicher Unterkühlung, die zwar im krassen Gegensatz zur Überhitzung der Inflation steht, von ihren Auswirkungen her gesehen aber keineswegs weniger gefährlich einzustufen ist.

Wie groß bereits die Gefahr einer Deflation für die Bundesrepublik in den kommenden Jahren gesehen wird, spiegelt der „Brief" eines finanzpolitischen Insiders, des ehemaligen Bankiers Johann Philipp Freiherr von Bethmann, wider. In zwei aufeinander folgenden großformatigen Anzeigen unternimmt er, wie er schreibt, den „vorläufig letzten Versuch, die Verantwortlichen zur späten Einsicht zu bringen und die Öffentlichkeit vor dem Unvermeidlichen zu warnen". Unter der Überschrift „Was bedeutet es, wenn Preise und Zinsen fallen?" beschwört er die Wirtschaftspolitiker in einer Eindringlichkeit, die lohnt, hier (auszugsweise) zitiert zu werden:

„Bedeutet es wirklich – mehr Aufschwung? – mehr Umsatz? – mehr Wachstum? – mehr Kaufkraft? – (was ist das eigentlich?) – mehr Beschäftigung? – mehr Wohlstand? –

Stimmt das? – Ich sage nein, dreimal nein! –

Wer das alles heute behauptet, hat wenig darüber nachgedacht und hat vor allem noch nie etwas gehört von Deflation. Fallende Preise und Zinsen – das ist nämlich

Deflation.

Deflation aber bedeutet – weniger Nachfrage! (auf die kommt es aber an!) – weniger Umsatz! – weniger Wachstum! – weniger Aufschwung! – weniger Einkommen! – Darum auch – weniger Wohlstand! Dafür aber – noch mehr Pleiten! – noch weniger Beschäftigung! – also noch mehr Arbeitslosigkeit!"[15].

So ist die konsequente Bekämpfung sowohl der Inflation als auch der Deflation nicht nur eine der wirtschaftspolitisch wichtigsten Aufgaben einer Regierung, sondern auch eine gesellschaftspolitisch zu stellende Forderung ersten Ranges.

[15] Gefunden in: Frankfurter Rundschau vom 15.3.1986

Teil III
Wirtschaftspolitik: In der Magie des Vierecks

Wachstum und Konjunktur: Das Auf und Ab des Sozialprodukts

Mit dem Begriff Wirtschaftswachstum hätte um die Jahrhundertwende und auch Jahre später kaum ein Ökonom, schon gar kein Politiker viel anzufangen gewußt. Man sprach immer nur von Konjunktur, wenn man das Auf und Ab der wirtschaftlichen Entwicklung meinte. Heute beherrscht Wachstum der Volkswirtschaft das Denken der politisch Verantwortlichen. Vom Wachstum der Wirtschaft erhofft man sich mehr Wohlstand, mehr Komfort, mehr Annehmlichkeit, mehr Konsumgenuß, aber auch mehr Beschäftigungsmöglichkeiten und mehr Nahrungsmittel für die rapide wachsende Weltbevölkerung. Denn Wachstum steht als Synonym für Fortschritt, für Vorwärtskommen, sich einem Ziel auf höherer Ebene nähern. So gesehen ist Fortschritt aufs engste mit Entwicklung, Verbesserung, Modernität und eben auch mit Wohlstand verbunden; ja, er wird landläufig für ein und dasselbe gehalten.

Wachstum birgt aber auch Gefahren in sich, wenn es – zum Fetisch geworden – den Menschen im kämpferischen Wettbewerb zu immer mehr Fortschritt treibt. Denn mit den „Erfolgen" des technologisch wirtschaftlichen Fortschritts werden auch seine Grenzen sichtbar. Die über Jahrzehnte gewachsene Zuversicht, durch den schrankenlosen Einsatz aller nur denkbaren Technologien in der Industrie, im Agrarbereich, in der Medizin und im „Umgang mit dem täglichen Leben" auch alle Probleme dieser Erde lösen zu können, hat unübersehbare Risse bekommen. Die Grenzen sind das Problem des Wachsens. Nicht erst seit der zunehmenden Umweltübernutzung, der sich dramatisch zuspitzenden Bedrohung des pflanzlichen, tierischen und eben auch menschlichen Lebensraumes durch Naturzerstörung, Abfallanhäufung, Wasser-, Boden- und Luftverschmutzung wird erkennbar, daß sich ein Traum zu Ende neigt: der Traum von der Übereinstimmung von technologischem Fortschritt, wirtschaftlichem Wachstum und menschlichem Wohlergehen.

Allein schon mathematisch steckt im Begriff des Wachsens ein unüberwindliches Phänomen. Was wächst wird groß – und stößt an Grenzen. Die Dynamik des Wachsens ist ungeheuer, wenn auch die Zuwächse weiter wachsen. Zu welch überraschenden Ergebnissen dies führt, sollen zwei Beispiele verdeutlichen.

In einem Kinderrätsel wird folgende Frage gestellt: Wenn in einem Teich eine Seerose wächst, daß sie jeden Tag doppelt so viel Wasseroberfläche bedeckt wie tags zuvor und wenn nach 60 Tagen die gesamte Oberfläche des Teichs bedeckt ist – nach wieviel Tagen war nur die Hälfte des Teichs bedeckt? Die Antwort ist verblüffend einfach, natürlich nach 59 Tagen. Aber hätten Sie's auf Anhieb gewußt. Der letzte Tag genügt, um die Hälfte des Teiches zuwachsen zu lassen. Die beiden letzten Tage sind sogar für 75 Prozent des Wachstums der Seerose verantwortlich.

Um das Ganze wieder auf die Ebene der Volkswirtschaft zu heben, das zweite Beispiel, das wir bereits beim Zinseszinseffekt angesprochen hatten: Eine wirtschaftspolitisch angestrebte Wachstumsrate von nur vier Prozent hat zur Folge, daß sich die wirtschaftliche Leistung bereits alle 18 Jahre verdoppeln muß. Was das in Wirklichkeit bedeutet, hängt aber ganz entscheidend von den Basisgrößen ab, auf die sich das Wachstum bezieht. Noch vor 25 Jahren hätten vier Prozent Wachstum mit zwölf Milliarden Mark erreicht werden können. Heute, Mitte der achtziger Jahre, benötigt man für das gleiche Ziel fast 80 Milliarden Mark, mehr als sechs mal so viel. Woran das liegt? Vor 25 Jahren betrug die Basisgröße, das Sozialprodukt, 300 Milliarden Mark; heute sind es fast 2000 Milliarden Mark. Zwölf Milliarden gegen 80 Milliarden für vier Prozent Wachstum – woher sollen sie kommen?

Die Erde jedenfalls hat in dieser Zeit nicht zugenommen; sie wurde nur intensiver ausgebeutet. Aber geht das immer so weiter? Diese Frage sollte sich jeder politisch Verantwortliche stellen, bevor er anhaltendes Wirtschaftswachstum als die alleinige Lösung für alle gesellschaftlichen Probleme fordert.

Mit einigen Aspekten, die sich daraus vor allem aus ökologischer Sicht ergeben, befassen wir uns im letzten Abschnitt dieses Buches. Fragen wir hier also nur, was denn Wirtschaftswachstum ist, wie die Wirtschaft wächst und woran man merkt, daß sie wächst.

Was ist Wirtschaftswachstum?

Wenn von Wirtschaftswachstum die Rede ist, dann bezieht sich dies in aller Regel auf das „Sozialprodukt", der Summe aller im Land erzeugten Waren und Dienstleistungen. In der wirtschaftswissenschaftlichen Symbolsprache bezeichnet man es zumeist mit Y. Im Jahre 1984 betrug das Sozialprodukt (genauer gesagt, das Bruttosozialprodukt) eine Billion siebenhundertdreiundfünfzig Millarden siebenhundert Millionen Deutsche Mark – eine ganz schöne „Leistung", könnte man meinen. Die Arbeit eines ganzen Volkes, ausgedrückt in einer einzigen Zahl, auf einige hunderttausend Mark genau berechnet – ein Muster an Präzision – so scheint es jedenfalls.

Aber was verbirgt sich hinter dieser Zahl? Eine Menge Unbekanntes, Unpräzises, Heterogenes; eine Vielzahl äußerst unterschiedlicher, im Grunde nicht vergleichbarer Dinge. Als isolierter DM-Betrag hat das Sozialprodukt noch keinen wirklichen Aussagewert, bestenfalls im quantitativen Vergleich mit anderen Ländern oder früheren Zeiträumen. Nur mit Vorbehalt läßt sich damit Konjunktur beobachten oder Wirtschaftswachstum messen. Es gewinnt seinen Aussagewert erst durch den Einblick in seine innere Zusammensetzung, mit der wir uns denn auch im nächsten Kapitel ausführlicher beschäftigen werden.

Gleichwohl, das Sozialprodukt gilt in der Wirtschaftspolitik als der allgemein gebräuchliche Indikator für die Leistungsfähigkeit der Wirtschaft und auch für die Mehrung des Wohlstands eines Volkes. Ob sein Wohlstand aber zugenommen oder abgenommen hat, davon merkt der Bürger zunächst einmal nichts. Dies sagt ihm erst die vom Statistischen Bundesamt herausgegebene Sozialproduktstatistik. Was also ist „Wachstum" – statistisch gesehen?

Im allgemeinen wird von Wirtschaftswachstum gesprochen, wenn das Sozialprodukt Y am Ende einer Periode, in der Regel eines Jahres, größer ist als das Sozialprodukt des Vorjahres, so zum Beispiel:

$$Y_{1985} > Y_{1984}$$

Meßzahl des Wachstums ist die „Wachstumsrate", die aussagt, um wieviel Prozent das Sozialprodukt, hier des Jahres 1985, größer geworden ist als das Sozialprodukt von 1984. Die entsprechende Formel dazu lautet (w = Wachstumsrate):

$$w = \frac{Y_{1985} - Y_{1984}}{Y_{1984}} \cdot 100$$

Magisch fixiert auf diesen Begriff ist in der politischen Alltagssprache selbst dann von Wachstum die Rede, wenn überhaupt nichts wächst, wenn also beide Werte von einem Jahr zum anderen gleichgeblieben sind. Von „Nullwachstum“ ist dann die Rede oder sogar von „Minuswachstum“, wenn das Sozialprodukt im Vergleich zum Vorjahr zurückgegangen ist. So einfach geht das. Die Wirtschaft „wächst“ immer, selbst wenn sie stagniert oder schrumpft.

Die Wirtschaftswissenschaft setzt diesen Begriff allerdings genauer ein. Sie versteht unter Wachstum die länger anhaltende Zunahme des Sozialprodukts, eine Entwicklung über viele Jahre hinweg; im Gegensatz zum Begriff der „Konjunktur“, mit der das kurzfristige Auf und Ab des Sozialprodukts in einem Zeitraum von etwa drei bis fünf Jahren zum Ausdruck kommt. Folgt also das Sozialprodukt auf lange Sicht einem Aufwärtstrend, wird es auf Dauer immer größer, dann „wächst“ die Volkswirtschaft. Die kurzfristigen, konjunkturell bedingten Schwankungen winden sich dann als Wellen um den langgestreckten Wachstumspfad und geben dem Ganzen ein Aussehen, wie dies in Abbildung 15 schematisch dargestellt ist.

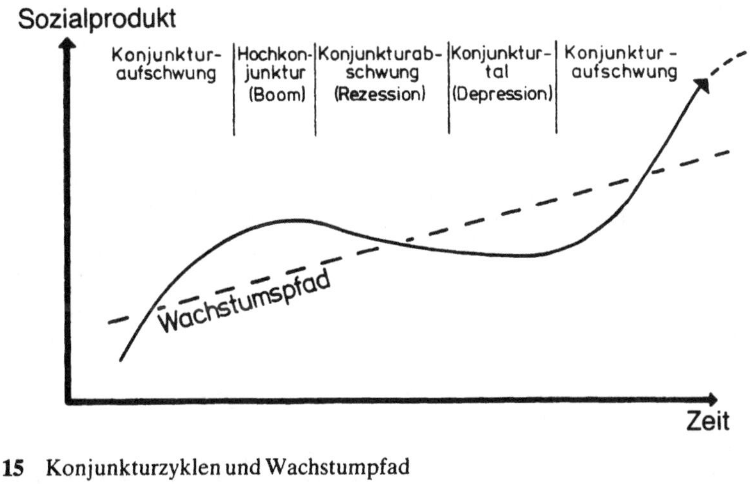

Abb. 15 Konjunkturzyklen und Wachstumpfad

Folgt das Sozialprodukt einem dauerhaften Aufwärtstrend, dann „wächst“ die Volkswirtschaft. Die kurzfristigen, konjunkturell bedingten Schwankungen des Sozialprodukts „winden“ sich als Wellen um den Wachstumspfad. Man unterscheidet vier Phasen der konjunkturellen Entwicklung: Konjunkturaufschwung, Hochkonjunktur (Boom), Konjunkturabschwung (Rezession), Konjunkturtal (Depression).

Vier Phasen des Konjunkturverlaufs

Der Verlauf der Konjunkturzyklen teilt sich, wie wir sehen, in vier Phasen, die allerdings in der Realität längst nicht immer genau in dieser Form vorzufinden sind. Was während dieser Phasen im einzelnen vor sich geht, läßt sich – mit aller Vorsicht – etwa so skizzieren:

Im *Konjunkturaufschwung* setzt eine Steigerung der volkswirtschaftlichen Produktion ein. Sie wird zum Beispiel verursacht von einer regen Investitionstätigkeit der Unternehmen oder lebhafter Nachfrage auf Seiten der Verbraucher. Bisher unausgelastete Produktionsanlagen werden besser genutzt, so daß der hohen Konsum- und Investitionsgüternachfrage durch entsprechende Produktion begegnet werden kann, ohne daß die Preise steigen.

Mit einer gewissen Verzögerung werden wieder mehr Arbeitskräfte eingestellt, die Beschäftigungslage bessert sich, eventuell vorhandene Arbeitslosigkeit geht zurück. Die jährlichen Zuwachsraten des Sozialprodukts sind vergleichsweise hoch.

Die Phase der *Hochkonjunktur*, auch als Boom bezeichnet, ist durch volle Auslastung der Produktionskapazität gekennzeichnet. Es stellen sich zunehmend Engpässe ein, weil sich die Produktion zunächst nicht weiter steigern läßt. Die Beschäftigten machen Überstunden, um die nach wie vor hohen Kaufwünsche der Verbraucher zu befriedigen. Die dadurch entstehenden zusätzlichen Kosten verursachen zusammen mit der anhaltenden Übernachfrage der Konsumenten allgemeine Preissteigerungen. Höhere Inflationsraten sind die Folge. Der Arbeitsmarkt erreicht Vollbeschäftigung. Häufig herrscht sogar Mangel an Arbeitskräften. Die Gewerkschaften setzen hohe Lohnforderungen durch, weswegen auch aus diesem Grund die Kosten der Produktion weiter steigen.

Um eine weitere Überhitzung der Konjunktur zu verhindern, greift spätestens in dieser Lage die Regierung ein, um den Boom zu bremsen. Restriktive Wirtschaftspolitik, vermehrt auftretende Kapazitätsengpässe, Kosten- und Preissteigerungen bewirken ein Nachlassen der Produktion, zumeist begleitet von einem Rückgang der unternehmerischen Investitionstätigkeit. Der Zuwachs des Sozialprodukts verlangsamt sich, der obere Wendepunkt des Konjunkturverlaufs ist erreicht.

Nun setzt der *Konjunkturabschwung* ein, ebenso bekannt unter der Bezeichnung Rezession. Die Zuwachsraten gehen weiter zurück oder sinken sogar unter Null, werden also negativ, so daß das Sozialprodukt absolut abnimmt. Zumeist beginnt diese Phase mit einem Rückgang der Investitionstätigkeit in der Investitionsgüterindustrie, der Auftragsmangel, Kurzarbeit und Entlassung von Mitarbeitern nach sich zieht. Verringerte Einkommenszuwächse der Beschäftigten führen zu nachlassender Konsumnachfrage, weswegen die Produktion auch in der Konsumgüterindustrie abnimmt. Folge: auch dort Kurzarbeit und Entlassungen. Der Anstieg der Arbeitslosigkeit verstärkt den Rückgang der gesamtwirtschaftlichen Nachfrage. Dies wiederum beeinträchtigt die Gewinnaussichten der Unternehmer, die daraufhin ihre Investitionen weiter einschränken. Die Abtriebskräfte verstärken sich.

Sinkende Produktion, nachlassende Nachfrage und Rückgang der Investitionstätigkeit lähmen die wirtschaftliche Entwicklung und verstärken die Arbeitslosigkeit. Die Stückkosten steigen, weil Produktionsanlagen immer weniger ausgelastet sind und die Betriebe ihre Produkte unverkäuflich auf Lager halten müssen. Obwohl in dieser Phase der Nachfrageschwäche die Überwälzung der steigenden Stückkosten auf die Preise sehr erschwert ist, kommt es nicht unbedingt auch zu einer Verlangsamung des Preisauftriebs, was an sich die „natürliche" Folge wäre. Der Kostendruck der Unternehmen steigt, die Gewinnrate, d.h. der Gewinn bezogen auf das eingesetzte Kapital (Rendite), sinkt. Aufgrund der immer geringeren Auslastung beginnen die Betriebe, einige Anlagen ganz oder teilweise stillzulegen. Dies führt zu Kurzarbeit oder noch mehr Entlassungen. Die Arbeitslosigkeit steigt weiter an.

Danach mündet der Konjunkturverlauf in die am meisten gefürchtete Phase der *Depression*. In der „Talsohle" der wirtschaftlichen Entwicklung stehen die Räder zwar nicht still, aber sie drehen sich doch erheblich langsamer. Die Produktion hat ihr niedrigstes Niveau erreicht. Unterbeschäftigung, d.h. Kurzarbeit und Arbeitslosigkeit, erreichen ihren Höhepunkt, die private Nachfrage sinkt auf ihren Tiefststand. Die Inflation ist tendenziell rückläufig, wenn auch, wie die jüngste Vergangenheit lehrt, Preissteigerungen durchaus mit hoher Arbeitslosigkeit Hand in Hand gehen können. In dieser Phase ist das gesamte wirtschaftspolitische Handeln des Staates und der Zentralbank darauf gerichtet, den Schrumpfungsprozeß nicht nur zum Stillstand zu bringen, sondern die Konjunktur durch geeignete wirtschaftspolitische Maßnahmen für einen neuen Aufschwung wieder anzukurbeln.

Diese etwas schematisierte Darstellung der vier Konjunkturphasen läßt sich in Wirklichkeit natürlich nicht ganz so eindeutig abgrenzen. Nicht nur Bürger als Betroffene oder Politiker als staatlich Verantwortliche, auch die mit der Materie vertrauten Wissenschaftler tun sich im allgemeinen schwer, den genauen Zeitpunkt festzustellen, wann denn ein Aufschwung beginnt, wann er in die Überhitzung der Hochkonjunktur übergeht oder wann die Abkühlung zu einer Rezession oder Depression eingesetzt hat.

Ganz sicher verläuft auch der Wachstumstrend nicht so gleichmäßig linear nach oben, wie die Abbildung vermuten lassen könnte. Vielmehr folgt auch er langphasigen Entwicklungswellen, die allerdings wesentlich länger dauern als die kurzfristigen Konjunkturzyklen.

Kreative Zerstörung

In Wirklichkeit sind Konjunkturschwankungen und Wachstumswellen nur schwer zu unterscheiden und bis heute ist die Frage, ob beide Entwicklungen dieselbe oder verschiedene Ursachen haben, nicht eindeutig geklärt.

Bereits Joseph Alois Schumpeter (1883-1950) erkannte, daß sich die wirtschaftliche Entwicklung auch langfristig „in Stößen" vollzieht, wobei er den Aufschwung vor allem als das Ergebnis unternehmerischer Dynamik sah. Risikofreudige Unternehmer nützen die Gunst der Stunde, indem sie Erfindungen und neues technisches Know how in wirtschaftliche Aktionen umsetzen, die ihnen Vorteile vor der Konkurrenz verschaffen (Innovationseffekt). Mit zeitlicher Verzögerung ahmen andere Unternehmer die Neuerungen nach (Imitationseffekt), so daß sich der Prozeß der Entwicklung sprunghaft beschleunigt und auf ein hohes wirtschaftliches Niveau katapultiert.

Immer sind technologische Neuerungen die erste Ursache. Neue, bessere Anlagen und Produktionsprozesse treten an die Stelle der alten mit überholter Technik und lösen einen unerbittlichen Verdrängungswettbewerb aus, wie ihn George Gilder in seinem Buch „Reichtum und Armut" anschaulich beschreibt: „Der Kampf tobt also zwischen Vergangenheit und Zukunft, zwischen den Industrien, die heute florieren und denen, die diese morgen verdrängen werden. Er wird geführt von den alteingesessenen Produzenten mit bewährten Technologien und Kapitalstrukturen und den Unternehmungen, die all das vielleicht morgen wertlos machen werden. Die heute vielleicht noch nicht existieren oder höchstens als

Schatten von Ideen, Ambitionen, Forschungsprojekten oder in Form von vorsorglich gegründeten Firmen manifestieren, die aber aufsteigen müssen, wenn die Wirtschaft wachsen und aufblühen soll"[16].

„Kreative Zerstörung" nannte Schumpeter diesen Wesenszug der auf permanentem Wachstum angelegten Produktionsweise kapitalistischer Wirtschaftssysteme: „Kreative Zerstörung ist der hervorstechenste Wesenszug des Kapitalismus. Der Kapitalismus kann niemals stillstehen. Die größten Impulse zieht die kapitalistische Maschinerie aus den neuen Konsumgütern, den neuen Produktionsverfahren, den neuen Märkten und den neuen Formen industrieller Organisation, welche die kapitalistische Wirtschaft selbst hervorbringt"[17].

So ließ Sir Henry Bessemer noch ganz unter dem Eindruck seiner revolutionären Erfindung eines neuen Verfahrens zur Massenfabrikation von Stahl, einen solchen kreativen Zerstörungsprozeß vorausahnen, als er 1854 nach seinen ersten erfolgreichen Versuchen schrieb: „Gleichsam auf einen Blick sah ich vor meinen geistigen Augen, wie die großen Eisenwerke in aller Welt unter der Wucht der neuen Entwicklung einstürzten. Dieses Versuchsergebnis war das vernichtende Urteil und weder die technischen Erfahrungen der letzten 150 Jahre noch die vielen in die bestehenden Werksanlagen investierten Millionen könnten dieses Urteil aufheben"[18].

Bessemer sollte Recht behalten. Sein neues Verfahren verurteilte alle vorherigen zur Unwirtschaftlichkeit. Bereits Ende des 19. Jahrhunderts schmolzen in den Vereinigten Staaten nahezu 85 Prozent der Stahlwerke nach dem Bessemer-Verfahren. Doch auch das Bessemer-Verfahren fand bald seinen Meister. Bereits 1910 setzte sich das Siemens-Martin- oder Open-Hearth-Verfahren durch, das seitdem Zweidrittel der amerikanischen Stahlerzeugung beherrscht.

Kapitalakkumulation

Ähnliche Gewalten, wenn auch in einem ganz anderen, äußerst sozialkritischen Sinne, sah Karl Marx (1818-1883) in der kapitalistischen Wirtschaftsweise am Werk. Er, der die weltweite Wirkung seiner Lehre selbst nicht mehr erlebte, leitete aus diesen Erkenntnissen seine revolutionäre Wirtschaftstheorie ab, auf die sich heute mehr als ein Drittel der Weltbevölkerung beruft (zumindest deren politische Führung). Kernpunkt seines Gedankengebäudes war das Bild eines Entwicklungsprozesses, in dessen Verlauf die soziale Revolution unausweichlich aus der Asche des sich selbst zerstörenden kapitalistischen Systems hervorsteigen werde.

Denn, so argumentierte Karl Marx, der Kapitalismus wird in seiner ungeheuren Dynamik zu einer immer größeren Anhäufung (Akkumulation) von Kapitalwerten führen. Gleichzeitig verelendet das Proletariat durch Ausbeutung im Arbeitsprozeß. Im Zuge dieser Entwicklung häuft sich der Kapitalbesitz immer weiter an. Eine immer größere Zahl von Gütern wird erzeugt, die aber auf eine viel zu geringe Nachfrage stößt, weil die Produktion schneller steigt als die Lohneinkommen. Außerdem stellt sich ein Rationalisierungseffekt ein. Durch neue und bessere Maschinen können Arbeiter „freigesetzt" werden, wodurch deren Nach-

---

16 Zitat aus: Gilder, G.; Reichtum und Armut, München 1981, S. 258

17 Schumpeter, J.; „Capitalism Socialism and Democracy", New York 1962; zitiert nach Gilder, G. „Reichtum und Armut", München 1981, S. 259

18 Zitiert nach: Gilder, G.; „Reichtum und Armut", München 1981, S. 251

frage wegfällt. So entsteht auf zweierlei Weise eine Phase der Überproduktion, die zwangsläufig zu einem Absatzeinbruch führt. Die Produktion stagniert oder geht zurück; das System gerät in eine Wirtschaftskrise.

Da die zahlreichen Arbeitslosen einen starken Lohndruck aufeinander ausüben, so daß sie sich zu immer niedrigeren Löhnen verdingen müssen, sinken die Kosten der Produktion. Infolgedessen steigt die Profitrate wieder, was die Kapitaleigner zu einer erneuten Steigerung der Produktion anregt. Es werden wieder mehr Arbeiter eingestellt, ein neuer Aufschwung beginnt.

Ein ständiger Wechsel von Aufschwung und Krise ist die Folge, wodurch das Existenzminimum der Lohnarbeiter immer weiter heruntergedrückt und die Kapitalakkumulation immer weiter nach oben getrieben wird. Kleinere und mittlere Betriebe fallen dem krisenhaften Wechsel eher zum Opfer als Großbetriebe: Das Kapital konzentriert sich zunehmend in den Händen weniger großer Unternehmen (Expropriation der Expropriateure).

Wachsende Armut der Arbeiterschaft auf der einen (Verelendungstheorie) und wachsender Kapitalbesitz auf der anderen Seite (Konzentrationstheorie) verschärfen die Gegensätze. In seiner Einsichtslosigkeit treibt der Kapitalismus die Gegensätze hemmungslos weiter, so daß das System am Ende zusammenbricht (Revolutionstheorie). Der Kapitalismus vernichte sich im Grunde selbst.

Wie kritisch man auch der Marx'schen Lehre gegenüberstehen mag, unstreitig ist, daß die kapitalistische Wirtschaftsweise an Wirtschaftskrisen nicht vorbeikommt. Unstrittig ist aber auch, daß vor allem die Innovationsschübe aus Wissenschaft und Technik dem Wachstum immer wieder Auftrieb gegeben haben. Ihre Gefahren treten denn auch heute weniger im gesellschaftlichen als vielmehr im ökologischen Bereich zutage.

Das „magische Viereck“

Ob das Schumpeter'sche Vertrauen in die „schöpferische Zerstörungskraft“, die der Marktwirtschaft die alles entscheidenden Impulse zum Wachstum gibt, oder die sozialkritische Skepsis von Karl Marx, die dem kapitalistischen Wirtschaftssystem den unvermeidbaren Untergang prophezeit, der Wahrheit näher kommt, muß vorläufig noch offen bleiben. Der Kapitalismus lebt, der Sozialismus aber auch; daran ist nicht zu zweifeln. Offensichtlich sind beide Gesellschaftssysteme lebensfähig.

Und dennoch: Nicht erst die seit Ende der siebziger Jahre anhaltende Beschäftigungskrise mit ihren weltweit steigenden Arbeitslosenzahlen, die Verschuldungs- und Armutskrise in den Ländern der Dritten Welt, die nicht enden wollende Überflußproduktion im EG-Agrarbereich verunsichern den Glauben an die Selbstheilungskräfte des Marktes. Auch die heute noch nicht zu übersehenden Folgen der Umweltkrise, auf die die Menschheit unaufhaltsam zuzusteuern scheint, nähren diese Zweifel. Daß der Markt nicht alles aus eigener Kraft zu lösen vermag, was an wirtschaftlichen sozialen und ökologischen Problemen ansteht, sondern daß er gravierende Probleme auch selber schafft, solche Skepsis schlug sich – wenn auch (leider) nicht in diesem umfassenden Sinne – bereits vor mehr als zwanzig Jahren in der Gesetzgebung nieder. Im sogenannten „Stabilitätsgesetz“ wird der Staat, das heißt die Regierung von Bund und Ländern, wirtschaftspolitisch in die Pflicht genommen:

„Bund und Länder haben bei ihren wirtschafts- und finanzpolitischen Maßnahmen die Erfordernisse des gesamtwirtschaftlichen Gleichgewichts zu beachten. Die Maßnahmen sind so zu treffen, daß sie im Rahmen der marktwirtschaftlichen Ordnung gleichzeitig zu Stabilität des Preisniveaus, zu einem hohen Beschäftigungsstand und außenwirtschaftlichem Gleichgewicht bei stetigem und angemessenem Wirtschaftswachstum beitragen"[19]. So der Gesetzestext zur Förderung der Stabilität und des Wachstums vom 8. Juni 1967 (§ 1).

Mit anderen Worten, die Regierung hat mit geeigneten Maßnahmen die Kräfte des Marktes so zu steuern, daß vier Zielsetzungen gleichzeitig mit Erfolg angegangen werden: Die Arbeitslosigkeit so niedrig wie möglich zu halten, die Preise zu stabilisieren und die Zahlungsbilanz auszugleichen. Darüber hinaus hat sie dafür Sorge zu tragen, daß die Wirtschaft stetig und angemessen wächst, das reale Sozialprodukt also immer weiter zunimmt. Von daher rührt auch die etwas ironisch gemeinte Bezeichnung des „magischen" Vierecks: Vollbeschäftigung, Preisstabilität, Zahlungsbilanzausgleich und Wirtschaftswachstum jedes für sich anzustreben, ist schon schwierig genug. So etwas auch noch für alle vier Ziele gleichzeitig erreichen zu wollen, das grenzt schon ein wenig an Zauberei. Und die jüngere Wirtschaftsgeschichte zeigt dann auch mehr als deutlich, daß die Politik hier überfordert ist.

Das Sozialprodukt: Maßstab für Wachstum und Wohlstand?

Das Sozialprodukt ist „ins Gerede" gekommen. Bereits die Popkultur hat sich seiner bemächtigt: „Wenn früh am Morgen die Werksirene dröhnt / und die Stechuhr beim Stechen lustvoll stöhnt / in der Montagehalle die Neonsonne strahlt / und der Gabelstapelführer mit der Stapelgabel prahlt / ja, dann wird wieder in die Hände gespuckt / wir steigern das Bruttosozialprodukt!"

Was hier die Rockgruppe „Geier Sturzflug" ironisch „auf die Schippe" nimmt, die Steigerung des Sozialprodukts, ist für den Ökonomen eine in erster Linie mathematische Sache, die sich – wie schon erwähnt – in einer rein statistischen Zahl niederschlägt, einem schlichten Prozentwert, der die mengenmäßige Veränderung der Sozialproduktsgrößen zwei aufeinanderfolgender Perioden zum Ausdruck bringt.

Aber was ist das, das Sozialprodukt? Und *was* wächst da eigentlich? „Das Sozialprodukt gibt in zusammengefaßter Form ein Bild der wirtschaftlichen Leistung der Volkswirtschaft" (der Sachverständigenrat). Aber was heißt das „wirtschaftliche Leistung" und vor allem, wie mißt man sie? Gleich drei Wege führen hier zum Ziel.

Die moderne Industriewirtschaft bringt eine Vielzahl unterschiedlicher Güter hervor: Fernseher, Kühlschränke, Zahnpasta, Schmerztabletten, Autos, Möbel, Panzer und Schiffe, aber auch Dienstleistungen wie Ferienreisen, Schulausbildung und Lebensversicherungen. Man nennt dies die gesamtwirtschaftliche Produktion. Das ist der erste Weg, auf dem man durch Addition der geschaffenen

[19] Gesetz zur Förderung der Stabilität und des Wachstums vom 8. Juni 1967 (§ 1). Bereits das am 14. August 1963 verabschiedete „Gesetz über die Bildung eines Sachverständigenrates zur Begutachtung der gesamtwirtschaftlichen Entwicklung" hatte eine fast gleichlautende Formulierung.

Güter, bzw. ihrer Werte zum Sozialprodukt des Landes kommt. Auf der anderen Seite werden Einkäufe getätigt, Dienste in Anspruch genommen, Wertpapiere erworben, Sparguthaben angelegt. Das ist der zweite Weg, über Konsumtion und Vermögensbildung das Sozialprodukt darzustellen. Darüber hinaus werden Gehälter und Löhne bezogen, Gewinne gemacht, Zinsen eingenommen, im weitesten Sinne also Einkommen erzielt. Dies ist der dritte Weg, der über das Volkseinkommen der Bevölkerung führt.

Das Problem besteht nun darin, all diese sehr verschiedenartigen Dinge auf einen gemeinsamen Nenner zu bringen. Aber wie soll das gehen? Zählen wir da nicht ständig Äpfel und Birnen zusammen?

Wie so oft, die gemeinsame Basis ist das Geld. Etwas ähnliches hatten wir bereits bei den Kosten und bei der Inflation kennengelernt. Auch dort ging es darum, Güter verschiedenster Art in einer Summe zusammenzufassen und damit vergleichbar bzw. „addierbar" zu machen. Die Dimension „Geld" hilft also auch beim Sozialprodukt. Eine besondere Rolle spielt hierbei allerdings die Zeit.

Produktion und Zeit

Die Herstellung von Gütern geschieht ja nicht plötzlich, sozusagen auf einen Schlag. Sie entspringt mehr einem Vorgang, der eine zeitliche Tiefe aufweist, die im Grunde „endlos" in die Vergangenheit zurückreicht. Kein Produkt entsteht aus dem Nichts. An jedem Gut sind andere Produkte, Rohstoffe, Material, vorgefertigte Teile und Bearbeitungsmaschinen beteiligt, die bereits in vorgelagerten Stufen hergestellt oder gefördert wurden. Und auch diese haben ihre Vorläufer gehabt. Gedanklich läßt sich diese Kette immer weiter zurückverfolgen, ohne jemals an ein Ende zu stoßen. Den „Urvater" eines Produktes muß man wohl in den biblischen Zeiten von Adam und Eva suchen.

Auf überaus anschauliche und amüsante Weise beschreibt der englische Nationalökonom und Nobelpreisträger von 1972, J. R. Hicks, die verschlungenen Pfade eines solchen Entstehungsprozesses am Beispiel einer Scheibe Brot, die der Leser genüßlich zum morgendlichen Frühstück verzehrt. (Man möge sich nicht daran stören, daß sich das gedankliche Ereignis zu Beginn der sechziger Jahre abspielt, als Pferde auf dem Acker noch nicht zu den Raritäten unseres modernen Lebens zählten): „An einem bestimmten Tag ißt der Leser des vorliegenden Buches vermutlich ein Stück Brot zum Frühstück. Dieses Stück Brot hat seine Geschichte. Zwei oder drei Tage vorher hat es ein Bäcker gebacken, hauptsächlich aus Mehl. Einige Wochen früher ist der Weizen – höchstwahrscheinlich eine Mischung aus überseeischen und einheimischen Sorten – gemahlen worden. Dieser Weizen wurde vermutlich im Jahre 1961 geerntet. Ein paar Monate vor der Ernte wurde der Weizen gesät und vor der Aussaat der Boden gepflügt. Wenn wir jetzt diese einfachen Vorgänge – vom Pflügen der Felder bis zur Lieferung des Brotes – in zeitlicher Reihenfolge anordnen, dann sehen wir, daß der Prozeß vom Anfang bis zu seinem Abschluß fast ein volles Jahr in Anspruch nimmt. Oft wird er sogar noch länger dauern. Dies ist aber keineswegs die ganze Geschichte.

Auf jeder Stufe des dargestellten Prozesses – beim Pflügen, Säen, Ernten, Dreschen, Mahlen und Backen – wurde Kraft (Energie) bzw. Brennstoff benötigt. Vielleicht dienten zum Pflügen nur die guten alten Pferde; auf jeden Fall aber müssen sie gefüttert werden; also braucht man Futtermittel. Der Anbau des Pferdefutters verlegt den Beginn des ganzen Prozesses um einige Monate zurück. Vielleicht aber wurde auch ein Traktor eingesetzt. Traktoren brauchen Rohöl, so daß die Gewinnung und Verarbeitung des Öls und sein Transport zum Bauernhof (das dauert wieder mindestens ein bis zwei Monate) den Produktionsprozeß des Brotes weiter verlängern. Das gleiche gilt für die Energie (jeder Art), die beim Ernten, Dreschen, Mahlen eingesetzt wird; ebenso für die Kohle oder die elektrische Energie, die der Bäcker verbraucht. Natürlich laufen viele dieser zuletzt erwähnten Prozesse zur gleichen Zeit nebeneinander; insoweit verlängern sie die gesamte Produktionszeit nicht. Trotzdem müssen wir, wenn wir die Energieverwendung einbeziehen, im ganzen eher mit zwei Jahren als nur mit einem rechnen.

Aber auch das ist noch nicht alles. Der Traktor, die Dreschmaschine, die Schiffe, mit denen der Weizen aus Übersee transportiert wird, der Getreidespeicher, in dem er gelagert wird, das Mahlwerk der Mühle, sogar der Backofen – alle diese Hilfsmittel mußten irgendwann hergestellt werden, und sie wurden nur deswegen hergestellt, weil man erwartete, daß sie bei der Broterzeugung von Nutzen seien. Selbstverständlich kann ein kleines Stück Brot diese gewaltigen Vorbereitungen nicht allein in Bewegung setzen; aber jenes Stück, zusammen mit Millionen anderen, ist ein hinreichender Grund dafür, daß Traktoren, Silos, Backöfen und dergleichen entstehen. Diese komplizierten Maschinen und Geräte sind tatsächlich alle als Teil des Prozesses der Brotproduktion hergestellt worden“[20].

Dieses hübsche Beispiel macht deutlich, wie auf jeder Stufe der Produktionsprozesse bereits vorher Arbeiten zu leisten waren, ohne die das Endergebnis, hier der Laib Brot, nicht hätte entstehen können. Damit wird aber auch sichtbar, wie schwierig es ist, die Leistung einer Volkswirtschaft auf einen bestimmten Zeitraum einzugrenzen. Wo soll man da den Schnitt ansetzen?

Um hier klare Verhältnisse zu schaffen, wird beim Sozialprodukt auf das „Endergebnis“ der Herstellungsprozesse abgestellt. Die gesamte Produktion einer Volkswirtschaft besteht zwar auch aus Vor- und Zwischenprodukten. Dies sind jedoch Güter, die nur deswegen erzeugt werden, um sie zur Herstellung anderer Güter wieder einzusetzen. Würden sie mit in das Sozialprodukt einfließen, käme es zu Doppel- und Mehrfacherfassungen ein und derselben Sache. Produktionsgüter werden daher statistisch erst dann in die Sozialproduktrechnung einbezogen, wenn die Herstellungsarbeiten abgeschlossen sind, der Traktor also fahrbereit und der Laib Brot gebacken ist.

Und wie geht es weiter?

Brutto- und Nettosozialprodukt

Zunächst einmal ist zwischen dem Brutto- und dem Nettosozialprodukt zu unterscheiden. Die Differenz beider Größen bilden die Abschreibungen:

  BRUTTOSOZIALPRODUKT
– ABSCHREIBUNGEN
= NETTOSOZIALPRODUKT

Im Bruttosozialprodukt sind neben der gesamtwirtschaftlichen Neuproduktion auch alle Güter enthalten, die dem Austausch Alt durch Neu, dem Ersatz verbrauchter bzw. abgenutzter Produktionsanlagen dienen. Wie „Abschreibungen“

[20] Hicks, J.R. „Einführung in die Volkswirtschaftslehre“; Reinbek bei Hamburg, 1966, S. 33f.

aus betriebswirtschaftlicher Sicht entstehen bzw. errechnet werden, wurde bereits im Kapitel „Kosten“ dargestellt. Im Nettosozialprodukt sind diese Abschreibungswerte nicht enthalten. Im „Brutto“ erfaßt das Sozialprodukt also die gesamte Endproduktion eines Landes, gleichgültig ob für Neu- oder Ersatzproduktion. Im „Netto“ bezieht es sich nur auf die Neuproduktion; der Ersatz alter Anlagen bleibt unberücksichtigt.

Wenn in der politischen Diskussion von Wirtschaftswachstum die Rede ist, dann ist in der Regel das Bruttosozialprodukt gemeint. Seine Veränderung gilt als Hauptindikator für die Zu- oder Abnahme der Wirtschaftsleistung, aber auch als Indiz für die Mehrung oder Minderung des allgemeinen Wohlstands der Bevölkerung. Dem Nettosozialprodukt entspricht wertmäßig das „Volkseinkommen“, die Summe aller Einkommen aus Arbeit (Löhne und Gehälter) und Kapital (Gewinne und Zinsen), begrifflich auch als „Wertschöpfung“ bezeichnet.

Sozialprodukt und Volkseinkommen sind demnach ein und dasselbe, nur der Blickwinkel ist verschieden. Beim Sozialprodukt wird die Produktion der Unternehmen, die Entstehungsseite der Waren und Dienste, betrachtet; dort steht das Güterangebot im Vordergrund. Beim Volkseinkommen hingegen schaut man auf die Einkommen der privaten Haushalte. Hier steht die Nachfrage nach Waren und Diensten im Vordergrund und wie sich die Einkommen der Haushalte auf die verschiedenen Einkommensarten, auf selbständige und unselbständige Arbeit, auf Gewinne und Zinsen verteilen. Man nennt daher die erste der beiden Betrachtungsweisen die *Entstehungsrechnung* und die zweite Betrachtungsweise die *Verteilungsrechnung* des Sozialprodukts.

Daneben steht die dritte Betrachtungsweise, die sich aus der unterschiedlichen *Verwendung* des Sozialprodukts ergibt. Hier wird gefragt, für welche Zwecke das Sozialprodukt eingesetzt wird, für den privaten Verbrauch, für Investitionen, für staatliche Ausgaben oder für Güter, die ins Ausland gehen (EXPORT), abzüglich des Gegenwertes der aus dem Ausland eingeführten Güter (IMPORT).

In Abbildung 16 ist die wechselseitige Beziehung dieser drei Betrachtungsweisen in einer graphischen Darstellung zusammengefaßt und erläutert. In diesem Zusammenhang müssen zwei weitere Einflußfaktoren angesprochen werden, die bisher nur am Rande erwähnt werden konnten: der Einfluß des Staates sowie die Wirtschaftsbeziehungen zum Ausland.

In der Volkswirtschaftlichen Gesamtrechnung tritt der Staat in zweierlei Weise auf, entweder als Empfänger von Einnahmen, indem er Steuern und Sozialabgaben erhebt, oder als einer der Ausgaben tätigt, indem er Gehälter an seine Beamten zahlt, Subventionen vergibt oder soziale Leistungen (zum Beispiel Arbeitslosenunterstützung, Mietbeihilfen, Renten) gewährt. Bei den Steuern ist zwischen den direkten und indirekten Steuern zu unterscheiden. Direkte Steuern sind zum Beispiel Lohn- und Einkommensteuer, wie auch alle Gewinnsteuern (Körperschaftssteuer). Bei indirekten Steuern handelt es sich vornehmlich um die Mehrwertsteuer, die als Prozentwert (derzeit 13,5%) auf den Verkaufspreis aufgeschlagen wird, und erst mit Vollzug des Verkaufsvorgangs (also nur indirekt) fällig wird.

Die wirtschaftlichen Beziehungen zum Ausland äußern sich als Ausfuhr von Gütern und Geldkapital (EXPORT) oder als Einfuhr von Gütern und Geldkapital (IMPORT). Der Export erhöht das Sozialprodukt, der Import vermindert es. Die Differenz zwischen Export und Import (X – M) wird als der „Außenbeitrag“

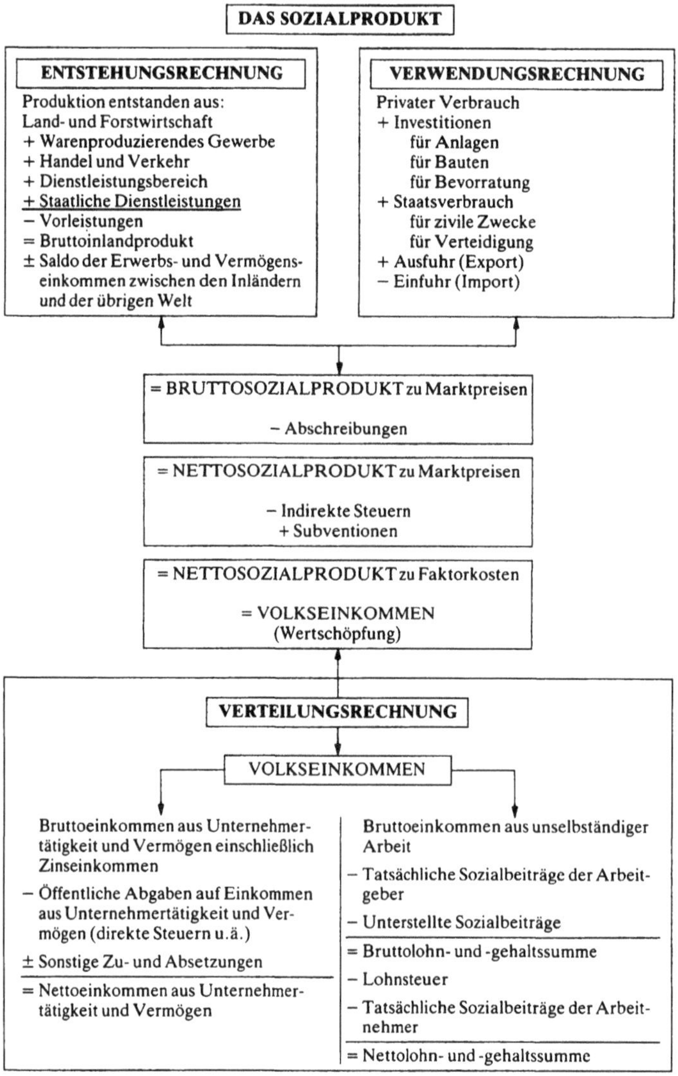

Abb. 16 Die drei Betrachtungsweisen des Sozialprodukts
Die Volkswirtschaftliche Gesamtrechnung unterscheidet drei Arten der Darstellung bzw. der Ermittlung des Sozialprodukts. Je nachdem, ob der Blick auf die Produktion, auf Verbrauch und Investition oder auf die Zusammensetzung bzw. Verteilung der Einkommen gerichtet ist, spricht man von der *Entstehungs*rechnung, der *Verwendungs*rechnung oder der *Verteilungs*rechnung des Sozialprodukts.
Mit dem Begriffspaar „zu Marktpreisen" bzw. „zu Faktorkosten" ist nicht gemeint – wie vermutet werden könnte – die Bereinigung von Preissteigerungen beim Sozialprodukt. Es geht um die Berücksichtigung der staatlichen Aktivitäten „Erhebung indirekter Steuern" und „Gewährung von Subventionen". (Faktorkosten = Kosten für die zur Herstellung eines Gutes eingesetzten Produktionsfaktoren Arbeit, Kapital, Boden)
Quelle: Angelehnt an die Darstellung im Jahresgutachten des Sachverständigenrates 1984/85 mit eigenen Ergänzungen.

eines Landes bezeichnet. Ist der Außenbeitrag positiv, handelt es sich um Exportüberschüsse, ist er negativ, liegen Importüberschüsse vor.

In diesem Zusammenhang sei noch darauf hingewiesen, daß man vom „Inlandprodukt" spricht, wenn nur das innerhalb der Landesgrenzen erzeugte Sozialprodukt gemeint ist, unabhängig davon, ob daran Inländer oder Ausländer beteiligt sind. Daneben steht das „Inländerprodukt", das ausschließlich von Inländern (mit dauerhaftem Wohnsitz in der Bundesrepublik) erwirtschaftet wird, gleichgültig ob im Inland oder im Ausland.

Die wichtigsten, aufs Inland bezogenen Begriffe der Volkswirtschaftlichen Gesamtrechnung, im Zusammenhang dargestellt, ergeben dann folgendes Bild:

BRUTTOSOZIALPRODUKT (zu Marktpreisen)
– Abschreibung (= Ersatzinvestitionen)

= NETTOSOZIALPRODUKT (zu Marktpreisen)
– indirekte Steuern (= Mehrwertsteuer)
+ Subventionen (= Unterstützungszahlungen)

= NETTOSOZIALPRODUKT (zu Faktorkosten)
= VOLKSEINKOMMEN = WERTSCHÖPFUNG

Ob also das Sozialprodukt von der Entstehungsseite (Produktion), von der Verwendungsseite (Konsumtion und Investition) oder von der Verteilungsseite (Einkommensarten) her betrachtet wird, alle drei Wege führen zum gleichen Ergebnis: die gesamtwirtschaftliche Leistung der Volkswirtschaft.

Messung des Wirtschaftswachstums

Und woran merkt man, daß das Sozialprodukt wächst? Dies ist in Tabelle 8 am Beispiel der Daten für die Bundesrepublik dargestellt.

Um die Wachstumsraten zu ermitteln, muß man zunächst die verzerrende Wirkung des Preisauftriebs eliminieren. Die Zunahme des Sozialprodukts könnte ja allein schon durch den Anstieg der Preise entstanden sein. Denn steigen die Preise, nimmt – rein rechnerisch – auch das Sozialprodukt zu, selbst wenn sich die Menge der im Laufe eines Jahres erzeugten Güter nicht erhöht hat. Die Entwicklung unter Einschluß der Preise nennt man das „nominale" Wachstum der Volkswirtschaft. Will man aber ausschließlich die Entwicklung der *Mengen* darstellen, dann muß der Anstieg der Preise neutralisiert werden. Das nennt man das „reale" Wachstum der Volkswirtschaft. Wenn also von Wirtschaftswachstum oder spezieller von Wachstumsraten der Volkswirtschaft die Rede ist, dann liegt dem in der Regel die prozentuale Veränderung des *realen Bruttosozialprodukts* zugrunde.

Um auch einen optischen Eindruck davon zu erhalten, wie sich die wirtschaftliche Leistung der Bundesrepublik im konjunkturellen Auf und Ab der letzten 25 Jahre entwickelt hat, sind in Abbildung 17 die nominalen und realen Sozialproduktsdaten für diesen Zeitraum graphisch dargestellt.

Den Betrachter mag verblüffen, daß die Zahlenfolge der nominalen Werte des Sozialprodukts im Jahr 1960 mit einem erheblich niedrigeren Wert, nämlich 303 Milliarden DM, beginnt als die Zahlenfolge der realen Werte, die mit 732 Milliarden DM anfängt. Umgekehrt endet die nominale Reihe im Jahre 1985 bei 1805

Jahr	Bruttosozial-produkt in jeweiligen Preisen (nominales BSP)	Bruttosozial-produkt in Preisen von 1980 (reales BSP)	Wachstumsrate des des realen BSP (Prozent)
	Milliarden DM		
1960	303	732	
1961	331	764	4,4
1962	360	800	4,7
1963	382	822	2,8
1964	420	876	6,6
1965	458	923	5,4
1966	487	950	2,9
1967	494	949	– 0,1
1968	534	1 004	5,8
1969	598	1 080	7,6
1970	676	1 134	5,0
1971	752	1 168	3,0
1972	825	1 217	4,2
1973	919	1 274	4,7
1974	986	1 277	0,2
1975	1 029	1 258	– 1,5
1976	1 126	1 328	5,6
1977	1 199	1 363	2,6
1978	1 292	1 408	3,3
1979	1 397	1 464	4,0
1980	1 485	1 485	1,4
1981	1 545	1 485	0,0
1982	1 597	1 471	– 0,9
1983	1 676	1 494	1,6
1984	1 754	1 534	2,7
1985*	1 805	1 573	2,5

Tab. 8 Das nominale und reale Bruttosozialprodukt in der Bundesrepublik seit 1960

Das Bruttosozialprodukt spiegelt die Wirtschaftsleistung der gesamten Volkswirtschaft wider. Das *nominale* Bruttosozialprodukt wird zu „jeweiligen Preisen" errechnet, d.h. unter Einbeziehung der jährlichen Preissteigerungen. Im *realen* Bruttosozialprodukt sind die Preissteigerungen herausgerechnet. Bezugsgröße der Preisbereinigung ist hier das Basisjahr 1980. Die Wachstumsrate (w), die prozentuale Zunahme des Sozialprodukts, errechnet sich am Beispiel der Realwerte für 1978 und 1979 wie folgt:

$$w = \frac{1464 - 1408}{1408} = 0{,}0397$$

Das (reale) Bruttosozialprodukt von 1979 hat also im Vergleich zum Vorjahr um (gerundet) vier Prozent zugenommen.

Quelle: Jahresgutachten 1985/86 des Sachverständigenrates, S. 244f. und eigene Berechnungen.

* Eigene Schätzung

Milliarden DM und ist damit erheblich höher als der Endwert der realen Werte mit 1573 Milliarden DM. Dieser vielleicht etwas merkwürdig anmutende Verlauf der beiden Reihen resultiert aus der verzerrenden Wirkung der Preissteigerungen: Je stärker die Preise steigen, desto weiter klaffen beide Kurven auseinander. Im Bezugsjahr 1980 – im Schnittpunkt der nominalen und realen Kurve – weisen

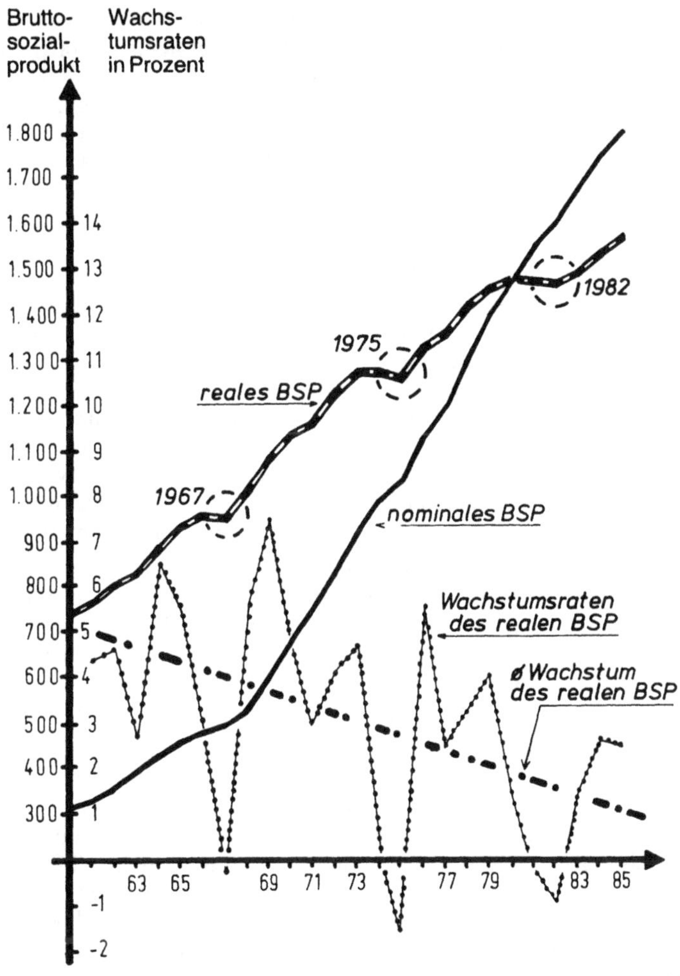

Abb. 17 Nominales und reales Brutto-Sozialprodukt (BSP) in der Bundesrepublik

Das *nominale* Bruttosozialprodukt beinhaltet die jährliche Wirtschaftsleistung einschließlich Preissteigerungen. Im *realen* Bruttosozialprodukt (gestrichelte Linie) sind die Preissteigerungen herausgerechnet. Im Kurvenverlauf des realen Bruttosozialprodukts sind drei Abflachungen in den Jahren 1967, 1975 und 1982 zu erkennen, die einen Rückgang der Konjunktur in der Bundesrepublik anzeigen.
Quelle: Nach den statistischen Angaben im Jahresgutachten 1985/86 des Sachverständigenrates, S. 244f.

beide Sozialproduktreihen die selben Werte aus, weil 1980 das Basisjahr für die Neutralisierung der Preissteigerungen ist.

In dem an sich regelmäßigen Anstieg des realen Bruttosozialprodukts lassen sich drei Abflachungen erkennen, und zwar in den Jahren 1967, 1975 und 1982, was einen konjunkturellen Rückgang der wirtschaftlichen Entwicklung anzeigt. Ihnen entsprechen die scharfen Einschnitte in der Kurve der realen Wachstumsraten, die „Minuswachstum“, das heißt absoluten Rückgang des realen Bruttosozialprodukts, bedeuten.

Und noch eins ist in dieser Zeichnung auszumachen: Der Wachstumspfad der deutschen Wirtschaft führt zwar ständig aufwärts, dennoch ist eine allmähliche Abflachung des Anstiegs des realen Bruttosozialprodukts zu erkennen. So ist auch die Mittelwertlinie der Wachstumsraten eindeutig abwärts gerichtet. Allerdings läßt sich nicht erkennen, ob sich der Trend abnehmender Zuwachsraten weiter fortsetzen wird, so daß das Sozialprodukt vielleicht auch wieder schrumpfen könnte.

Sozialprodukt als Wohlstandsmaß?

Das Sozialprodukt ist nicht nur ins Gerede, es ist auch ins Feuer der Kritik geraten. Als Ergebnis einer äußerst komplizierten, mathematisch bis ins Detail ausgeklügelten Volkswirtschaftlichen Gesamtrechnung erweckt es in der Tat den Eindruck größter Genauigkeit; eine Zahl, mit der sich – wie es scheint – problemlos rechnen und argumentieren läßt. In Wahrheit steckt es voller Tücken und Unzulänglichkeiten, so daß die Frage, ob das Sozialprodukt auch als sinnvolle Maßgröße für den Wohlstand eines Volkes gelten könne, immer häufiger verneint wird. Die Kritik entzündet sich in erster Linie an der fast ausschließlich quantitativen Behandlung der Einflußgrößen, die in das Sozialprodukt eingehen.

Der scherzhafte Hinweis, daß sich das Sozialprodukt vermindert, die Wirtschaft somit schrumpft, wenn ein Junggeselle seine Haushälterin ehelicht, ist nur ein triviales Beispiel für zahlreiche, wesentlich gravierendere Mängel in der Konstruktion des Sozialprodukts. In der Tat geht das Salär der Haushälterin als Bestandteil der Lohneinkommen positiv in die Berechnung des Volkseinkommens ein. Ihre Arbeit als Hausfrau hingegen zählt – rein statistisch – nichts.

Führt man den Gedanken ein wenig weiter, erkennt man das dahinter liegende Problem, das mit einmal gar nicht mehr so trivial erscheint. Eine Regierung nämlich, die mit aller Macht auf Wachstum setzt, müßte konsequenterweise Heiraten erschweren, zumindest für solche Ehepartner, bei denen eines der beiden Einkommen nach der Eheschließung wegfällt. Sie müßte umgekehrt Ehescheidungen fördern, wenn danach beide Partner arbeiten oder sonstwie Geld verdienen wollen. Natürlich ist ein solcher Gedankengang absurd, niemand will das. Aber die Konstruktion des Sozialprodukts ist in der Tat so angelegt, daß derartige Effekte eintreten.

Die Mängel greifen aber noch erheblich tiefer, wenn man weiter in das Wesen der Sozialproduktrechnung eindringt. Vor allem drei Konstruktionsfehler sind hervorzuheben:

Erstens. Das Sozialprodukt stellt ausschließlich auf die Veränderung der Wirtschaftsgrößen ab. Nicht Bestandsgrößen (stocks) zählen, sondern ausschließlich Stromgrößen (flows). Der Wald zum Beispiel zählt nichts, so lange er steht und wächst, weil er als Bestandsgröße zwar Teil des Volksvermögens ist, als solche aber nicht in die Sozialproduktrechnung eingeht. Erst wenn man ihn abholzt, erhöht er das Sozialprodukt, dies auch dann, wenn Saurer Regen und Umweltverschmutzung die Ursachen für vorzeitiges Fällen der Bäume sind.

Zweitens. Nur Waren und Dienste, für die auch offizielle Märkte existieren, gehen in das Sozialprodukt ein. Menschliche Aktivitäten wie Eigenleistungen der Haushalte, Nachbarschaftshilfe, freiwilliger Ernteeinsatz, Freizeitarbeit usw. bleiben unberücksichtigt. Die Kartoffeln aus dem eigenen Garten zählen nichts, wohl aber die im Supermarkt gekauften.

Drittens. Güter und Dienste werden nicht nach ihrem Nutzen (oder Schaden) bewertet, den sie der Menschheit stiften. Der potentiell krebserregende Konsum von Zigaretten geht ebenso positiv in das Sozialprodukt ein wie die Ausgaben für berufliche Bildung und für Krankenversorgung. Auch der Verkehrsunfall mit Schwerverletzten und Totalschaden steigert, weil ärztliche Behandlung und Werkstattreparaturen anfallen, das Sozialprodukt.

So wie heute das Sozialprodukt in der Volkswirtschaftlichen Gesamtrechnung ausgewiesen wird, begünstigt es allein das Quantitative, nur die mengenmäßigen, in Geld ausdrückbaren Wirtschaftsaktivitäten, gleichgültig ob sie dem Menschen oder der Umwelt nutzen oder schaden. Es ist so konstruiert, daß ein Mehr an Freizeit, an Nachbarschaftshilfe und Eigenarbeit, mehr Sparsamkeit im Energieverbrauch und rücksichtsvolleres Autofahren, das zu weniger Verkehrsunfällen führt, auf die Zunahme des Sozialprodukts keinen Einfluß haben. Umgekehrt erhöhen mehr Rohstoff- und Energieverbrauch, häufigere Verkehrsunfälle, die Beseitigung immer größerer Umweltschäden, der Anstieg der Werbeausgaben und die Zunahme von Krankheitsfällen das Sozialprodukt und steigern, so paradox es klingen mag, den Wohlstand des Volkes.

Die Konstruktionsdefekte sind, wie man sieht, mehr als gravierend. Es fehlt auch nicht an Verbesserungsvorschlägen. Gemeinsames Ziel dieser Vorschläge ist die Überwindung des rein quantitativen und geldlich ausgerichteten Sozialproduktdenkens. Statt dessen soll mehr der Qualitätsgesichtspunkt, ausgerichtet auf die Bedürfnisse und Interessen des Menschen, aber auch auf die Erhaltung der Umwelt sowie auf die Verringerung des Energie- und Rohstoffverbrauchs in den Vordergrund rücken. Das Ziel der Wirtschaftspolitik kann heute nicht mehr nur darin bestehen, undifferenziert immer mehr Güter produzieren zu wollen. Vielmehr kommt es auf Art und Qualität der Güter an, auf den Nutzen, den sie der Menschheit stiften, und nicht zuletzt auf den Grad ihrer Umweltverträglichkeit.

Beschäftigung: Nur Arbeit schafft Nachfrage

Beschäftigung heißt Arbeit haben. Die Menschen besitzen erfahrungsgemäß ein ambivalentes Verhältnis zur Arbeit: Einerseits empfinden sie Arbeit als Mühsal, andererseits raubt ihnen ein Leben ohne Arbeit den Verstand. Wer Tag für Tag von morgens bis abends am Fließband steht oder endlose Texte in die Schreibmaschine klopft, träumt von der immerwährenden Freizeit ohne Arbeit. Aber, mit der Arbeit ist es so wie mit dem Essen. Solange man genügend davon hat, glaubt man beliebig darauf verzichten zu können. Wer satt ist, kann sich Hunger nicht vorstellen. Wer Arbeit hat, weiß nicht, was Arbeitslosigkeit ist.

Arbeitslosigkeit ist in erster Linie ein menschlich soziales Problem, ein Schicksal, das den Einzelnen unverhofft ganz plötzlich trifft, von dem er zwar gehört hat, das er auch fürchtete, aber nie für sich selbst erwartet hat. Arbeitslosigkeit ist anrüchig. Wen sie trifft, der versucht sie zu verbergen, vor den Nachbarn, vor den Freunden. Arbeitslosigkeit macht einsam, führt in die Isolation: „... kurz danach verlor er seine Arbeit; 17 Jahre lang war er Techniker bei derselben Firma gewesen. Trotz aller Bemühungen gelingt es ihm nicht, einen neuen Arbeitsplatz zu finden. Er lebt von Sozialhilfe. Am schwersten zu schaffen macht ihm die Verständnislosigkeit der Umwelt. ‚Man kann mit Bekannten zwar einiges besprechen, stößt aber schnell an Grenzen'. Er fühlt, daß sein Selbstwertgefühl immer mehr abbröckelt. ‚Man wird so sensibel, es ist schwer, mit Leuten umzugehen, denen es gut geht“[21]. Wer keinen Platz zum Arbeiten hat, ist also nicht nur arbeitslos. Ihm ist ein wesentlicher Lebensinhalt entzogen.

Spätestens seit der tiefen Depression zu Beginn der dreißiger Jahre, als in Deutschland nahezu jeder Dritte ohne Arbeit war, ist Arbeitslosigkeit das Trauma der Nation.

Und das nicht zu Unrecht. Die Dimensionen der damaligen Wirtschaftskrise übersteigen das Maß unserer Vorstellungskraft: „In Deutschland kletterte die Zahl der Arbeitslosen von 2,8 Millionen (1929) auf 6,7 Millionen (1932). Erwerbslosengeld wurde nur 26 Wochen lang bezahlt. Danach gab es eine erbärmlich geringe Unterstützung von der Wohlfahrt. Statistiken beschreiben das Durchschnittselend so: Ein Arbeitsloser mit Frau und einem Kind erhielt 51 Mark im Monat. Davon mußte er 32,50 DM für Miete, Beleuchtung und Heizung bezahlen. Blieben 18,50 für Ernährung und Kleidung. 45 Pfund Brot für drei Personen, also ein halbes Pfund pro Kopf und Tag, kosteten sechs Mark, neun Pfund Margarine drei Mark. Dreimal im Monat leistete sich die Familie zehn Heringe, das Stück zu zehn Pfennig. Traurigste Gestalt auf den Straßen war der Mann mit dem Schild: ‚Suche Arbeit, egal welche!‘ In anderen Ländern war die Lage genauso düster: In den USA hatten zwölf Millionen Menschen, in Frankreich 4,5 Millionen und in England vier Millionen Menschen keinen Job“[22].

Warum, so fragt man sich unter dem Eindruck dieser trostlosen Schilderung, sind Menschen ohne Arbeit, obwohl sie arbeiten wollen? Wie und weshalb entsteht eigentlich Arbeitslosigkeit – rein ökonomisch gesehen?

Vier Arten der Arbeitslosigkeit

So merkwürdig es klingt, Arbeitslosigkeit ist nicht gleich Arbeitslosigkeit. In der ökonomischen Theorie unterscheidet man im Hinblick auf ihre Entstehung vier Arten, die zu unterscheiden nicht ganz einfach, für die wirtschaftspolitische Analyse aber ungemein wichtig sind.

Da ist zunächst die *friktionelle* Arbeitslosigkeit. Sie kann, wenn man so will, als die „natürliche“ Form der Arbeitslosigkeit bezeichnet werden. Sie entsteht aufgrund der Fluktuation auf dem Arbeitsmarkt, durch das ständige Auf und Ab von kleineren Betriebsveränderungen und Standortwechseln. Der eine Betrieb schließt seine Pforten oder legt Teile seiner Produktionsanlagen still, um sich an anderer Stelle neu einzurichten. Arbeitnehmer kündigen und finden im Anschluß nicht sofort eine neue Stelle. Aufgrund derartiger Hin- und Herbewegungen (Fluktuationen) ist immer eine bestimmte Anzahl Arbeitnehmer ohne Arbeit; ein ganz natürlicher Zustand, der in der Volkswirtschaft umso stärker in Erscheinung tritt, je lebhafter es auf dem Arbeitsmarkt zugeht. Für den einzelnen bedeutet sie in der Regel nur eine kurze Zeit der Nichtbeschäftigung.

Daß man im Winter auf dem Feld nicht arbeiten und bei Frost keine Häuser bauen kann, hat jahreszeitliche Gründe, die *saisonale* Arbeitslosigkeit zur Folge hat. Hier spielen die unterschiedlichen Arbeitsbedingungen der Jahreszeit die ausschlaggebende Rolle und führen in verschiedenen Wirtschaftszweigen, so vor

[21] ZEITMAGAZIN 46/84 vom 9.11.1984, S. 12
[22] Koesters, P.-H.; „Ökonomen verändern die Welt“, Hamburg 1982, S. 217

allem im Bau- und Agrarsektor, zu jährlich wiederkehrenden Schwankungen der Beschäftigung.

Sind diese beiden Formen der Arbeitslosigkeit noch vergleichsweise harmlos, weil vorübergehender Natur, löst die dritte Art, die *konjunkturelle* Arbeitslosigkeit erheblich größere Probleme aus. Sie bedeutet zumeist höhere und länger anhaltende Unterbeschäftigung im Rahmen eines konjunkturellen Abschwungs (Rezession). In der Phase der Depression, in der Talsohle der wirtschaftlichen Entwicklung, erfährt sie in der Regel ihren höchsten Stand. Die Erfahrung lehrt, daß häufig auch noch der konjunkturelle Aufschwung von Arbeitslosigkeit begleitet ist.

Insgesamt kann sie mehrere Jahre anhalten, wenn sie sich nicht sogar zu einer permanenten Dauerkrise auswächst.

Damit sind wir bei der vierten Art, der *strukturellen* Arbeitslosigkeit. Sie ist die heute wohl überwiegende Form der Nichtbeschäftigung, die sich in der Regel als Langfristproblem darstellt. Hier sind vor allem drei Ursachen anzuführen: Da sind zum einen die Unterschiede in den landwirtschaftlichen Regionen eines Landes mit guten oder weniger guten Produktionsmöglichkeiten, wie beispielsweise die ländlichen Räume Nordost-Niedersachsens, Schleswig-Holsteins oder Nordost-Bayerns. Dort liegt die Arbeitslosigkeit erfahrungsgemäß höher als in anderen Regionen der Bundesrepublik.

Zum anderen entsteht strukturelle Arbeitslosigkeit auch branchenspezifisch durch den Wandel der Arbeits- und Absatzbedingungen, der sich in den einzelnen Wirtschaftszweigen unterschiedlich rasch vollzieht. Bestes Beispiel ist die Produktion von Kohle und Stahl im Ruhrgebiet und Saarland. Der weltweite Rückgang des Stahlbedarfs führt dort seit Ende der siebziger Jahre zu einem sprunghaften Anstieg der Arbeitslosigkeit, weil sich die im Laufe der Jahrzehnte gewachsenen Produktionsstätten nicht schnell genug an die weltweit veränderte Absatzlage anzupassen vermochten.

In engem Zusammenhang dazu ist die dritte Art der strukturellen Arbeitslosigkeit zu sehen, die aus der fortschreitenden Rationalisierung der Produktionsprozesse resultiert. Sie entsteht also nicht durch Abschwächung der Nachfrage nach bestimmten Produkten, sondern eher umgekehrt durch ständige Verbesserung der maschinellen Produktionsanlagen, die nicht nur immer bessere, sondern auch immer mehr Produkte herzustellen in der Lage sind und das in der Regel bei gleichzeitig reduziertem Arbeitseinsatz. „Wegrationalisieren von Arbeitsplätzen" heißt das politische Reizwort dazu, das die Gemüter nicht nur der gegenwärtig mehr als zwei Millionen Arbeitslosen und 400000 Kurzarbeiter bewegt, sondern auch eine große Zahl der 25 Millionen Beschäftigten, die in heimlicher Angst vor Entlassung aufgrund von Rationalisierungsmaßnahmen leben.

Mit dem Stichwort Investition und Rationalisierung berühren wir eines der schwerwiegendsten Wirtschafts- und Gesellschaftsprobleme unserer Zeit. Kaum ein Thema wird so kontrovers diskutiert wie dieses. An sich sind Investitionen wesentliche Voraussetzung für das Florieren der Volkswirtschaft. Aber, Investitionen haben ein doppeltes Gesicht: Einerseits schaffen sie neue Arbeitsplätze und bilden damit die Voraussetzung für neue Beschäftigungsmöglichkeiten. Andererseits besitzen Investitionen die unangenehme Nebenwirkung, Arbeitsplätze durch Verbesserung der technologischen und organisatorischen Prozeßabläufe überflüssig zu machen. Damit steigern sie die Arbeitslosigkeit – ein Dilemma, das der aktuellen Wirtschaftspolitik nicht nur in der Bundesrepublik, sondern weltweit immer größere Probleme bereitet.

Theorie der Klassiker

Die Klassiker, allen voran der britische Nationalökonom und Millionär David Ricardo (1772-1823) hatten es sich in dieser Frage noch sehr einfach gemacht. Nach ihrer Ansicht existierte das Problem der Arbeitslosigkeit im Grunde nicht. Für sie gab es immer nur Vollbeschäftigung, zumindest langfristig. Jeder, der Arbeit will, kann arbeiten, solange die Volkswirtschaft nach ihren Vorstellungen funktioniert. Diese Vorstellungen erscheinen allerdings – zumindest aus heutiger Sicht – nicht nur sehr wirklichkeitsfremd, sondern auch ausgesprochen unsozial. In groben Zügen lief Ricardos Theorie darauf hinaus, daß die Selbststeuerungsmechanismen des Arbeitsmarktes stets von selbst dafür sorgen werden, daß jedermann in der Bevölkerung Arbeit findet.

Nur war das Ganze an einige, in unseren Ohren recht ungewöhnlich klingende Voraussetzungen geknüpft. Als Hauptbedingung, daß die Volkswirtschaft immer wieder zur Vollbeschäftigung tendiere, galt bei ihm der nach unten flexible Lohnmechanismus; die Vorstellung also, daß der Lohn – getreu dem Gesetz von Angebot und Nachfrage – auch gesenkt werden könne, geradezu müsse, wenn die Arbeitsmarktlage dies erfordere. Steigt das Angebot an Arbeitskraft, sinkt der Preis, das heißt der Lohn für die geleistete Arbeit.

Ricardo zieht daraus den Schluß, daß die Löhne der Arbeiter im selben Verhältnis wie die Preise auf den Märkten steigen müssen, um überhaupt existieren zu können. Daraus entwickelt er die Theorie des „natürlichen Lohnes", der stets dem Existenzminimum entspricht. Er begründet diese These mit der heute etwas merkwürdig anmutenden Behauptung, die Geburtenhäufigkeit nehme mit der Höhe des Lohnes zu oder ab. Denn, so argumentierte er, liegt der tatsächlich gezahlte Marktlohn wirklich einmal höher als der das Existenzminimum sichernde natürliche Lohn, dann nimmt die Geburtenfreudigkeit zu und nach einiger Zeit erhöht sich die Zahl der Arbeitskräfte. Dadurch aber sinkt nach den Gesetzen des Arbeitsmarktes der Lohn auf sein Existenzminimum zurück.

Geradezu martialisch klingt in unseren Ohren der umgekehrte Fall seiner Theorie. Sinkt der Lohn aufgrund eines Überangebotes an Arbeitern unter das Existenzminimum, dann kommt es zu einem vorübergehenden Stillstand des Bevölkerungswachstums. Dieser hält so lange an, bis sich die Zahl der Arbeiter so weit reduziert hat, daß eine ausreichende Versorgung der Familie mit Nahrungsmitteln wieder möglich ist.

Die Klassiker sahen zwar auch, daß sich die Wirtschaft nicht immer stetig und gleichmäßig entwickelte, daß Beschäftigungsschwankungen auftraten und immer wieder Arbeitslosigkeit herrschte. Sie glaubten jedoch, Arbeitslosigkeit als reine Begleiterscheinung der Konjunktur abtun zu können, die auch wieder von selbst verschwinden werde. Denn liegt wirklich einmal Unterbeschäftigung vor, werde die Konkurrenz der Arbeitslosen den Lohn der Beschäftigten so weit herunterdrücken, daß es sich für die Produzenten wieder lohne, mehr Arbeitskräfte einzustellen. Die Löhne sinken dann so lange, bis alle Arbeitssuchenden wieder eine neue Beschäftigung gefunden haben: Es gibt immer einen Lohn, auch wenn er noch so niedrig liegt, bei dem Vollbeschäftigung möglich ist!

Die klassische Theorie hatte also keinen Raum für das Problem dauerhafter Arbeitslosigkeit in ihrem Theoriegebäude. Stets sorgt die Wirksamkeit des nach unten offenen Lohnmechanismus dafür, daß Arbeitslosigkeit nur kurzfristig auftritt und sich Vollbeschäftigung „von selbst" wieder einstellt. Staatliches Handeln sei daher nicht nur entbehrlich, sondern sogar gefährlich, weil es diesen Automatismus störe. Diese Hypothese, die die Löhne langfristig an das Existenzminimum der Beschäftigten bindet, erhielt später zu Recht von Ferdinand Lasalle die Bezeichnung eines „ehernen, grausamen Lohngesetzes".

Theorie von Keynes

Nicht nur seit dem Aufkommen der Gewerkschaften steht die Theorie der Klassiker im Feuer der Kritik. Auch John Maynard Keynes wandte sich in seinem berühmt gewordenen Hauptwerk über die „Allgemeine Theorie der Beschäftigung, des Zinses und des Geldes" (General Theory of Employment, Interest and Money) gegen solche Vorstellungen. Selbst wenn sich die Löhne senken ließen (was er nicht für praktikabel hielt) hätte dies keine Wirkung auf die Arbeitslosigkeit. Denn die Löhne sind nicht nur – auf Unternehmerseite – Bestandteil der Kosten; sie sind, volkswirtschaftlich gesehen, wesentliche Grundlage der Nachfrage nach Gütern, der Kaufkraft also. Eine Verminderung der Löhne würde zwar die betrieblichen Kosten senken und damit – rein theoretisch – die Gewinne steigern, die dann für beschäftigungswirksame Investitionen zur Verfügung ständen.

Keynes sah jedoch auch die Kehrseite der Medaille und rückt diese in das Zentrum seiner Überlegungen: Die Senkung der Löhne vermindert die volkswirtschaftliche Kaufkraft und damit die Nachfrage nach Konsumgütern, was wiederum die Absatzchancen der Unternehmen verschlechtert. Als Folge davon gehen die Erlöse zurück, entweder weil weniger gekauft wird oder weil die Preise sinken. Die Unternehmen machen also nicht mehr, sondern weniger Gewinne und halten sich deshalb mit Investitionen zurück. Es werden nicht nur keine neuen Arbeitsplätze geschaffen, sondern vorhandene wieder abgebaut, wenn der Nachfrageschwund anhält.

Was aber ist stattdessen zu tun? Die Antwort, die Keynes darauf gab, war konsequent und für die damalige Zeit revolutionär. Sie lautete: deficit spending durch den Staat. Dieses Konzept, das bis heute zahlreiche Anhänger unter den bekanntesten Ökonomen gefunden hat, wies dem Staat eine ganz neue, völlig ungewohnte Rolle zu. Der Staat habe finanziell in die Bresche zu springen, wenn es an gesamtwirtschaftlicher Nachfrage mangelt. Wie sollte das vor sich gehen? Keynes' Beweisführung, mit der er seine Theorie untermauerte, verblüffte ob seines Scharfsinns die Zeitgenossen.

Kurzfristig, so argumentierte Keynes, bestimmt allein die gesamtwirtschaftliche Nachfrage die Höhe der Produktion, der Beschäftigung und des Volkseinkommens. Zwar gebe es weitere Einflußfaktoren wie Bodenschätze, Klima, Bildungsniveau der Bevölkerung und Wirtschaftsstruktur des Landes, der Stand von Wissenschaft und Technik sowie der Umfang an Produktionsmitteln (Kapitalstock) bzw. der Grad der Industrialisierung. *Kurzfristig* aber können diese Größen als konstant betrachtet werden. So läßt sich zum Beispiel das Ausbildungsniveau der Bevölkerung in der Tat nur in großen Zeiträumen verbessern. Auch die industrielle und wirtschaftliche Struktur eines Landes sowie ihr wissenschaftliches und technologisches Know how sind nur auf lange Sicht beeinflußbar. Selbst am Kapitalstock, an Zahl und Leistungsfähigkeit der Industrieanlagen, läßt sich so schnell nichts ändern. Der Aufbau eines neuen Stahlwerkes oder einer Fertigungshalle vom Reißbrett bis zur Produktion nimmt auch heute noch in der Regel acht bis zehn Jahre in Anspruch.

Nur die gesamtwirtschaftliche Nachfrage, so Keynes, sei kurzfristig beeinflußbar, wobei er unter „kurzfristig" Zeiträume von nur ein, zwei oder drei Jahren verstand. Unter dem deprimierenden Eindruck der nicht enden wollenden Weltwirtschaftskrise in den dreißiger Jahren folgerte Keynes in der damaligen Situation durchaus richtig: Befindet sich eine Volkswirtschaft erst einmal im Zustand der Unterbeschäftigung, dann ist sie im allgemeinen nicht mehr in der Lage, sich dort selbst wieder herauszuholen. In diesem Fall hat der Staat einzugreifen und durch eine aktive Beschäftigungspolitik, d.h. mit Investitionen aus öffentlichen Mitteln, der brachliegenden Konjunktur auf die Beine zu helfen. Er selbst muß neue Beschäftigungsmöglichkeiten schaffen, wenn der Markt nicht genügend bereitstellt. Denn, nur Arbeit schafft Nachfrage.

Wie der Staat das machen soll, sei dabei völlig gleichgültig. Mit ironischen Seitenhieben auf die Einfallslosigkeit der Politiker seiner Zeit gab Keynes hierzu Anregungen, die Wert sind, auch heute noch zitiert zu werden:

„Wenn das Schatzamt alte Flaschen mit Banknoten füllen und sie in geeignete Tiefen in verlassenen Kohlenbergwerken vergraben würde, diese dann bis zur Oberfläche mit städtischem Kehrricht füllen würde und es dem privaten Unternehmergeist nach den erprobten Grundsätzen des laissez-faire überlassen würde, die Noten wieder auszugraben (wobei das Recht, also zu tun, natürlich durch Offerten für die Pacht des Grundstücks, in dem die Noten liegen, zu erwerben wäre), brauchte es keine Arbeitslosigkeit mehr zu geben, und mit Hilfe der Rückwirkungen würde das Realeinkommen des Gemeinwesens wie auch sein Kapitalreichtum wahrscheinlich viel größer als jetzt werden. Es wäre zwar vernünftiger, Häuser und dergleichen zu bauen, aber wenn dem politische und praktische Schwierigkeiten im Wege stehen, wäre das obige besser als gar nichts ..."[23].

Ob der Staat also Wohnhäuser bauen oder Flaschen gefüllt mit Geld in die Erde verstecken läßt, um sie nachher wieder ausgraben zu lassen, ist völlig gleichgültig. Es kommt nur darauf an, in irgend einer mehr oder weniger phantasievollen Weise Arbeitsaufträge an die Privatwirtschaft zu vergeben, damit neue Einkommen geschaffen werden und sich die volkswirtschaftliche Nachfrage erhöht. Allein der Anstoß sei wichtig, um die Konjunktur erst einmal in Gang zu bringen. Laufen werde sie dann schon von selbst, wenn sich die Unternehmen aufgrund der steigenden Nachfrage zu neuen Investitionen veranlaßt sehen – womit sich die Spirale über mehr Kaufkraft, bessere Gewinnaussichten, zusätzliche Investitionen und mehr Beschäftigung wieder nach oben dreht.

Deficit Spending

Damit aber nicht genug. Um sein Wirtschaftsmodell auch wasserdicht zu machen, baute Keynes eine weitere, ebenso revolutionär anmutende Bedingung ein: Wichtig und für den Erfolg geradezu entscheidend sei, daß der Staat die zusätzlichen Ausgaben nicht mit Steuermitteln finanziere. Dies würde ja nur bedeuten, daß er das Geld, das er zur Erhöhung der gesamtwirtschaftlichen Nachfrage ausgibt, vorher an anderer Stelle hätte wegnehmen müssen. Volkswirtschaftlich

[23] Zitiert nach Breitenstein, 1980, S. 145f.

gesehen wäre der Nachfrageeffekt so gleich Null. Der Pfiff an dieser Sache ist gerade der, daß zusätzliches Geld in den Wirtschaftskreislauf fließt, ohne es woanders vorher abzuschöpfen. Das heißt konkret: Der Staat muß Kredite bei der Zentralbank (Bundesbank) aufnehmen, sich um diesen Betrag also echt verschulden – von daher auch die Bezeichnung „deficit spending". Aus der Geldmengentheorie ist uns ja bereits bekannt, daß die Kreditaufnahme bei der Zentralbank in jedem Fall eine Vergrößerung der volkswirtschaftlich umlaufenden Geldmenge bewirkt. Wohingegen die staatliche Kreditaufnahme im Geschäftsbankensystem lediglich die Kreditmöglichkeiten der Unternehmen und Haushalte schmälert und somit unter Umständen nachfrageneutral bleibt.

Ein solcher Vorschlag, der den Staat aufforderte, mehr auszugeben als er an Steuern einnimmt, mußte in der damaligen Zeit geradezu als Zumutung für die auf Sparsamkeit bedachte Finanzpolitik empfunden werden. Durchbrach er doch die eherne Regel vom Budgetausgleich, daß der Staatshaushalt am Ende des Jahres stets mit der Übereinstimmung von Einnahmen und Ausgaben abzuschließen habe.

Zwei Konstruktionsfehler

Interessant ist in diesem Zusammenhang die Frage, wie sich Keynes den nach seiner Ansicht dauerhaften Zustand der Unterbeschäftigung in der Volkswirtschaft erklärte, der ihn zu diesem „skandalösen" Vorschlag veranlaßt hatte. Keynes glaubte zwei Konstruktionsfehler des kapitalistischen Systems erkannt zu haben. Er sah die zahllosen Arbeitslosen der dreißiger Jahre, die brachliegenden oder nicht ausgelasteten Produktionsanlagen und die unverkäuflichen Warenlager. Er versuchte den Ursachen solch miserabler Verhältnisse auf den Grund zu kommen. Wie konnte eine an sich leistungsfähige Wirtschaft so viele Jahre im Zustand der Unterbeschäftigung verharren? Wo doch die Klassiker, wie etwa David Ricardo, noch völlig überzeugt waren, daß sich langfristig – trotz Konjunkturschwankungen und Wirtschaftskrisen – wieder alles von selber richten werde.

Keynes widmete dieser Frage große Aufmerksamkeit. Er fand zwei Aspekte, die als Ursache in Frage kommen.

Der erste Grund, warum eine Volkswirtschaft sich auch langfristig auf einen Zustand der Unterbeschäftigung einpendeln kann, glaubte er, liegt auf der Konsumentenseite, der zweite Grund auf der Produzentenseite. Auf der einen Seite ist es die mit der Höhe der Einkommen steigende Spargewohnheit der Konsumenten, auf der anderen Seite die nachlassende Investitionsneigung der Unternehmer. Beides wirke so zusammen, daß das kapitalistische Wirtschaftssystem dazu tendiere, auf einen Zustand dauerhafter Unterbeschäftigung abzusinken, um dort zu verharren. Es sei denn, der Staat greift mit nachfragestimulierenden Maßnahmen zur Belebung der Konjunktur ein.

Wir stehen hier an der tragenden Säule des Keynes'schen Theoriegebäudes. Man muß die Grundlagen dieser Überlegungen gut verstanden haben, um die Sinnhaftigkeit und Wirksamkeit der nachfrageorientierten Wirtschaftspolitik, soweit sie sich auf Keynes und sein Gedankengut bezieht, sachgerecht beurteilen zu können.

Nach der Keynes'schen Theorie hängen Produktion und Beschäftigung ausschließlich von der gesamtwirtschaftlichen Nachfrage ab. Diese Nachfrage ist aber nicht einheitlich, sie besteht aus verschiedenen Komponenten. Keynes bildete zwei Sektoren, ganz ähnlich wie sie uns bereits aus dem eingangs geschilderten Kreislaufmodell bekannt sind: die Nachfrage nach Konsumgütern, die von den Konsumenten (Haushalten) ausgeht sowie die Nachfrage nach Investitionsgütern, die von den Produzenten (Unternehmern) getragen wird. Die Nachfrage des Staates (und des Auslands) spielt hierbei zunächst keine Rolle.

Keynes untersucht als erstes nun die Frage, von welchen Einflußgrößen die Ausgaben für Konsum und für Investitionen abhängen. Sie kommen ja nicht aus heiterem Himmel, sondern stehen in einem bestimmten Zusammenhang zu anderen volkswirtschaftlichen Größen.

Abnehmende Grenzneigung zum Konsum

Bei den Konsumausgaben der Haushalte unterstellt er eine Abhängigkeit von der Höhe des Einkommens, wobei das, was nicht für Konsumzwecke ausgegeben wird, gespart wird. Hinsichtlich der Aufteilung von Konsum und Sparen macht nun Keynes eine entscheidende Annahme: Er unterstellt (wohl nicht zu Unrecht, wie man heute weiß), daß die Grenzneigung zum Konsum mit wachsendem Einkommen sinkt und umgekehrt, die des Sparens steigt. Das heißt, je mehr der Einzelne verdient, desto mehr spart er. Dies ist auch ganz natürlich. Wer sehr viel Geld verdient, kann sich eher leisten, einen größeren Teil seines Einkommens auf die Seite zu legen, als der Niedrigverdiener, dem lediglich das Existenzminimum zur Verfügung steht.

Bei steigendem Einkommen sinkt also die Konsumquote, die Sparquote nimmt dementsprechend zu. Anders und allgemeiner ausgedrückt: Mit wachsendem Wohlstand nimmt die Ersparnis nicht nur absolut, sondern auch relativ zu.

Mehr sparen bedeutet aber vermehrt Entzug von Kaufkraft auf den Märkten, was sich hemmend auf die Produktions- bzw. Absatzmöglichkeiten der Unternehmen auswirkt.

Nachlassende Investitionsneigung

Damit sind wir beim zweiten der von Keynes ausgemachten Konstruktionsdefekte: die in „reifen" Volkswirtschaften nachlassende Investitionsneigung der Produzenten. Was kann einen Unternehmer dazu bewegen, Investitionen zu tätigen und was hält ihn davon ab? Welche Einflüsse bestimmen seinen Entschluß, eine neue Fabrikationsanlage, einen zusätzlichen Maschinenpark oder ein neues Produktionsverfahren einzurichten? Gewinnerwartungen, Rentabilitätsüberlegungen, Konkurrenzdruck, Machtstreben, Steigerung des Marktanteils, Prestigeerwägungen, verfügbarer Finanz- und Kreditrahmen, Zinshöhe – ein ganzes Bündel möglicher Motive steht hier zur Wahl.

Keynes war in dieser Frage der Überzeugung, daß von allen Einflußfaktoren, die zum größten Teil eher psychologischer als ökonomischer Natur sind, den mit einer Investition zu erwartenden Gewinnen die größte Bedeutung zukomme. Die Gewinnerwartung sei Hauptmotiv und wesentliches Regulativ für Investitionsentscheidungen, die er in Beziehung zu dem auf dem Kapitalmarkt herrschenden Zinssatz setzt: Für den Unternehmer lohnt sich eine Investition so lange und nur so lange, wie die erwartete Rendite, das heißt der voraussehbare Jahresgewinn im Verhältnis zum eingesetzten Kapital, höher liegt als der gegebene Kapitalmarktzins. Der Unternehmer investiert nur dann, wenn der erwartete Gewinn höher liegt als die marktübliche Verzinsung, die er realisiert, wenn er also sein Kapital statt dessen in Wertpapieren angelegt hätte.

Keynes unterstellt nun auch hier eine abnehmende Tendenz: Die Rendite sinkt mit jeder zusätzlich getätigten Investition. Auch dies leuchtet ein. Die Investition, die der Einführung neuer Produkte dient, verschafft zunächst Wettbewerbsvorteile auf den Märkten, die Sondergewinne ermöglichen. Im Zuge des Imitationseffekts treten aber schon bald Konkurrenten auf, die gleiche oder ähnliche Produkte anbieten. Die dadurch geschmälerten Absatzmöglichkeiten verringern die Gewinnaussichten und letztlich auch die Rendite – eine charakteristische Situation für industriell hoch entwickelte Volkswirtschaften.

Der Zinssatz aber, so meinte Keynes, werde sich nie unterhalb einer bestimmten Grenze bewegen. Dieser Punkt, der mit dem Wunsch nach Kassenhaltung (Liquiditätsbedürfnis der Unternehmer und Haushalte) zusammenhängt, markiere denn auch den absoluten Stop der Investitionen. Sinkt die erwartete Rendite dennoch unter diese absolute Untergrenze, würde dies die Investitionsbereitschaft zum Stillstand bringen.

Nachfragelücke

Ein solcher Zustand ist zumeist dann erreicht, wenn zugleich auch die Ersparnisse besonders hoch liegen. Übersteigen aber die Ersparnisse die Ausgaben für Investitionen, wird dem Wirtschaftskreislauf mehr Nachfrage entzogen als ihm durch Investition zufließt. Es bildet sich die gefürchtete „Nachfragelücke" (demand lag): Die gesamtwirtschaftliche Nachfrage sinkt unter das gesamtwirtschaftliche Angebot. Der Ausfall an Nachfrage dämpft die Produktion und beeinträchtigt die Beschäftigung.

Damit sind die beiden Defekte des kapitalistischen Wirtschaftssystems, so wie Keynes sie sah, zusammengeführt. Der Nachfragemangel entsteht zwangsläufig und dauerhaft: Einerseits aus der mit wachsendem Einkommen nachlassenden Konsumneigung der privaten Haushalte, andererseits aus der Investitionszurückhaltung der Unternehmen, die in reifen Volkswirtschaften durch tendenziellen Rückgang der Rendite verursacht wird. Die Nachfragelücke hat deflatorische, das heißt schrumpfende Effekte zur Folge. Sie führt zu Unterbeschäftigung (Arbeitslosigkeit), die sich als Dauerzustand verfestigt und aus der sich die Volkswirtschaft aus eigener Kraft nicht mehr befreien kann.

Keynes weist den Weg aus dieser Misere über den Staat: Fehlende Nachfrage der Haushalte und mangelnde Investitionen der Unternehmen sind durch staatliche Nachfrage bzw. Einsatz öffentlicher Investitionen auszugleichen, die durch Kreditaufnahme bei der Zentralbank zu finanzieren sind (deficit spending). Nur so werde sich wirtschaftliches Gleichgewicht zwischen Produktion und Konsumtion mit Vollbeschäftigung erreichen lassen.

Die durch den Staat initiierte Stärkung der gesamtwirtschaftlichen Nachfrage bildet demnach – um hier vorzugreifen – die Grundlage des „nachfrageorientierten Ansatzes" der Wirtschaftspolitik, der in der Bundesrepublik nach dem Abflauen der Konjunktur in den siebziger Jahren mehrfach mit wechselndem Erfolg zur Anwendung kam.

Mehr Kaufkraft über höhere Löhne?

Natürlich gibt es noch einen anderen Weg, die gesamtwirtschaftliche Nachfrage anzuheben; ein Weg, den die Gewerkschaften jedes Jahr aufs Neue zu beschreiten versuchen und auf den wir hier noch einen Blick werfen müssen. Gemeint ist über eine expansive Tarifpolitik höhere Löhne durchzusetzen. Die Frage, ob allgemeine Lohnerhöhungen in der Lage sind, über die Steigerung der gesamtwirtschaftlichen Nachfrage die Investitionstätigkeit der Unternehmen anzuregen, spielt in der wirtschaftspolitischen Diskussion bis heute eine äußerst kontrovers diskutierte Rolle, vor allem in den Tarifauseinandersetzungen zwischen Arbeitgebern und Gewerkschaften.

Es gibt triftige Gründe, die für eine regelmäßige Anhebung der Löhne sprechen. Lohnerhöhungen sind sozusagen konstitutives Element der Wirtschaftspolitik. Allerdings, entscheidend für das Ausmaß der jährlichen Lohnerhöhung ist die Zunahme der Arbeitsproduktivität, das heißt der Produktion je Arbeitskraft. Unter Arbeitsproduktivität versteht man das Verhältnis von Produktmenge je eingesetzter Arbeitskraft, genauer je eingesetzter Arbeitsstunde

$$\text{Arbeitsproduktivität} = \frac{\text{Produktmenge}}{\text{Arbeitsstunde}}$$

Solange der technologische Fortschritt die Produktivität des Wirtschaftens erhöht, solange also jährlich mehr Güter je Arbeitskraft auf den Markt gebracht werden, stellt sich naturgemäß die Frage, wer denn dieses Mehr an Gütern kaufen soll. Wo vorher Güter für 100 Milliarden Mark abgesetzt wurden, sind es jetzt beispielsweise Güter für 110 Milliarden Mark. Wo bleiben die restlichen 10 Milliarden?

Ein Weg könnte darin bestehen, die Preise zu senken, weil ja die Stückkosten mit der Ausdehnung der Produktion rückläufig sind (siehe Kostendegression). Preissenkungen erhöhen in der Tat die reale Kaufkraft der Einkommen, so daß für dieselbe Menge Geld mehr gekauft werden kann. Aber die Erfahrung der Nachkriegszeit lehrt, daß zwar Verminderungen der Preise einzelner Produkte immer wieder vorgekommen sind, eine allgemeine Preissenkung allerdings hat es in den letzten 40 Jahren nicht gegeben.

Der Weg, mehr Kaufkraft über niedrigere Preise zu erzeugen, scheidet folglich de facto aus. Kommt also doch nur eine *Anhebung* der Einkommen in Betracht?

So paradox es klingen mag, es liegt geradezu im Interesse der Unternehmen, die Löhne jährlich anzuheben, auch wenn dies die betriebliche Kostenbelastung erhöht. Denn einerseits schlagen die höheren Löhne auf der Kostenseite der Unternehmen nicht in voller Höhe durch, weil Löhne zwar den höchsten, nicht aber den gesamten Teil der Kosten ausmachen. Der übrige Teil der Kosten bleibt aber von der Lohnerhöhung unberührt. Außerdem sinken – wie gesagt – die Stückkosten mit der Zunahme der Produktion. Auf der anderen Seite schaffen gerade höhere Löhne die gesamtwirtschaftlich erforderliche Nachfrage, um die zusätzliche Produktion auch tatsächlich abzusetzen. Es gereicht also durchaus zum Vorteil beider Seiten, von Arbeitnehmern *und* Arbeitgebern, für regelmäßige Lohnsteigerungen zu sorgen, soweit sich diese im Rahmen des allgemeinen Produktivitätsfortschritts bewegen.

Anders liegen die Dinge, wenn Lohnsteigerungen durchgesetzt werden, die über die allgemeine Produktivitätszunahme hinausgehen.

Solche Lohnsteigerungen schlagen nicht nur stärker auf der Kostenseite der Unternehmen durch und drücken das Preisniveau nach oben, auch volkswirtschaftlich stellen sich Nachteile ein. Denn jetzt bildet sich ein Nachfrageüberhang, weil kurzfristig mehr Kaufkraft auf den Markt kommt, als dem zusätzlichen Güterangebot entspricht, so daß die Preise gleich von zwei Seiten her in die Zange genommen werden: Kostendruck (cost push) und Nachfragesog (demand pull) treiben gemeinsam das Preisniveau nach oben. Das aber hebt die Wirkung der Lohnerhöhung zumindest teilweise wieder auf, so daß die Arbeitnehmer „real", unter Berücksichtigung des Preisauftriebs, im Grunde nicht viel besser dastehen als zuvor. Gestiegen ist nur der Nominallohn, der Reallohn hingegen nicht oder nicht im gewünschten Umfang.

Außerdem verstärken überhöhte Löhne den Rationalisierungsdruck auf die Unternehmen, weil die Arbeitgeber natürlich versuchen werden, den hohen Lohnkosten durch mehr Automatisierung in der Produktion auszuweichen, so daß sich die Gefahr der Arbeitslosigkeit eher noch erhöht und damit letztlich das Gegenteil von dem erreicht wird, was ursprünglich bezweckt war: Über höhere Löhne die Nachfrage anzuregen und damit die Unternehmen zu neuen Investitionen und Schaffung neuer Arbeitsplätze zu veranlassen.

Investitionen: Der Einkommens- und Kapazitätseffekt

Mit dem Stichwort Investitionen stoßen wir zum zweiten Kern der wirtschaftspolitischen Fragestellung. Wovon hängen Produktion und Beschäftigung in einer Volkswirtschaft denn nun tatsächlich ab, von der gesamtwirtschaftlichen Nachfrage oder vom gesamtwirtschaftlichen Angebot, von den Investitionen der Unternehmen also? Um dies zu beantworten, müssen wir uns noch mehr mit den verschiedenen Eigenschaften der Investitionen auseinandersetzen, über die wir im vorigen Abschnitt etwas zu pauschal hinweggegangen sind.

Investitionen besitzen eine Doppelwirkung, zwei voneinander unabhängige Effekte, die so grundverschieden sind, daß sich darauf völlig entgegengesetzte Theoriegebäude der Wirtschaftspolitik aufbauen lassen. Gemeint ist der „Einkommenseffekt" und der „Kapazitätseffekt" der Investitionen. Auf den Einkommenseffekt stützt sich der „nachfrageorientierte" Ansatz, auf den Kapazitätseffekt der „angebotsorientierte" Ansatz der Wirtschaftspolitik.

Einkommenseffekt

Wenn ein Unternehmen neue Fertigungsanlagen baut, vorhandene erweitert oder einen zusätzlichen Teilbetrieb errichtet, werden Ausgaben getätigt, die direkt oder indirekt Einkommen erzeugen. Daraus entsteht der *Einkommenseffekt* der Investitionen. Denn solange im Rahmen der Investitionen gebaut und gearbeitet wird, werden Löhne an die Beschäftigten der damit beauftragten Firmen gezahlt und Gewinne erzielt, die den Kapitaleignern dieser Firmen zufließen. Beides schafft unmittelbar Einkommen und zusätzliche Kaufkraft. Aber auch die Betriebe, die den investierenden Firmen Maschinen und Material liefern, sind mittelbar Nutznießer der Investition. Denn auch dort werden – wenn auch nicht ausschließlich – Lohnzahlungen für diesen Zweck getätigt und für die Firmenbesitzer Gewinne erzielt, die als zusätzliche Kaufkraft wieder auf den Markt kommen.

Auf diese Weise setzt sich der Einkommenseffekt – wenn auch in abgeschwächter Form – in den jeweils vorgelagerten Zulieferfirmen weiter fort, bis er schließlich abebbt. Über die einkommenschaffende Wirkung in der Investitionsgüterindustrie hinaus entstehen ähnliche Effekte in der Konsumgüterindustrie. Denn die in der Investitionsgüterindustrie gebildeten zusätzlichen Einkommen und Gewinne werden ja – bis auf das Gesparte – in den Haushalten wieder für Konsumgüter ausgegeben, erzeugen also ihrerseits neue Absatzchancen und damit neue Beschäftigungsmöglichkeiten in der Konsumgüterindustrie. Insgesamt gesehen hat sich die Wirkung einer einmaligen Investitionsausgabe auf das Volkseinkommen vervielfacht. Das Volkseinkommen ist am Ende der Wirkungskette um ein Mehrfaches des Ausgangsbetrages gestiegen. Man nennt diesen Effekt die *Multiplikatorwirkung* der Investitionen.

Auch hier kommt dem Sparen eine besondere Bedeutung zu, weil es sich bremsend auf den Multiplikatorprozeß auswirkt. Denn, weil der gesparte Teil der Einkommen nicht für Konsumzwecke ausgegeben und somit dem Wirtschaftskreislauf entzogen wird, läßt die Multiplikatorwirkung allmählich nach. (Sie würde sonst ja auch bis ins Unendliche fortdauern.)

Machen wir uns dies an einem Beispiel klar. Eine einmalige Investition von 10 Millionen Mark führt zu neuen Einkommen in gleicher Höhe, entweder in Form von Löhnen bei den Beschäftigten oder in Form von Gewinnen bei den Firmeninhabern, die den Investitionsauftrag ausführen. Werden von diesen Einkommen beispielsweise 90 Prozent für Konsumzwecke ausgegeben (das heißt 10 Prozent gespart), entstehen in der zweiten Phase wiederum neue Einkommen, diesmal in Höhe von neun Millionen Mark. Werden auch diese erneut zu 90 Prozent ausgegeben, bilden sich in der dritten Phase weitere Einkommen von 8,1 Millionen Mark, woraus in der vierten Phase 7,3 Millionen Mark werden.

Setzt man dieses Rechenspiel immer weiter fort, erschöpft sich allmählich die Multiplikatorwirkung, weil der verbleibende Restbetrag gegen Null geht. Wie groß ist nun der Gesamteffekt der Einkommenswirkung? Würde man die errechneten Einkommensbeträge allesamt aufaddieren, dann hätte sich das Volkseinkommen nach dem endgültigen Abklingen der Multiplikatorwirkung um insgesamt 100 Millionen Mark erhöht, den Ausgangsbetrag von 10 Millionen Mark inbegriffen. Um dies zu errechnen steht auch hier eine Formel zur Verfügung:*

$$Y = \frac{1}{1-c}\,\Delta I \quad \text{oder:} \quad Y = \frac{1}{s}\,\Delta I$$

Dabei bringt das Symbol Δ zum Ausdruck, daß es sich hier um zusätzliche, „marginale" Beträge handelt, nicht aber um Gesamtgrößen des Volkseinkommens.

Wie man sieht, bestimmt allein die Höhe der Sparquote die Vervielfältigungswirkung des Investitionsmultiplikators. Eine Sparquote von zehn Prozent führt zu einer Verzehnfachung der Einkommenswirkung der Ausgangsinvestition. Eine Sparquote von zwanzig Prozent bewirkt eine Verfünffachung der Einkommenswirkung (jeweils den Ausgangsbetrag mitgerechnet).

Dic Multiplikatorwirkung der Investitionen besitzt also eine nicht geringe Dynamik, die das Volkseinkommen eines Landes um so schneller in die Höhe treibt,

* Y = Volkseinkommen; I = Investitionsausgaben; c = Konsumquote, s = Sparquote

je kleiner die Sparquote ist, je weniger dem Wirtschaftskreislauf durch Sparen entzogen wird.

Auf dieser Multiplikatorwirkung hatte Keynes das Gebäude seiner Beschäftigungstheorie errichtet, um die in Unterbeschäftigung verharrende Volkswirtschaft über staatliche Investitionen wieder mit neuem Leben zu erfüllen. Für ihn war das Wichtigste, daß die gesamtwirtschaftliche Nachfrage als Ganzes zunimmt. Sie allein sorge über den Einkommenseffekt der staatlichen Investitionen ganz von selbst für die Stimulierung der privatwirtschaftlichen Produktion und damit für mehr Beschäftigung.

Kapazitätseffekt

Was Keynes in seinem Theoriegebäude jedoch völlig außer Acht gelassen hatte, war der zweite Aspekt der Investitionen, ihr *Kapazitätseffekt*. Dieser wirkt sich auch nicht sofort, sondern erst sehr viel später aus, so daß Keynes ihn guten Gewissens vernachlässigen zu können glaubte. Aber das erwies sich als entscheidender Fehler.

Ein Unternehmen, das seine Produktionsanlagen vergrößern will und dafür Investitionsausgaben tätigt, hat naturgemäß nicht die volkswirtschaftliche Einkommenswirkung im Auge. Es will in erster Linie seine Produktionskapazität und letztlich den Absatz erweitern. Daß dabei auch Ausgaben für Investitionen zu tätigen sind, kommt ihm eher wie ein notwendiges Übel vor, nicht aber als gesamtwirtschaftliche „Wohltat", die das Volkseinkommen steigert. Im Gegensatz zum Einkommenseffekt greift der Kapazitätseffekt aber erst sehr viel später, häufig erst nach Jahren, eben erst dann, wenn die neu geschaffenen Anlagen betriebsbereit sind und mit der Produktion beginnen können.

Während der Aufbauphase der Investition entstehen zwar zunächst schon zusätzliche Einkommen aber noch kein zusätzliches Güterangebot. Einkommens- und Kapazitätseffekt fallen also zeitlich weit auseinander und darin, im „time lag" zwischen Einkommens- und Kapazitätseffekt, liegen Probleme verborgen, die im Konjunkturverlauf genau das Falsche bewirken können.

Einerseits besteht die Gefahr, daß die im Aufschwung oder in der Hochkonjunktur eingeleiteten Produktionsanlagen erst in der Phase des Konjunkturabschwungs fertigungsreif werden. Dann aber erweitern sie die Produktionskapazität genau zum falschen Zeitpunkt, nämlich erst dann, wenn die vorhandenen Anlagen sowieso schon nicht mehr ausgelastet sind. Damit schwindet der Anreiz für weitere Investitionen noch mehr, was den Abschwung weiter beschleunigt.

Andererseits verstärken Investitionen, die im Konjunkturaufschwung eingeleitet werden, tendenziell den ohnehin vorhandenen Preisauftrieb, weil sie über zusätzliche Einkommen mehr Kaufkraft auf den Markt bringen, ohne daß dem ein entsprechendes Güterangebot gegenübersteht. Das aber verstärkt nicht nur die bereits vorhandenen inflationären Tendenzen, sondern heizt die Konjunktur noch weiter an und verstärkt die Gefahr der Überhitzung.

Keynes hat – und da liegt die Schwäche seiner Theorie – mit seiner Beschäftigungstheorie ausschließlich den kurzfristigen Einkommenseffekt der Investitionen vor Augen gehabt. Der langfristig wirksame Kapazitätseffekt kommt bei ihm überhaupt nicht vor. Keynes sieht also nur die ganz kurze Periode; die Zeit wird von ihm so gut wie vernachlässigt: „In the long run we are all dead".

Der Ökonom nennt eine solch zeitlose Betrachtungsweise „statisch", im Gegensatz zur „dynamischen" Sicht, in der die wirtschaftlichen Einflußgrößen in Abhängigkeit zur Zeit gesehen werden.

Keynes übersah also (bzw. glaubte sie vernachlässigen zu können) die dynamische Komponente der Investitionen, die nicht nur kurzfristig Einkommen und Nachfrage erzeugen, sondern langfristig eben auch neue Kapazitäten schaffen, das aber dann (unter Umständen) zum falschen Zeitpunkt.

Wir müssen uns dieses etwas verwirrende Spiel von Einkommens- und Kapazitätseffekt sehr genau klarmachen, weil nur dadurch auch die Wachstumskräfte der Marktwirtschaft sichtbar werden, die die Wirtschaftsleistung immer weiter in die Höhe treiben.

Was passiert also, wenn Investitionen am Ende neue Produktionskapazitäten geschaffen haben? Dann werden mehr Güter auf den Markt gebracht; aber diese müssen auch abgesetzt werden. Damit stehen wir vor einem neuen Problem. Der Absatz dieser zusätzlichen Produktion ist jedenfalls nur dann gesichert, wenn ihr auch eine entsprechend höhere Nachfrage gegenübersteht. Woher soll diese kommen?

Hier spielt der time lag zwischen Einkommens- und Kapazitätseffekt seine störende Rolle. Die durch die Investitionsausgaben erzeugten Einkommen sind ja bereits vorher, während der mehrjährigen Anlaufzeit der neuen Anlagen induziert worden. Sie haben also die Nachfrage bereits weit vor ihrer Inbetriebnahme erhöht. Wenn die neuen Fertigungsanlagen endlich ihrer Bestimmung übergeben werden und die Produktion anläuft – volkswirtschaftlich das Güterangebot erweitern – erfordert dies zwar einen zusätzlichen Einsatz von Arbeitskräften, weil die Anlagen ja auch betrieben werden müssen. Ob aber die Mehrbeschäftigung ausreichende Kaufkraft schafft, die gesamte Mehrproduktion auch tatsächlich abzusetzen, bleibt ungewiß. Auf jeden Fall ist der Großteil des Einkommenseffekts dieser Investitionen bereits vorher kaufkraftsteigernd wirksam geworden.

Gesichert ist der Absatz offenbar nur dann, wenn zu der Konsumnachfrage der bisher beschäftigten Arbeitnehmer weitere Investitionen treten, die über zusätzliche Beschäftigungsmöglichkeiten neue Kaufkraft schaffen. Um also der angebotssteigernden Wirkung der produktionsreif gewordenen Investitionen ein ausreichendes Volumen an Nachfrage gegenüberzustellen, bedarf es wiederum des Einkommenseffekts neuer, zusätzlicher Investitionen.

Damit sind wir beim Kern der Dinge: Damit eine Volkswirtschaft kontinuierlich wachsen kann, braucht sie die Investition in der Vergangenheit, die in der Gegenwart die nötigen Produktionsmöglichkeiten schafft. Sie braucht aber auch die Investition in der Gegenwart, die gesamtwirtschaftlich ausreichende Kaufkraft sichert, das erweiterte Güterangebot auch tatsächlich abzusetzen. „So erfordert jede Investition neue Investitionen" (Erich Preiser) und wir besitzen den Schlüssel zu der ungeheuren Wachstumsdynamik, die die hochentwickelten Industrienationen zu immer neuen Investitionen und zu immer größerer Produktion treibt. Daß aber von Menschen geschaffene Systeme nicht über alle Maßen wachsen können, ohne neue Probleme zu schaffen, die in der Endlichkeit der natürlichen Ressourcen, aber auch in der keineswegs unendlichen Belastbarkeit der Umwelt begründet liegen, darauf haben wir bereits eingangs dieses Buchteils hingewiesen und darauf werden wir im letzten Kapitel noch ausführlicher eingehen.

Das Say'sche Theorem

Es ist also der von Keynes vernachlässigte Kapazitätseffekt der Investitionen, der das Produktionspotential der Volkswirtschaft unablässig wachsen läßt.

Diesen Kapazitätseffekt hatten die Klassiker im Auge, als sie ihr volkswirtschaftliches Modell ohne Arbeitslosigkeit entwarfen. Wenn neue Investitionen getätigt werden, erzeugen sie aus sich heraus die Einkommen, die notwendig sind, die Mehrproduktion auch tatsächlich abzusetzen, kurz: Das Angebot schafft sich selbst die Nachfrage!

Der Vater dieser These, der Franzose Jean Baptiste Say, formulierte das nach ihm benannte „Say'sche Theorem" bereits vor rund 200 Jahren.

Seine Argumentation entbehrt nicht der Logik. Im Grunde werden alle Güter, wenn man einmal den „Geldschleier" wegzieht, immer nur mit Gütern bezahlt. Mit der Produktion der Güter wird über den Lohn stets auch das Geld in Umlauf gebracht, das für den Kauf der Güter erforderlich ist. Neue Investitionen führen zu neuen Einkommen auf der Seite der Beschäftigten, womit sich die Nachfrage nach Gütern erhöht. Einem Güterangebot steht daher am Ende immer eine gleich hohe Güternachfrage gegenüber. Da die erzeugten Güter im Prinzip immer abgesetzt werden, ist auch logischerweise Arbeitslosigkeit so gut wie ausgeschlossen – zumindest auf lange Sicht. Lediglich partielle Störungen auf den Absatzwegen einzelner Märkte seien möglich, die vorübergehend zu Unterbeschäftigung führen können.

Die Begründung, die seine Befürworter heute hierzu anführen, beleuchtet das folgende Zitat:

„Die Summe der Löhne, Gewinne und Zinsen, die zur Herstellung einer Ware aufgewendet wurden, reicht genau, um sie zu kaufen. Das heißt nicht, daß dieselben Leute, die ein Auto herstellen, es notwendigerweise kaufen werden, sondern daß sie es könnten. So können sich, quer durch ein ganzes System, Kaufkraft und Produktionskraft überall die Waage halten – es gibt immer genug Wohlstand, um die angebotenen Produkte zu kaufen. Es können keine Warenhalden aufgrund einer unzureichenden Gesamtnachfrage entstehen. Die Produzenten schaffen mit ihrer produktiven Tätigkeit selbst die Nachfrage für ihre Waren"[24].

In ganz ähnlichem Sinne äußert sich auch der Sachverständigenrat: „Neue Nachfrage entfaltet sich nicht von selbst, sie schafft ihr Angebot nicht selber, vielmehr sind es regelmäßig die Anbieter, die den neuen Markt aufbauen, die latente Nachfrage zu effektiver Nachfrage werden lassen"[25].

Der Gedankengang des Say'schen Theorems bildet deshalb auch die Grundlage der angebotsorientierten Wirtschaftspolitik, die in mehreren westlichen Industrienationen, allen voran in den Vereinigten Staaten und Großbritannien, seit Anfang der achtziger Jahre auch in der Bundesrepublik, große Bedeutung gewonnen hat.

---

[24] Thomas Sowell, zitiert nach Gilder, G.; „Reichtum und Armut", München 1981, S. 48

[25] Jahresgutachten 1983/84 des Sachverständigenrates, S. 154

Rationalisierungseffekt

Was aber sowohl die Theorie der Keynes'schen Nachfragestimulierung als auch das angebotsorientierte Modell der Klassiker nach dem Theorem von Say außer Acht lassen, ist eine weitere Eigenschaft der Investitionen, die bis heute in ihrer Wirkung auf den Arbeitsmarkt noch nicht restlos erforscht ist. Gemeint ist der Rationalisierungseffekt der Investitionen. Schafft er Arbeitsplätze oder vernichtet er sie? Das ist die Gretchenfrage der Beschäftigungspolitik, Streitobjekt Nummer eins im Kampf der Tarifparteien um die Sicherung der Arbeitsplätze. Sehen wir uns die Arbeitsplatzwirkung der Investitionen einmal etwas näher an.

Investitionen lassen sich ihrem Zweck nach in drei Gruppen einteilen: *Erweiterungsinvestitionen, Ersatzinvestitionen* und *Rationalisierungsinvestitionen.*

Mit Erweiterungsinvestitionen – und nur von diesen war die ganze Zeit die Rede – will der Unternehmer seine Produktion ausweiten. Auf sie vor allem geht der beschriebene Kapazitätseffekt zurück. Ersatzinvestitionen hingegen dienen ausschließlich der Erhaltung der vorhandenen Anlagen, also Alt durch Neu, wenn diese abgenutzt oder technisch überholt sind. In dieser strengen Form der Definition wirken Ersatzinvestitionen kapazitätsneutral. Sie erweitern die Produktionsanlagen nicht, sie erhalten sie nur. Von ihnen gehen daher auch keine kapazitätserweiternden, sondern lediglich einkommensinduzierende Effekte aus.

Aber wie „verhalten" sich Investitionen, die der Rationalisierung dienen? Rationalisierung geht Hand in Hand mit technologischem Fortschritt. Er bewirkt die produktionstechnische und organisatorische Verbesserung der betrieblichen Anlagen. Im Zeitalter der Computertechnik und des Mikrochips sind damit fast immer völlig neuartige Arbeitsverfahren verbunden, die nicht nur eine erheblich bessere, sondern auch erheblich schnellere, größere und zumeist auch arbeitssparende Produktion ermöglichen. Selbst der Ersatz alter Anlagen geht heute ausnahmslos mit einer Erweiterung der Produktionskapazität einher, und dies in der Regel mit reduziertem Arbeitseinsatz.

Die Mischung aus Ersatz- und Erweiterungsinvestition ist daher das kennzeichnende Merkmal der Rationalisierungsinvestition. Im Grunde ist jede Investition, ob sie dem Ersatz oder der Erweiterung der Anlagen dient, zugleich auch Rationalisierungsinvestition!

Was Rationalisierung alles bedeuten kann, veranschaulicht die folgende ZEIT-Reportage: „Verehrer des technischen Fortschritts in Japan haben einen neuen Wallfahrtsort: einen Supermarkt in Yokohama, in dem die Kunden von Robotern und Automaten bedient werden. Roboter schneiden Schinken exakt nach den Wünschen der Hausfrau; Roboter überwachen den Parkplatz. Vollautomatische Transportsysteme schaffen die angelieferte Ware von Lastwagen ins Lager. Unbemannte, von Computern gesteuerte Fahrzeuge holen von dort nach Geschäftsschluß Konserven und Waschmittel, Tiefkühlkost oder Getränke, nachdem elektronische Kontrollsysteme gemeldet haben, welche Regale wieder aufgefüllt werden müssen. Automaten wachen darüber, ob Fisch oder Fleisch noch frisch genug sind. 28 neue, computerisierte Systeme haben die Spezialitäten der Seibu-Gruppe, zu der die Seiyu-Märkte gehören, für diesen ersten automatischen Laden entwickelt.

Es sind Systeme, die in Zukunft nicht nur die Betriebskosten der Läden senken, sondern auch den Umsatz heben sollen. Denn die Seibu-Gruppe betreibt nicht nur 166 Supermärkte in Japan. Sie versteht sich auch als „High-Tech"-Unternehmen. Alle diese Automaten, über die nicht nur die Hausfrauen in Yokohama staunen, sondern auch die aus allen Himmelsrichtungen anreisenden Techniker und Kaufleute, sollen deshalb vermarktet werden. Wer will, kann bei Seiyu außer Tee, Nudeln, Reis oder Fisch auch einen Roboter kaufen."[26]

Einen Roboter, den menschliche Arbeitskraft verdrängenden Alleskönner, im Supermarkt zu erwerben, ganz nebenbei gerade so wie ein Pfund Butter, erscheint wahrhaftig als apokalyptische Vision, und das nicht nur im Land der aufgehenden Sonne. Atemberaubend mutet der Vormarsch der Roboter auch in der Bundesrepublik an. Seit 1978 erhöhte sich ihre Zahl um ein Vielfaches: von 620 auf 4800 im Jahr 1983 und weiter auf 8800 bis zum Jahr 1985[27].

Der Roboter als Sinnbild höchsten Standards vollautomatisch gesteuerter Produktionsprozesse steht hier stellvertretend für den technologischen Fortschritt schlechthin. Alle Unternehmen aus Industrie, Handel und Gewerbe, zunehmend auch im Dienstleistungssektor (Banken, Versicherungen, Verwaltung) und im Bildungsbereich (Schulen, Universitäten) müssen sich heute mehr und mehr elektronisch gesteuerter Arbeitsgeräte bedienen, die immer handlicher, billiger und leistungsfähiger zur Verfügung stehen. Die aktive Teilnahme am technologischen Fortschritt erscheint für weite Bereiche der Wirtschaft und des gesellschaftlichen Lebens unverzichtbar. Denn nur sein erfolgreicher Einsatz in leistungsfähige Produktion verschafft den nötigen Vorteil, um im Wettbewerb mit den Konkurrenten mitzuhalten. Er ist geradezu die Voraussetzung der eigenen Existenz.

Einzelbetrieblich ist das Ergebnis des technologischen Fortschritts stets auf das gleiche Ziel gerichtet: Er soll den Betrieb, auf welche Weise auch immer, in die Lage versetzen, Kosten zu sparen, das heißt vor allem seine Produktion mit immer weniger menschlicher Arbeitskraft zu erzeugen, weil diese eben der teuerste „Produktionsfaktor" ist. Dies ist Ausdruck steigender Arbeitsproduktivität, der Produktionszunahme je Arbeitskraft (bzw. je Arbeitsstunde).

Man kann die Produktivität auf zweierlei Art und Weise steigern, entweder durch Verkürzung der Arbeitszeit, die für die Herstellung einer bestimmten Gütermenge aufgewendet werden muß, oder durch Steigerung der Zahl der Produkte, die im Durchschnitt je Arbeitskraft (bzw. je Arbeitsstunde) erzeugt wird. Rationalisierung beinhaltet in der Regel beides: durch Verbesserung der technischen Anlagen und organisatorischen Arbeitsabläufe mehr Güter (zu meist höherer Qualität) in immer kürzeren Zeitabständen herzustellen.

Um ein Beispiel aus der Industrieproduktion zu nennen: Die Fertigung einer Vier-Zylinder-Kurbelwelle beanspruchte Mitte der sechziger Jahre eine Produktionszeit von knapp eineinviertel Stunden. Bis Mitte der achtziger Jahre schrumpfte die Produktionszeit auf etwas mehr als fünfzehn Minuten. Die Verkürzung auf fast nur noch ein Fünftel der ursprünglich aufzuwendenden Zeit veranschaulicht, welches Tempo die Rationalisierung in nur 20 Jahren genommen hat.

Dabei änderte sich nicht nur das Produktionsvolumen, auch die Produktionsprozesse verwandelten sich von Grund auf. Zuerst erfolgte die Fertigung an Einzelmaschinen, an denen noch handwerkliches Können gefragt war. Dann kamen Halbtransferstraßen, die bereits nach kurzer Zeit durch voll verkettete Transfer-

26 DIE ZEIT vom 20.4.1984

27 Globus Kartendienst „Der Roboter-Aufmarsch" in Gießener Allgemeine vom 9.4.1986

straßen abgelöst wurden. Bei diesen erfolgt die Überwachung der gesamten Abläufe fast vollständig durch Automaten der elektronischen Datenverarbeitung bzw. EDV-gestützter Kontrollsysteme.

Der Einsatz hochmoderner Technologie schafft also nicht nur völlig neue Arbeitsbedingungen, sondern zumeist auch effizientere, die zwar die Qualität der Arbeit verbessern, aber auch dazu dienen, dem Menschen Arbeit abzunehmen. Darauf verweist die Industrie sogar mit nicht unbeträchtlichem Stolz: „Jede industrielle Revolution bedeutet gleichzeitig industrielle Rationalisierung. Denn die Technik dient in erster Linie dazu, dem Menschen Arbeit abzunehmen. Immer wieder brachte technischer Fortschritt Veränderungen mit sich. Aber immer wieder führte bessere Technik zu besserer Lebensqualität. So ist es auch heute, bei der dritten industriellen Revolution. Gerade neue Technologien in der deutschen Werkzeugmaschinen-Branche schaffen seit jeher nicht nur die Grundlage für die Wettbewerbsfähigkeit sämtlicher nationaler Industriezweige. Sie schaffen auch neue Berufe. Interessantere, spezialisiertere, anspruchsvollere Berufe. Denn je qualifizierter die Maschinen, desto qualifizierter müssen auch die Menschen sein, die damit umgehen“[28].

Daß Rationalisierung dem Menschen Arbeit abnimmt, erscheint also unstrittig, wenn auch die Industriewerbung dies etwas anders gemeint hat. Daß aber Rationalisierung für den Einzelnen äußerst unangenehme Folgen mit sich bringen kann, dürfte ebenso unbestritten sein: „Richtig ist, daß in dem von Rationalisierung und technischem Fortschritt geprägtem Strukturwandel mannigfache Friktionen auftreten, die vor allem für den Einzelnen oft mehr oder weniger lange Arbeitslosigkeit bedeuten können. Denn wo Kostensenkungen (durch Rationalisierungsmaßnahmen, d.V.) nicht Sicherung des Arbeitsplatzes bedeutet, sondern Wegfall des Arbeitsplatzes, ist ein Ausscheiden aus dem Unternehmen und Suche nach einem neuen Arbeitsplatz oftmals unvermeidlich“[29], so der Sachverständigenrat zur Arbeitslosigkeit aus der Sicht der Betroffenen. Ob der Entlassene allerdings rechtzeitig eine neue Beschäftigung findet, ist angesichts der über zwei Millionen Arbeitslosen auch in Zukunft mehr als zweifelhaft. Aus diesem Grund wollen sich denn auch die Gewerkschaften mit derartigen „Unvermeidlichkeiten“ auf keinen Fall länger abfinden. Ihre Forderung heißt Verkürzung der Arbeitszeit, sprich Durchsetzung der „35-Stunden-Woche“.

Arbeitslosigkeit: Krise ohne Ende?

Im Mittelpunkt der seit Anfang der achtziger Jahre in der Bundesrepublik geführten Diskussion, in welcher Weise aus der Krise der Dauerarbeitslosigkeit herauszukommen sei, steht die Verkürzung der Wochenarbeitszeit, die von den Gewerkschaften geforderte 35-Stunden-Woche mit vollem Lohnausgleich. Das Schwergewicht gewerkschaftlicher Argumentation liegt dabei auf der arbeitsplatzschaffenden Wirkung der auf 35 Stunden verkürzten Wochenarbeitszeit. So sollen nicht nur die vorhandenen Arbeitsplätze gesichert, sondern auch neue Arbeitsplätze geschaffen werden, um die Dauerarbeitslosigkeit abzubauen. Als positive Nebeneffekte werden außerdem mehr Freizeit, weniger Arbeitsbelastung,

[28] Anzeige des Vereins Deutscher Werkzeugmaschinenfabrikanten, Frankfurt am Main, vom 2.11.1984 in DIE ZEIT (Auszug)

[29] Jahresgutachten 1983/84 des Sachverständigenrates, S. 154

weniger Streß und mehr kulturelle Selbstverwirklichung ins Feld geführt. Die Unternehmen, so argumentieren die Gewerkschaften, reagierten auf den immer intensiver werdenden, auch internationalen Konkurrenzdruck mit dem verstärkten Einsatz von Rationalisierungen. Dadurch werde eine Produktivitätssteigerung ausgelöst, die immer mehr Arbeitsplätze überflüssig mache. Fazit: Der Ausweg aus diesem Dilemma führt nur über die Verkürzung der Arbeitszeit. Sie stoppe das Unvermeidliche, die Fahrt in die millionenfache Arbeitslosigkeit.

Es liegt in der Natur der Sache, daß die Arbeitgeber in dieser Frage zu ganz anderen Schlußfolgerungen gelangen. Sie lehnen die Forderung nach Einführung der 35-Stunden-Woche bei vollem Lohnausgleich kategorisch ab. (Wenngleich seit 1985 ein erster Einstieg mit der flexiblen 38,5-Stunden-Regelung gelungen scheint.) Ihre Argumentation stützt sich auf den Aspekt steigender Kosten, die nach ihrer Ansicht um 18 Prozent zunehmen würden (abgeleitet aus 14,3 Prozent für fünf Stunden weniger Arbeit plus 4,3 Prozent Folgekosten), aber auch auf die Verschlechterung der internationalen Wettbewerbsfähigkeit. Die Rechnung der Gewerkschaften könne eben so nicht aufgehen, und zwar aus folgenden Gründen (hier bezogen auf die IG Metall): „Es sei falsch, eine kürzere Arbeitszeit einfach mit der Zahl von Beschäftigten und Arbeitslosen zu verrechnen. Beschäftigungswirkungen dieser Art seien reine Theorie. Wenn überhaupt, werde Arbeitszeitverkürzung nur dort zu neuen Arbeitsplätzen führen, wo nicht rationalisiert werden könne oder wo Rationalisierungsreserven bereits ausgeschöpft seien. In solchen Betrieben müsse der Produktionsausfall entweder hingenommen oder versucht werden, ihn durch Einstellungen neuer Arbeitskräfte wett zu machen. Aber die Zahl der so gewonnenen Arbeitsplätze sei geringer als die Beschäftigungsverluste durch Arbeitszeitverkürzung“[30].

Selbst dem Fachmann fällt es nicht ganz leicht, der einen oder der anderen Seite Recht zu geben. Dem interessierten Laien, der sich ein objektives Urteil bilden will, fehlen häufig die hierzu notwendigen Informationen. Werfen wir daher einen Blick auf die relevanten Fakten, um uns sachkundiger zu machen, und versuchen einige der in der Öffentlichkeit diskutierten Argumente auszuleuchten.

Arbeitslosigkeit, ein weltweites Problem

Erstens. Die Arbeitslosigkeit befindet sich in der Bundesrepublik seit zehn Jahren in einer Entwicklung mit wachsender Tendenz, die gesellschaftspolitisch als äußerst bedenklich zu bezeichnen ist.

Wie sich aus Tabelle 9 ergibt, stehen wir hier vor einem kontinuierlichen Aufwärtstrend, der sich seit drei Jahren auf hohem Niveau festgesetzt hat. Lagen die Arbeitslosenzahlen vor 1974 noch durchweg unter 300000, was einer Arbeitslosenquote von weniger als einem Prozent entspricht, überschreitet sie 1975 zum ersten Mal die Millionengrenze und erreicht eine Arbeitslosenquote von 4,7 Prozent. Bis 1983 steigt die Quote dann auf über neun Prozent und verdoppelte die Zahl der Arbeitslosen auf 2,3 Millionen, um sich auf dieser Höhe für mehrere Jahre zu stabilisieren. Hinzu kommen im Jahresschnitt rund 300000 Kurzarbeiter. Das bedeutet, daß in der Bundesrepublik gut 2,6 Millionen Menschen, jeder zehnte Arbeitnehmer, ganz oder teilweise ohne Arbeit sind und es voraussichtlich auch noch lange bleiben werden.

30 Der Kampf um die Arbeitszeit in der Metallindustrie, Köln 1984, S. 47

Jahr	Abhängige Erwerbspersonen* (in 1 000)	Davon Arbeitslose (in 1 000)	Arbeitslosenquote (in Prozent)
1960	20 528	271	1,3
1965	21 904	147	0,7
1970	22 395	149	0,7
1971	22 791	185	0,8
1972	22 879	246	1,1
1973	23 179	273	1,2
1974	23 222	582	2,5
1975	23 088	1 074	4,7
1976	22 999	1 060	4,6
1977	23 059	1 030	4,5
1978	23 257	993	4,3
1979	23 539	876	3,7
1980	23 898	889	3,7
1981	24 141	1 272	5,3
1982	24 269	1 833	7,6
1983	24 315	2 258	9,3
1984	24 330	2 266	9,3
1985	24 543	2 302	9,4

Tab. 9 Arbeitslosigkeit in der Bundesrepublik

Die Zahl der Arbeitslosen stieg von 149000 im Jahre 1970 auf 2,3 Millionen im Jahre 1985. Dem entspricht eine Zunahme der Arbeitslosenquote von 0,7 auf 9,4 Prozent, mit anhaltender Tendenz für den Rest der achtziger Jahre.

* Beschäftigte Arbeitnehmer und Arbeitslose nach dem Inländerkonzept (= ständiger Wohnsitz im Bundesgebiet) ohne Selbständige.

Quelle: Jahresgutachten 1985/86 des Sachverständigenrates, S. 61 und eigene Berechnungen

Erschwerend kommt hinzu, daß die individuelle Dauer der Arbeitslosigkeit ständig zunimmt, nach Angaben der Bundesanstalt für Arbeit in den Jahren 1981 bis 1984 von 7,5 auf mehr als 11,5 Monate. Im Mittel ist heute jeder Arbeitslose fast ein ganzes Jahr ohne Arbeit, ehe er eine neue Beschäftigung findet. Immer mehr Arbeitslose sinken vom Niveau des Arbeitslosengeldes (= 63 Prozent des zuletzt verdienten Nettoeinkommens) auf das Niveau der Arbeitslosenhilfe (= 56 Prozent) ab oder in das noch tiefer hängende, grobmaschige Netz der Sozialhilfe, die mit allen zusätzlich möglichen Leistungen etwa 750 DM im Monat pro Person beträgt. So erhielten 1983 über 50 Prozent der Arbeitslosen das höhere Arbeitslosengeld; Anfang 1985 waren es nur noch 35 Prozent. Umgekehrt stieg der Anteil der Empfänger von Arbeitslosenhilfe im gleichen Zeitraum von 12 auf 27 Prozent. Und mehr als ein Drittel der 2,3 Millionen Arbeitslosen (über 700000) ist heute auf Sozialhilfe angewiesen. Aus der Dauerarbeitslosigkeit droht der Bundesrepublik eine neue Armut zu erwachsen, die wir seit der Nachkriegszeit überwunden zu haben glaubten.

Arbeitslosigkeit erweist sich aber nicht nur als nationales Phänomen der Bundesrepublik. In allen wichtigen Industrienationen der westlichen Welt herrscht Unterbeschäftigung mit zum Teil zweistelligen Arbeitslosenquoten, wie sich aus der Zusammenstellung in Tabelle 10 ergibt.

Nach einer Studie der OECD beträgt die Arbeitslosenquote aller Länder der Europäischen Gemeinschaft (EG) mittlerweile mehr als zehn Prozent. Insgesamt

	Arbeitslosenquote 1985
Belgien	14,0
Niederlande	13,5
England	13,0
Frankreich	10,5
Italien	10,5
Kanada	10,5
B.R. Deutschland	8,5
USA	7,0
Österreich	5,0
Japan	2,5
Schweiz	1,0

Tab. 10 Arbeitslosenquoten in ausgewählten Industrienationen

Arbeitslosigkeit ist heute ein internationales Phänomen. In allen wichtigen Industrienationen der westlichen Welt herrscht Unterbeschäftigung mit zum Teil zweistelligen Arbeitslosenquoten. Insgesamt sind in den westlichen Ländern einschließlich der USA derzeit mehr als 33 Millionen Menschen ohne Arbeit.
Quelle: Jahresgutachten 1985/86 des Sachverständigenrates, S. 16
Standardisierte Quoten der OECD: „Anteil der Arbeitslosen an den gesamten Erwerbspersonen" (hier *einschließlich* Selbständige; deswegen die etwas niedrigeren Quoten als bei den nationalen Angaben.)

sind in den westlichen Ländern einschließlich USA derzeit mehr als 33 Millionen Menschen ohne Arbeit. Ihre Zahl ist weiter im Steigen begriffen. Hinzu kommen noch die nicht registrierten Arbeitslosen (versteckte Arbeitslosigkeit), die allein in der Bundesrepublik auf mehrere Hunderttausend geschätzt wird. In den Ländern der Dritten Welt liegt die Arbeitslosigkeit weitaus höher, wenn auch andere Lebensumstände und unsichere Registrierverfahren eine direkte Vergleichbarkeit nur schwer oder kaum ermöglichen.

Arbeitslosigkeit, ein langfristiges Problem

Zweitens. Die heutige Arbeitslosigkeit ist ein langfristiges Problem. Die demographische Entwicklung der Bundesrepublik wird in den 80er und 90er Jahren einen starken Anstieg der arbeitsfähigen Erwerbsbevölkerung bringen. Dann nämlich dringen die geburtenstarken Jahrgänge aus den 60er Jahren in voller Stärke in das Beschäftigungssystem und sorgen für ein Überangebot an Arbeitsuchenden. Nach einer 1985 veröffentlichten Studie des Instituts für Arbeitsmarkt und Berufsforschung, einer Einrichtung der Bundesanstalt für Arbeit, klafft noch bis Ende der neunziger Jahre eine beträchtliche Lücke zwischen Angebot und Nachfrage nach Arbeitskräften, zwischen der voraussichtlichen Zahl der Erwerbspersonen und der Zahl der möglichen Arbeitsplätze (siehe Abbildung 18).

Die schraffierte Fläche gibt den „Arbeitskräfteüberschuß", das heißt die Zahl der Arbeitslosen wieder, und zwar einschließlich der stillen, nicht registrierten Arbeitslosigkeit, die in der offiziellen Statistik oder Presseberichterstattung zumeist keine Beachtung findet. Unter den in der Studie beschriebenen Voraussetzungen kommen die Arbeitsmarktforscher zu dem alarmierenden Ergebnis, daß bis Anfang der neunziger Jahre nach wie vor mit mindestens zwei Millionen, wahrscheinlich sogar mit 2,7 Millionen offiziell registrierten Arbeitslosen zu

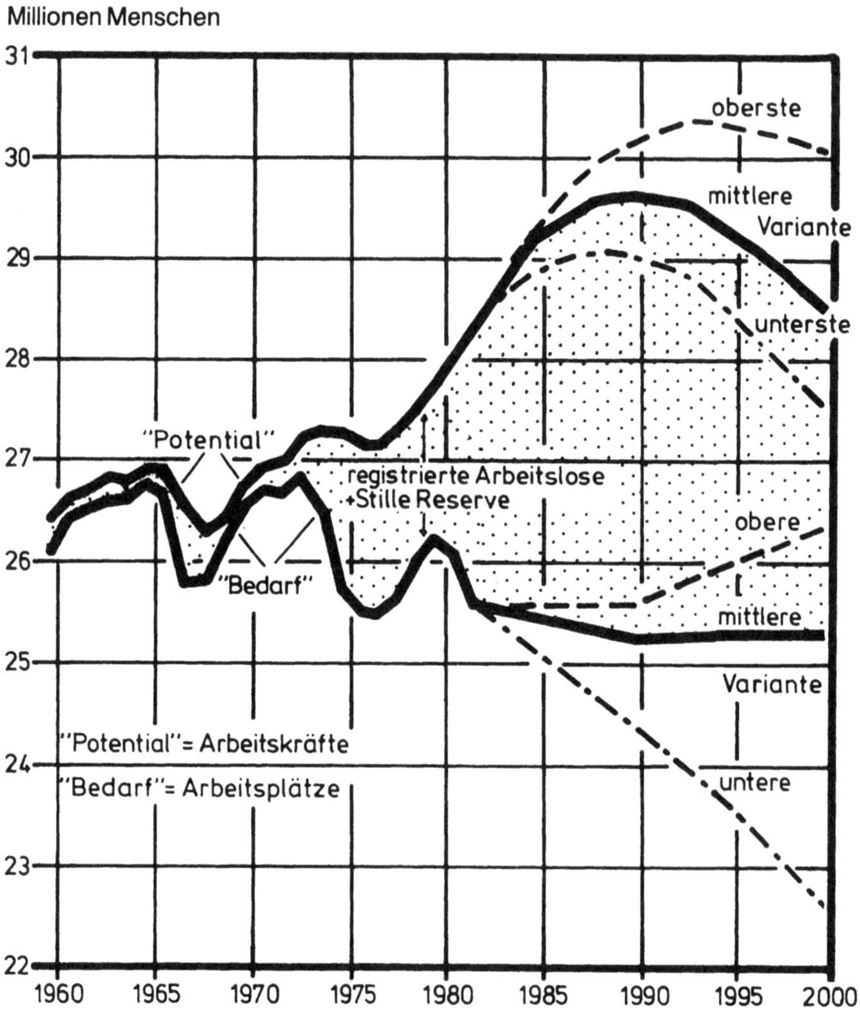

Abb. 18 Vorausschätzung der Arbeitslosigkeit in der Bundesrepublik bis zum Jahr 2000. Die derzeitige Arbeitslosigkeit in der Bundesrepublik ist langfristiger Natur.
Aufgrund einer 1985 erstellten Modellrechnung des Instituts für Arbeitsmarkt und Berufsforschung werden nach der „wahrscheinlichen" Variante (gepunktete Fläche) auf dem Höhepunkt der Entwicklung im Jahr 1990 mehr als 4,3 Millionen Menschen arbeitslos sein, darunter über 2,7 Millionen registrierte Arbeitslose.
Quelle: Klauder, W.; Schnur, P.; Thon, M. „Arbeitsmarktperspektiven der 80er und 90er Jahre. Neue Modellrechnung für Potential und Bedarf an Arbeitskräften", in: Mitteilungen aus der Arbeitsmarkt- und Berufsforschung 18. Jg./1985 (Sonderdruck), S. 59f.

rechnen sein wird. Wobei die Gesamtarbeitslosigkeit – einschließlich der nicht registrierten Personen – zwischen 3,4 und womöglich 4,4 Millionen betragen wird.

Auch bis zum Jahr 2000 führt selbst die günstigste Schätzung, die allerdings ein permanentes Wirtschaftswachstum von 3 Prozent voraussetzt, nicht zu einem Ausgleich von Angebot und Nachfrage auf dem Arbeitsmarkt. Es bleibt ein Arbeitskräfteüberschuß von mehr als einer Million Menschen, darunter voraussichtlich immer noch 700000 registrierte Arbeitslose. Die durch den „Pillenknick" verursachte Abflachung des Arbeitskräfteangebots dürfte demnach erst weit nach dem Jahr 2000 zu einer (beinahe) Beseitigung der Arbeitslosigkeit führen, aber auch nur dann, wenn sich der seit Jahren anhaltende Trend rückläufiger Geburtenzahlen weiter fortsetzt (wofür einiges spricht).

Die ungünstigste Prognose, die immerhin noch ein Wirtschaftswachstum von 1,2 Prozent im Jahr unterstellt, reißt die Schere zwischen Angebot und Nachfrage noch weiter auf. Danach liegt sogar ein Arbeitskräfteüberschuß von mehr als 7 Millionen mit 4 bis 5 Millionen registrierten Arbeitslosen im Bereich des Möglichen (siehe Tabelle 11).

	günstigste Schätzung		wahrscheinliche Entwicklung		ungünstigste Schätzung	
(in 1 000)	1990	2000	1990	2000	1990	2000
Arbeitskräfteüberschuß	3 440	1 159	4 346	3 194	5 729	7 450
Davon registrierte Arbeitslose (Mittelwert)	2 151	703	2 726	1 995	3 605	4 698

Tab. 11 Vorausschätzung der Zahl der Arbeitslosen bis zum Jahr 2000
Nach dem 1985 erstellten Gutachten des Instituts für Arbeitsmarkt und Berufsforschung führt selbst die günstigste Schätzung bis 1990 zu einer Arbeitslosenzahl (Arbeitskräfteüberschuß) von mehr als 3,4 Millionen Menschen, darunter 2,1 Millionen registrierte Arbeitslose. In der für wahrscheinlich gehaltenen Entwicklung (mittlere Variante) ist mit einer Zahl von 4,3 Millionen zu rechnen, davon rund 2,7 Millionen registrierte Arbeitslose.
Quelle: Klauder, W.; Schnur, P.; Thon, M. „Arbeitsmarktperspektiven der 80er und 90er Jahre."
Aus: Mitteilungen aus der Arbeitsmarkt- und Berufsforschung 18. Jg/1985, S. 57f.

In der mittleren Variante, die die Autoren als wahrscheinlich ansehen, ist auf dem Höhepunkt im Jahr 1990 mit einem Arbeitskräfteüberschuß von 4,3 Millionen Menschen und rund 2,7 Millionen registrierten Arbeitslosen zu rechnen; eine Entwicklung, die sich erst allmählich wieder abschwächt, allerdings so langsam, daß selbst im Jahr 2000 ein Arbeitskräfteüberschuß von 3,2 Millionen mit rund 2,0 Millionen registrierten Arbeitslosen nicht zu vermeiden sein wird.

Zu ähnlich pessimistischen Schlußfolgerungen kommt auch der Sachverständigenrat: „Eine Beseitigung der Arbeitslosigkeit ist gleichwohl nicht in wenigen Jahren möglich"[31]. Nach seinen Vorstellungen könnte ein mittleres Wirtschaftswachstum von 3 bis 3,5 Prozent zu einem jährlichen Abbau der Arbeitslosigkeit von etwa 250000 führen. Dies nähme, bei derzeit 2,3 Millionen Arbeitslosen, immerhin noch acht bis neun Jahre in Anspruch; ein Zeitraum, der weit in die 90er Jahre reicht.

Welche Prognose man auch nimmt und bei aller Vorsicht, die weit vorausschauenden Schätzungen entgegenzubringen ist, scheint sicher, daß das Problem der Arbeitslosigkeit die Bundesrepublik noch lange in Atem halten wird.

[31] Jahresgutachten 1983/84 des Sachverständigenrates vom 24.11.1983, S. 154

Rationalisierungsinvestitionen im Vormarsch

Drittens. Die deutsche Wirtschaft investiert immer mehr, weil sie rationalisieren, und immer weniger, weil sie ihre Produktionsstätten ausweiten will. Neben den technischen Rationalisierungsinvestitionen laufen verstärkt betriebliche Maßnahmen zur Kostensenkung bei den Gemeinkosten, Kosten, die also nicht produktionsbedingt entstehen (innerbetriebliche Verwaltung, Lagerung, Ver- und Entsorgung).

Noch bis 1970 herrschte in deutschen Unternehmen das Erweiterungsmotiv vor, dem mehr als die Hälfte (55 Prozent) aller Investitionsvorhaben galten. Bis 1980 sank dieser Wert auf 40 Prozent, bis Mitte der 80er Jahre auf 20 Prozent[32]. Der überwiegende Teil der Investitionen dient heute mehr denn je der „Verbesserung“, d.h. der arbeitssparenden Veränderung der Produktionsprozesse. Dies gilt selbst für den größten Teil der Ersatzinvestitionen, bei denen es an sich nur um den Austausch alter durch neue Anlagen geht. Die Dynamik des technischen Fortschritts hat aber auch hier stets die zweckmäßigere Maschine schon entwickelt, die mehr, schneller und besser arbeitet als die alte. Nicht also *mehr* zu produzieren ist der Hauptzweck der gegenwärtigen Investitionen – er ist bestenfalls ihr Nebenzweck – sondern kostengünstiger und zu verbesserten Produktionsbedingungen.

Vorreiter auf diesem Gebiet ist die Mikroelektronik, allen voran die Chip-Technologie. In vielen Zweigen der Industrie ist sie zu einem Schlüsselfaktor für die Wettbewerbsfähigkeit der Unternehmen geworden. Mikrochips sind kleine Siliziumplättchen mit einer Kantenlänge von weniger als einem Zentimeter, auf denen heute schon mehrere 100000 elektronische Funktionselemente zu Schaltkreisen vereinigt werden können und dadurch hoch-komplexe Steuerungs- und Regelungsvorgänge ermöglichen. Fachleute schätzen, daß sich der Markt für elektronische Schaltkreise noch bis Ende der achtziger Jahre verfünffachen wird.

Hinzu kommt, daß sich die Ablösung vorhandener Maschinen durch neue, leistungsfähigere Anlagen in immer kürzeren Zeitabständen vollzieht. Der Lebenszyklus von mikroelektronischem Gerät ist in vielen Fällen bereits auf drei Jahre und weniger geschrumpft. Dadurch gewinnt der Faktor Zeit einen ganz neuen Stellenwert. Die Entwicklungszeiten von neuen Anlagen, Produkten und Verfahren erhalten zunehmend größere Bedeutung. Warum, leuchtet unmittelbar ein.

Wer ein neu entwickeltes Produkt oder ein neuartiges Produktionsverfahren als erster auf den Markt bringt, schöpft Innovationsvorteile ab. Wer nach ihm kommt, findet nur noch einen reduzierten Markt vor. Er muß sich nicht nur mit kleineren Marktanteilen begnügen, er hat auch mit dem auf elektronischem Gebiet heute fast unausweichlichen Preisverfall zu kämpfen.

Die Dynamik des technischen Fortschritts und die Unerbittlichkeit der Marktgesetze erzwingen immer kürzere Entwicklungszeiten und immer schnellere Rationalisierung. So treibt der technische Fortschritt das Rationalisierungstempo voran und Rationalisierung treibt den technischen Fortschritt voran. Ein sich selbst beschleunigender Entwicklungsprozeß, der nicht nur selbst mit immer weniger Arbeitskräften betrieben werden kann, der auch anderen Industrien zu immer leistungsfähigeren, arbeitsplatzsparenden Fabrikationsanlagen verhilft.

---

[32] DIE ZEIT Nr. 15 vom 6.4.1984

Der technische Fortschritt, vor allem in Gestalt der Mikroelektronik, wird daher von den Gewerkschaften und weiten Teilen der Arbeitnehmerschaft als „Jobkiller" Nummer eins gefürchtet und als Hauptverursacher der chronischen Arbeitslosigkeit empfunden.

Wachstumsbranchen schrumpfen relativ

Viertens. Die Investitionstätigkeit der deutschen Industrie verläuft je nach Wirtschaftszweig ausgesprochen unterschiedlich. Wachstumsstarke Branchen stehen solchen mit äußerst geringem Wachstum oder sogar rückläufiger Entwicklung gegenüber. Die wachstumsfreudigsten Industriezweige sind Büromaschinen und elektronische Datenverarbeitung sowie Chemie, Zellstoff, Papier und Tabak. Umgekehrt schrumpft die Produktion im Schiffsbau, im Stahl- und Leichtmetallbau sowie bei Feinkeramik, im Bergbau und Maschinenbau.

Als Folge dieser unterschiedlichen Entwicklung hat der relative Anteil der Beschäftigten, die in dynamischen Industrien arbeiten, seit Beginn der siebziger Jahre erheblich abgenommen, während er in den Branchen mit stagnierenden oder schrumpfenden Zuwachsraten relativ weiter zunahm. Und zwar arbeiteten von je 100 Erwerbstätigen in Wirtschaftszweigen

Anfang der 70er Jahre		*Anfang der 80er Jahre*
71%	mit starkem Wachstum	18%
12%	mit schwachem Wachstum	29%
15%	mit Stagnation	42%
2%	mit Schrumpfung	11%

Der prozentuale Anteil der in wachstumsstarken Branchen arbeitenden Beschäftigten sank von 71 Prozent zu Beginn der siebziger Jahre auf 18 Prozent Anfang der achtziger Jahre. Umgekehrt stieg der Anteil der Beschäftigten in schrumpfenden und stagnierenden Industriezweigen im selben Zeitraum von 17 auf 53 Prozent[33].

Der Wandel der Industriestruktur in Richtung arbeitssparender Technologie bedeutet also mittelbar oder unmittelbar Verlust von Arbeitsplätzen, wenn vor allem solche Industrien „wachsen", von denen nur wenige multiplikative Beschäftigungsimpulse ausgehen.

Man kann demnach sagen, daß Rationalisierungsinvestitionen zwar auch neue Arbeitsplätze schaffen, insbesondere in solchen Industrien, die die maschinellen Anlagen für Rationalisierungsinvestitionen herstellen. Der gesamtwirtschaftliche Effekt im Hinblick auf die Gesamtzahl der Arbeitsplätze ist aber nur dann positiv, wenn in der Rationalisierungsgüter herstellenden Industrie mehr neue Arbeitsplätze eingerichtet werden, als alte durch sie verloren gehen. Tendenziell wird dies aber schon deswegen kaum der Fall sein, weil gerade diese Wirtschaftszweige den technologischen Fortschritt dazu verwenden, die arbeitssparende Automatisierung der eigenen Produktionsprozesse zu forcieren. Deren Investitionen gehen daher sicher mehr als in anderen Branchen in den Einsatz vollautomatisch, elektronisch gesteuerter Maschinenanlagen und dienen weniger der Einstellung zusätzlicher Arbeitskräfte. Dies bestätigen neue Untersuchungen.

[33] DIE ZEIT Nr. 23 vom 1.6.1984

So kamen amerikanische Wissenschaftler nach einer Auswertung der Arbeitsstatistiken zu dem Ergebnis, daß in den USA bis 1995 voraussichtlich weniger als sechs Prozent aller neuen Arbeitsplätze in technisch-industriellen Wirtschaftszweigen neu geschaffen werden. Wenn überhaupt, entstehen die meisten Arbeitsplätze im Dienstleistungsbereich, in Verwaltung, Versicherung, Bankenwesen, sehr häufig aber auch in niedrig bezahlten Jobs, so vor allem im „fast-food-Bereich" (Schnellimbißketten wie McDonald etc.)[34]. Ob dies eine besonders wertvolle Entwicklung des Wirtschaftswachstums ist, möge der Leser selbst beurteilen.

Weltmeister der Freizeit

Fünftens. Was die Kürze der geleisteten Arbeitszeit betrifft, schneidet die Bundesrepublik im internationalen Vergleich in der Tat am besten ab. Stellt man die Jahresarbeitszeit je Industriearbeiter unter Berücksichtigung von Urlaub, Sonn- und Feiertagen der wichtigsten Industrienationen einander gegenüber, dann weist die Bundesrepublik neben Belgien die kürzeste Arbeitszeit aller Nationen aus (siehe Tabelle 12).

	Jahresarbeitszeit 1984 je Industriearbeiter (Stunden)	Index der Arbeitszeit BRD = 100
Belgien	1756	99,8
Deutschland (B.R.)	1760	100,0
Frankreich	1783	101,3
England	1786	101,5
Österreich	1804	102,5
Niederlande	1808	102,7
Schweden	1808	102,7
Dänemark	1816	103,2
Italien	1822	103,5
USA (1983)	1904	108,2
Schweiz	1949	110,7
Japan (1983)	2136	121,4

Tab. 12 Jahresarbeitszeit je Industriearbeiter im internationalen Vergleich

Die Jahresarbeitszeit je Industriearbeiter liegt (unter Berücksichtigung von Urlaub, Sonn- und Feiertagen) mit 1760 Stunden in der Bundesrepublik niedriger als in allen übrigen westlichen Industrienationen einschließlich Japans. Nur in Belgien wird 4 Stunden weniger gearbeitet. Am fleißigsten sind die Japaner. Sie arbeiten 2136 Stunden im Jahr und damit 21,4 Prozent mehr als ihre deutschen Kollegen.

Quelle: GLOBUS-Kartendienst, entnommen aus Gießener Allgemeine Zeitung vom 5.1.1985.

Immerhin müssen Arbeiter in den Vereinigten Staaten durchschnittlich 8,2 Prozent im Jahr mehr arbeiten als ihre deutschen Kollegen, die Schweizer Kollegen mehr als 10 Prozent und die Japaner sogar über 20 Prozent. Eine weitere Reduzierung der wöchentlichen Arbeitszeit auf 35 Stunden würde die Jahresarbeitszeit in der Bundesrepublik nochmals um 200 Stunden verringern, eine im internationalen Wettbewerb nicht unerhebliche Kostenmehrbelastung der Unternehmen. Dies wird selbst von Seiten der Gewerkschaften nicht bestritten.

---

[34] New Scientist Nr. 1409, vom 10.5.1984, S. 24

Allerdings dürften, argumentieren die Gewerkschaften, die Folgen der Arbeitszeitverkürzung nicht nur unter dem Gesichtspunkt der betrieblichen Kosten gesehen werden. Vielmehr seien zwei weitere Aspekte von größerer Bedeutung.

Der erste Aspekt stellt auf die steigenden sozialen Kosten ab, die aufgrund der hohen Arbeitslosigkeit von der Gesellschaft zu tragen sind. Denn auch ohne Arbeitszeitverkürzung entstehen Kosten, zwar nicht bei den Unternehmen, dafür aber beim Staat in Form von Arbeitslosenzahlungen durch die Bundesanstalt für Arbeit. Seit 1970 hat hier geradezu eine Kostenexplosion stattgefunden. Lagen die Ausgaben der Bundesanstalt für Arbeit damals noch bei knapp vier Milliarden Mark (einschließlich Kurzarbeitergeld, berufliche Bildung, Arbeitsbeschaffung etc.) stiegen sie bereits bis 1983 auf die Rekordhöhe von 32,6 Milliarden Mark, mehr als das Achtfache des Ausgangsjahres[35]. Diesem Betrag ist außerdem der Einnahmeausfall an Steuern und Sozialbeträgen etwa in gleicher Höhe hinzuzurechnen. Insgesamt belaufen sich die sozialen Kosten der Arbeitslosigkeit jährlich auf mindestens 50 bis 60 Milliarden Mark, die über den Staat vom Bürger aufzubringen sind.

Die Gewerkschaften verbinden damit verständlicherweise die Frage, ob es nicht besser sei, die gesellschaftlichen Kosten der Arbeitslosigkeit dadurch aufzufangen, daß man die knapper werdende Arbeit zu reduzierten Stundensätzen gleichmäßiger auf alle Arbeitnehmer verteilt, auch wenn dadurch ein Teil der in den Betrieben zusätzlich entstehenden Kosten über höhere Preise auf den Verbraucher abgewälzt werden müßte.

Das zweite Argument stellt auf den seit Beginn der industriellen Massenproduktion vor mehr als 100 Jahren angetretenen „Rückzug" der Arbeit zugunsten

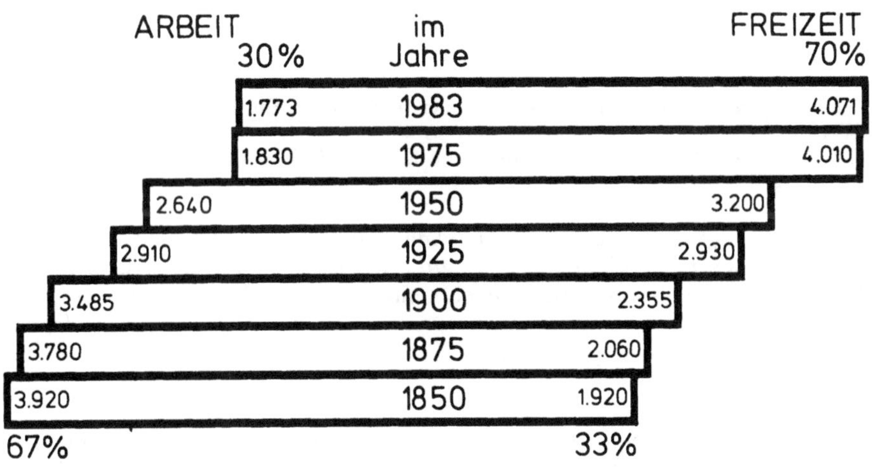

Abb. 19 Verteilung von Freizeit und Arbeitszeit.
Von den insgesamt 5840 „wachen" Stunden des Jahres (d.h. ohne die Zeit für Schlafen) entfielen im Jahr 1983 auf „Arbeiten" 30 Prozent, also 1773 Stunden, und auf Freizeit, einschließlich Urlaub, Essen und Arbeitswege, 70 Prozent, entspricht 4071 Stunden.
Vor 130 Jahren lagen die Verhältnisse noch genau umgekehrt: 67 Prozent (3920 Stunden) entfielen auf „Arbeiten" und 33 Prozent (1920 Stunden) auf „Freizeit".
Quelle: GLOBUS-Kartendienst, entnommen aus DIE ZEIT vom 27.4.1984.

[35] Bundesanstalt für Arbeit, entnommen aus DIE ZEIT vom 19.10.1984

mehr Freizeit ab. Es sei nicht einzusehen, weshalb dieser Prozeß gerade bei vierzig Stunden Wochenarbeitszeit ein Ende finden sollte. Auch hier zeigt die Statistik eine beachtliche Entwicklung. Wie aus Abbildung 19 zu ersehen ist, entfallen heute von den insgesamt 5840 „wachen“ Stunden des Jahres 30 Prozent auf „Arbeiten“ und 70 Prozent auf „Freizeit“. Vor 130 Jahren lagen die Verhältnisse noch genau umgekehrt. Damals entfielen auf „Arbeit“ 67 Prozent und auf „Freizeit“ nur 33 Prozent.

Auch in der jüngsten Vergangenheit hat es fortlaufend Verkürzungen der tatsächlichen Arbeitszeit gegeben (siehe Tabelle 13). Seit 1950 verkürzte sich die wöchentliche Arbeitszeit in der Industrie von 49,4 um mehr als 9 Stunden auf derzeit weniger als 40 Stunden (soweit es sich auf alle Arbeitnehmer bezieht), eine nochmalige Reduzierung um mehr als zwanzig Prozent.

	Wöchentliche Arbeitszeit der Industriearbeiter in der Bundesrepublik (Stunden)
1950	49,4
1955	49,8
1961	46,2
1965	45,2
1969	44,9
1975	41,2
1979	42,4
1983	39,6
1985	38,5

Tab. 13 Wöchentliche Arbeitszeit der Industriearbeiter in der Bundesrepublik

Seit 1950 hat sich die tatsächlich geleistete Wochenarbeitszeit in der Bundesrepublik kontinuierlich verringert, von 49,9 auf weniger als 40 Stunden – eine Reduzierung um fast zehn Stunden oder 20 Prozent. 1985 erfolgte in der Industrie der Einstieg in die 38,5-Stunden-Woche.

Quelle: GLOBUS-Kartendienst, entnommen aus DIE ZEIT vom 27.4.1984 und eigene Ergänzungen.

In der Tat gibt es keinen objektiven Anhaltspunkt dafür, daß die Entwicklung gerade an dieser Stelle Halt machen sollte, was nach dem erfolgreichen Einstieg in die 38,5 Stunden-Woche wohl zunehmend auch von Arbeitgeberseite eingesehen wird.

Phillips-Theorem

Sechstens. Der in den letzten Jahrzehnten vermutete gegenläufige Zusammenhang von Arbeitslosigkeit und Inflation hat sich für die jüngere Wirtschaftsgeschichte nicht bestätigen lassen.

Dieses Problem, das als erster der englische Statistiker und Ökonometriker A. W. Phillips 1958 untersuchte (zunächst allerdings am Beispiel der Beziehungen zwischen Lohnerhöhung und Arbeitslosenquoten) wird heute allgemein in Form der „modifizierten Phillips-Kurve“ dargestellt, in der die Inflationsraten und Arbeitslosenquoten eines Landes für verschiedene Zeitpunkte in einem Diagramm einander gegenübergestellt werden. Das Prinzip einer solchen „Phillips-Kurve“ ist in Abbildung 20 dargestellt.

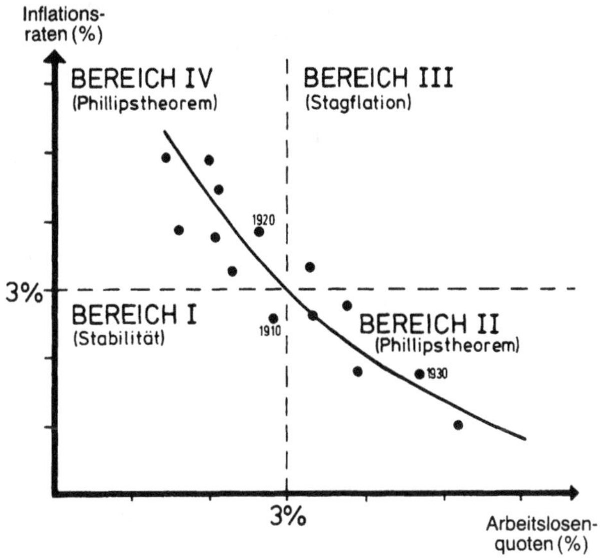

Abb. 20 Die modifizierte Phillips-Kurve (Prinzipskizze)
Die modifizierte „Phillips-Kurve" unterstellt den (heute nicht mehr haltbaren) gegenläufigen Zusammenhang von Inflation und Arbeitslosigkeit, ob also Arbeitslosenquoten stets mit niedrigen Inflationsraten oder umgekehrt niedrige Arbeitslosenquoten mit hohen Inflationsraten einhergehen. Wenn dem so wäre, dann müßten die Kombinationspunkte aus Inflation und Arbeitslosigkeit stets in dem vorgezeichneten Punktefeld der Bereiche II und IV zu finden sein.

Phillips und andere Ökonomen seiner Zeit glaubten, einen derartigen gegenläufigen Zusammenhang für Großbritannien, aber auch für andere westliche Länder konstatieren zu können. Die von ihnen herausgefundenen Kombinationspunkte lagen entweder im Bereich IV mit hoher Inflation und niedriger Arbeitslosigkeit oder im Bereich II mit niedriger Inflation und hoher Arbeitslosigkeit. Die „Phillips-Kurve" verläuft daher von links oben nach rechts unten. Das besagt – wenn sie sich verifizieren ließe: steigende Preise gehen stets mit niedriger Arbeitslosigkeit einher und umgekehrt, niedrige Preise mit hoher Arbeitslosigkeit.

Die neuere Entwicklung hat jedoch gezeigt, daß hohe Inflationsraten durchaus auch mit hohen Arbeitslosenquoten Hand in Hand gehen können. Dieser fatale Zustand, der dem Politiker nicht einmal mehr die Wahl zwischen dem einen oder dem anderen Übel läßt, sondern ihm stets ein Zwangsmenue beider Miseren auferlegt, wird daher auch gern mit der Wortschöpfung „Stagflation" (Stagnation plus Inflation) belegt.

In einer durch Stagflation gekennzeichneten Wirtschaftslage stagniert die gesamtwirtschaftliche Entwicklung bei fortgesetzter Inflation und hoher Arbeitslosigkeit. Wir bewegen uns dann ausschließlich im Bereich III des Phillips-Diagramms.

In dieser fatalen Klammer von Inflation *und* Arbeitslosigkeit stecken seit Mitte der 70er Jahre nicht nur die Bundesrepublik Deutschland, sondern nahezu alle industriell entwickelten Nationen, wenn auch seit 1984 in der Bundesrepublik wie auch in den Vereinigten Staaten eine Abschwächung der Inflation zu erkennen ist – allerdings bei nach wie vor hoher Arbeitslosigkeit.

In der Bundesrepublik zeigt der Vergleich der Inflationsraten und Arbeitslosenquoten seit Anfang der sechziger Jahre das in Abbildung 21 dargestellte Bild. Wie man sieht, kann von einer klassischen „Phillips-Kurve", einer Verteilung der Kombinationspunkte aus Inflation und Arbeitslosigkeit von links oben nach rechts unten, tatsächlich nicht die Rede sein. Mit schöner Gleichmäßigkeit streuen die Kombinationspunkte über alle vier Bereiche des Diagramms. (Die Trennlinie der vier Diagrammfelder bei jeweils drei Prozent ist freilich etwas willkürlich gewählt. Nach heutigen Erfahrungen kann sie jedoch als durchaus plausibel angesehen werden, weil Inflationsraten und Arbeitslosenquoten unterhalb drei Prozent gegenwärtig und wohl auch in Zukunft als anerkannter Maßstab stabiler Wirtschaftsverhältnisse gelten können.)

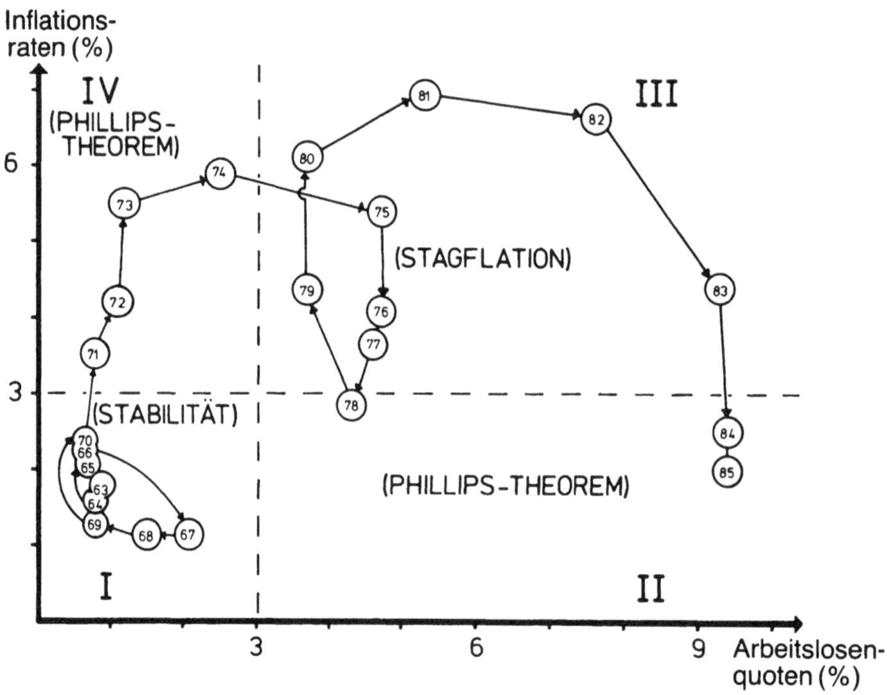

Abb. 21 Kombinationspunkte aus Inflationsrate und Arbeitslosenquote in der Bundesrepublik

Die Gegenüberstellung von Arbeitslosenquoten und Inflationsraten widerlegen das „Phillips-Theorem" auch für die Bundesrepublik. Mit wenigen Ausnahmen streuen die Kombinationspunkte über alle vier Bereiche des Diagramms, zumeist weit außerhalb der Bereiche II und IV, die dem „Phillips-Theorem" entsprechen. Nach einer Phase der Stabilität zwischen 1963 und 1970 bewegen sich die meisten Punkte im gefürchteten Bereich „Stagflation", in dem Inflation und Arbeitslosigkeit gleichzeitig herrschen.
Quelle: Jahresgutachten 1984/85 des Sachverständigenrates, S. 68 und eigene Ergänzungen in Verbindung mit S. 341.

Auch im internationalen Vergleich bestätigt sich das Phillips-Theorem nicht. Am Beispiel des Jahres 1984 ergibt sich das in Abbildung 22 dargestellte Bild aus-

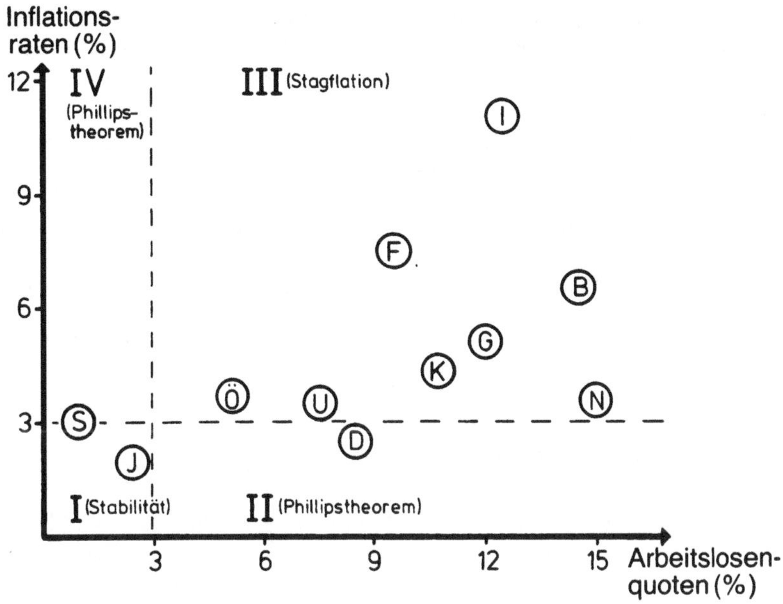

Abb. 22 Kombinationspunkte aus Inflationsrate und Arbeitslosenquote im internationalen Vergleich.
Auch im internationalen Vergleich bestätigt sich das Phillips-Theorem nicht. Mit Ausnahme der Schweiz und Japans lagen 1984 alle Nationen im Bereich III, der berüchtigten Zone der Stagflation (Inflation und Stagnation).
Quelle: Aufgrund der statistischen Angaben im Jahresgutachten 1985/86 des Sachverständigenrates, S. 16
(B = Belgien; D = B. R. Deutschland; F = Frankreich; G = Großbritannien; I = Italien; J = Japan; K = Kanada; N = Niederlande; Ö = Österreich; S = Schweiz; U = USA)

gewählter Industrienationen. Mit Ausnahme der Schweiz und Japans liegen alle Nationen im Bereich III, der gefürchteten Zone der Stagflation.

Man kann also sagen, daß in nahezu allen Fällen der neueren Entwicklung hohe Inflation auch mit hoher Arbeitslosigkeit einhergeht. Erst seit 1984 zeichnet sich für die Bundesrepublik und die Vereinigten Staaten eine Entkoppelung beider Größen ab. Eine wirtschaftspolitische Wahlmöglichkeit, etwas weniger Arbeitslosigkeit mit etwas mehr Inflation zu „erkaufen", besteht offensichtlich nicht und hat wohl auch nie bestanden. Die Daten zeigen, daß letztlich alle Kombinationen beider Übel möglich sind.

Krise ohne Ende?

Die heutige Arbeitslosigkeit, eine Krise ohne Ende? Wie es scheint, eine Krise zumindest für viele Jahre. Gleich von zwei Seiten sieht sich der Faktor Arbeit durch die Rationalisierung in die Zange genommen: Dort, wo keine Rationalisierung vorgenommen wird, gehen Arbeitsplätze verloren, weil die Technik veraltet und die Produktion quantitativ und qualitativ der Konkurrenz nicht mehr gewachsen ist. Dort aber, wo sie eingesetzt wird, gehen Arbeitsplätze verloren, weil die höher entwickelte Technik mehr und Besseres produziert und dazu immer weniger Arbeitskräfte benötigt – ein Dilemma, aus dem in unserem, vorrangig auf Wettbewerb und technologischen Fortschritt ausgerichteten Wirtschaftssystem ohne eine grundlegende Neuorientierung der Arbeit und ihrer Verteilung auf *alle arbeitswilligen* Menschen wohl nicht mehr herauszukommen ist.

So liegt denn auch die größte Gefahr, die den Arbeitslosen droht, in der allmählichen Gewöhnung an hohe Arbeitslosigkeit – von Seiten der Arbeitbesitzenden. Die Diskussion um die Arbeitszeitverkürzung ist daher – und das ist sicher neu in der Geschichte der Gewerkschaftsbewegung – nicht so sehr unter dem Gesichtspunkt eines Mehr an Freizeit für die Beschäftigten zu sehen, sondern in erster Linie als Solidarbeitrag für diejenigen, die keine Arbeit haben. Damit der Wettlauf zwischen Rationalisierung und Beschäftigung nicht erst in der nächsten Generation zugunsten der Arbeit gewonnen werden kann. Hier liegt das Schwergewicht einer auf soziale Verantwortung ausgerichteten Wirtschafts- und Gesellschaftspolitik im kommenden Jahrzehnt.

Außenhandel: Der komparative Kostenvorteil

Unsere bisherige volkswirtschaftliche Betrachtung bezog sich ausschließlich auf das Innere des eigenen Landes; sie endete an den Grenzen zum Nachbarland. Das wirtschaftliche Geschehen einer Nation steht jedoch nicht für sich allein da. Es ist nicht „geschlossen“, wie der Ökonom sagt, sondern „offen“, eingebettet in die Vielfalt der Handelsbeziehungen, die über die Landesgrenze hinaus ins Ausland reichen: Wir exportieren Güter und Geld in andere Länder und importieren solches von dort.

Unser eingangs bezeichnetes Kreislaufbild erfährt hier eine Erweiterung, eine Öffnung für jedes Land, mit dem wir Handel treiben. An jeder Öffnung entstehen Zu- und Abflüsse, und zwar sowohl auf der Güterseite als auch auf der Geldseite. Güter- und Geldtausch im internationalen Handel verlaufen im Grunde nicht anders als auf den Binnenmärkten. Doch kommen hier einige Besonderheiten hinzu, die das Ganze komplizierter machen.

Der VW-Golf, den das Volkswagenwerk in Wolfsburg nach Frankreich verkauft, wechselt am Ende einer Kette verschiedener Transaktionen, auf die wir nicht weiter einzugehen brauchen, den Besitzer in die Hand eines Franzosen. Was ist im einzelnen geschehen? Der Wagen wird aus der Bundesrepublik ausgeführt (exportiert) und nach Frankreich eingeführt (importiert). Das Geld fließt in die umgekehrte Richtung, von Frankreich in die Bundesrepublik. Soweit so gut. Aber hier liegt ein Problem verborgen, das den grenzüberschreitenden Handel größeren Unsicherheiten aussetzt als den Handel im eigenen Land. Gemeint sind die Schwankungen der Wechselkurse, die ein nicht unerhebliches finanzielles Risiko in sich bergen können.

Monsieur Dupont, der stolze Besitzer des neuen VW-Golfs, bezahlt den Kaufpreis natürlich in heimischer Währung. Aber was will das Volkswagenwerk mit französischen Franc? So sehr sich auch Volkswagen in Deutschland freut, ein Kraftfahrzeug an einen Franzosen verkauft zu haben, letztlich will es Deutsche Mark. Das französische Geld muß also nach Erhalt in Deutsche Währung umgetauscht werden. Solange dies zu einem festen Kurs geschieht, sagen wir ein Franc zu 0,50 Mark (entspricht zwei Franc zu einer Mark), ist alles klar. Ein Auto, das in Deutschland 15000 Mark kostet, verkauft sich in Frankreich dann für 30000 Franc (wobei hier der Einfachheit halber unterstellt ist, daß der Inlandspreis mit dem Auslandspreis identisch ist, also keine Transportkosten etc. zu berücksichtigen sind).

Problematisch wird die Sache erst, wenn der Wechselkurs steigt oder fällt. Sinkt der Franc beispielsweise plötzlich auf 0,40 Mark, dann erhält Volkswagen für die von Monsieur Dupont gezahlten 30000 Franc nur noch 12000 Mark, wenn das Geld zurückgetauscht wird – ein Verlust von 3000 Mark. Keine schöne Sache für den deutschen VW-Exporteur und höchst risikoreich zugleich. Der Wechselkurs kann ihm aber auch einen Zusatzgewinn verschaffen, dann nämlich, wenn der Franc im Wert steigt. Klettert der Wechselkurs des Franc zum Beispiel auf 0,60 Mark, erlöst der deutsche Exporteur 18000 Mark. Jetzt schlagen 3000 Mark auf der Habenseite der Bilanz zu Buche.

Wie man sieht, hat der Außenhandel seine Tücken, die im reinen Binnenhandel nicht zu fürchten sind. Unternehmen, die mit dem Ausland Handel treiben, müssen somit neben der Vielzahl von Unwägbarkeiten, die bereits auf den Inlandsmärkten zu beachten sind (Preisgestaltung, Kosten, Nachfrageschwankungen, Machtveränderungen etc.), auch noch das Auf und Ab der Wechselkurse in ihr planerisches Kalkül einbeziehen. Die Risiken (aber auch die Chancen) des Unternehmens wachsen also, sobald es die Grenzen seines Landes überschreitet.

Aber auch gesamtwirtschaftlich übt der Außenhandel Wirkungen auf die Binnenmärkte aus, leider nicht nur zum Wohle der heimischen Wirtschaft. Manche Folgen des internationalen Handels können sogar ausgesprochen schädlich sein, vor allem dann, wenn hierdurch wirtschaftliche Abhängigkeiten entstehen (z.B. von Rohstoffen oder Energie), die solche Länder dann beherrschbar machen. Als Musterbeispiel einseitigen Außenhandels gilt die erst seit gut zwanzig Jahren offiziell beendete Kolonialpolitik der europäischen Nationen, die ihren Eigennutz in der Regel sehr viel höher stellten als das Wohlergehen der von ihnen regierten Kolonien.

Merkantilismus

Der Merkantilismus, die alles beherrschende Wirtschaftsform während des Absolutismus im 18. und 19. Jahrhundert, hatte seine ganz eigene, selbstsüchtige Interpretation von Außenhandelspolitik entwickelt. Ihm ging es ausschließlich um die Stärkung der staatlichen Macht, die unentwegt steigenden Bedürfnisse des Souveräns zu befriedigen. Zur Wahrung der zentralistischen Staatsform benötigten die zahlreichen Königs- und Fürstentümer dieser Zeit in zunehmendem Maße Geldmittel, um den unablässig wachsenden Militär- und Beamtenapparat zu besolden, aber auch um die immer kostspieligere Hofhaltung finanzieren zu können. Als ein bevorzugtes Mittel galt lange Zeit die einseitige Förderung der Ausfuhr von Handelsgütern, bei gleichzeitiger Behinderung der Einfuhr ausländischer Konkurrenzgüter. Möglichst viel exportieren und möglichst wenig importieren, ein stets aktiver Saldo der Handelsbilanz, das war das erklärte Ziel dieser Politik, die dem Ruhm, der Vergrößerung und der Bereicherung des eigenen Staates zu dienen hatte.

Die Staatsmänner dieser Zeit verwendeten ihren ganzen Scharfsinn darauf, immer neue wirtschaftspolitische Maßnahmen zu ersinnen, mit denen sich die Ausfuhr um jeden Preis steigern, die Einfuhr aber drosseln ließe. Eine anschauliche Schilderung der dirigistischen Maßnahmen, die der Außenhandelspolitik des Merkantilismus einen geradezu aggressiven Charakter verleihen, findet sich in Egon Friedells Buch Kulturgeschichte der Neuzeit: „Rohstoffe sollen tunlichst im Lande bleiben, weil sie ein Kapital darstellen, Industrieprodukte dagegen tunlichst exportiert werden, weil man an ihnen verdient, das Eindringen fremder Industrieerzeugnisse aber soll verhindert oder doch möglichst erschwert werden: also hohe Ausfuhrzölle auf Rohmaterialien, hohe Einfuhrzölle auf Fertigfabrikate. In der Verfolgung dieser Prinzipien wurden die Kolonien zu bloßen Konsumenten herabgedrückt, man verbot ihnen den selbständigen Handel und jegliche Warenerzeugung und drängte ihnen im Austausch gegen ihre Rohstoffe, die sie nirgends andershin liefern durften, die eigenen Industrieprodukte auf. Im Mutterland wurden umgekehrt die Manufakturen mit allen erdenklichen Mitteln unterstützt: durch Exportprämien, Monopole, Steuerbefreiungen, unentgeltliche Bauplätze, Verleihung des Adels an rührige Unternehmer und ähnliche Begünstigungen"[36].

Absoluter und komparativer Kostenvorteil

Es ist das unbestreitbare Verdienst von Adam Smith und David Ricardo, gegen Ende des 18. Jahrhunderts mit dieser nationalistisch habsüchtigen Handelsphilosophie aufgeräumt zu haben. Sie forderten den freien Handel zwischen den Nationen, der allen Beteiligten wohlstandsmehrende Vorteile biete.

Die Vorteilhaftigkeit der von Smith und Ricardo vertretenen „Freihandelslehre" erfuhr ihre scharfsinnigste Begründung in der These von der wohlstandsfördernden Wirkung der *absoluten* bzw. *komparativen* Kostenvorteile eines Landes.

Auf Adam Smith geht das Theorem von den absoluten Kostenvorteilen zurück. Jedes Land solle sich auf die Herstellung solcher Exportgüter konzentrieren, die es mit niedrigeren Kosten als andere Länder erzeugen könne. Dafür solle es im Gegenzug vorrangig Waren importieren, die es selbst nicht oder nur mit höheren Kosten produzieren könne. Eine solche, auf ganze Nationen bezogene Spezialisierung im Handel bringe allen Beteiligten finanzielle Vorteile und außerdem eine Mehrung des gesamtwirtschaftlichen Wohlstands.

David Ricardo verfeinert dieses Theorem eine Generation später durch den noch wichtigeren Nachweis, daß internationaler Handel für ein Land selbst dann sinnvoll sei, wenn es gegenüber seinen Handelspartnern in der Herstellung *aller* Produkte kostenungünstiger liege, ihm die Handelspartner also auf allen Märkten überlegen seien. Dann nämlich, so das Theorem, ist es zweckmäßig, sich auf solche Produkte zu spezialisieren, bei denen der absolute Nachteil gegenüber den anderen Ländern am geringsten ausfällt, wo also ein *komparativer*, das heißt relativer Vorteil besteht.

Gleichgültig ob Unterschiede im Klima, in der Verfügung über Rohstoffe, in der Bodenbeschaffenheit, in der Qualifikation der Arbeitskräfte, in der soziokulturellen Entwicklung der Bevölkerung oder im technologischen Know how die Nachteile eines Landes gegenüber seinen Handelspartnern ausmachen, kann daraus dennoch ein Vorteil erwachsen, wenn es sich beim Außenhandel auf den relativ kleinsten Nachteil konzentriert. Vorteile ergeben sich aber auch für die begünstigten Länder, wenn sie desgleichen tun.

Das Standardbeispiel der Wirtschaftstheorie, mit dem seit Generationen Ökonomiestudenten vom komparativen Vorteil des Außenhandels überzeugt werden

---

[36] Friedell, E. „Kulturgeschichte der Neuzeit", München 1928, S. 514, zitiert nach Berg, H. „Internationale Wirtschaftspolitik", Göttingen 1976, S. 51

sollen, basiert auf einem „Zweiländer-Zweigüter-Modell“. Darunter hat man sich zwei Länder vorzustellen, sagen wir Deutschland und England, in denen mit allen zur Verfügung stehenden Ressourcen ausschließlich zwei Güter, beispielsweise Weizen und Tuch, hergestellt beziehungsweise erzeugt werden. Natürlich ist so etwas vollkommen irreal, aber nur auf diese übervereinfachte Weise läßt sich zeigen, was hier gemeint ist.

In Deutschland sei die Lage so, daß mit den vorhandenen Arbeitskräften entweder maximal 50 Weizeneinheiten oder 100 Tucheinheiten hergestellt werden können. England hingegen schaffe alternativ maximal 100 Weizeneinheiten oder 120 Tucheinheiten. Wir erhalten dann folgende Produktionsstruktur:

	Deutschland	England
Weizen	50	100
Tuch	100	120

Deutschland weist bei der Herstellung *beider* Produkte einen Kostennachteil auf. Denn es produziert nur halb so viel Weizen wie England und 20 Einheiten weniger Tuch.

Bei vollem Einsatz der Produktionsverfahren steht England also absolut gesehen immer besser da als Deutschland. Warum also sollte England mit Deutschland Handel treiben? Es könnte doch gar keinen Vorteil darin sehen. Dennoch ist die Lage für beide, England *und* Deutschland nicht aussichtslos, gewinnbringend ins Geschäft zu kommen. Deutschland besitzt ja einen *komparativen* Vorteil in der Herstellung von Tuch, England in der Erzeugung von Weizen. Denn bei Tuch ist der Nachteil Deutschlands relativ geringer (100 zu 120) als bei Weizen (50 zu 100).

Das Theorem der komparativen Kostenvorteile besagt nun folgendes: Für Deutschland ist günstig, sich auf die Herstellung von Tuch zu spezialisieren und nach England auszuführen. Denn der relative (komparative) Vorteil in der Herstellung von Tuch versetzt Deutschland in die Lage, für die nach England ausgeführten Tucheinheiten mehr englischen Weizen einzukaufen und nach Deutschland einzuführen, als der Selbstanbau von Weizen im eigenen Land erbringen würde.

Umgekehrt erweist sich günstig für England, die Erzeugung von Weizen zu forcieren, den es nach Deutschland exportiert. Dann nämlich erhält England im Austausch mit Deutschland für seinen kostengünstigeren Weizen insgesamt mehr Tucheinheiten, als wenn es dieses selbst produzieren müßte. Obwohl also England in beiden Produkten einen absoluten Kostenvorteil besitzt, liegt es gleichwohl auch in seinem Interesse, mit Deutschland Handel zu führen, wenn es sich auf den Anbau von Weizen konzentriert.

Man kann sich dieses Phänomen vielleicht auch auf folgende Weise klar zu machen versuchen. Der Chef eines Produktionsbetriebes versteht von den technischen Anforderungen seines Betriebes doppelt soviel wie sein Assistent – wir wollen es wenigstens einmal so annehmen. In Organisationsfragen hingegen ist er nur die Hälfte besser bewandert. Wenn der Chef nun alle Führungsarbeiten, Organisation *und* Technik, allein erledigt, würden die Ergebnisse seiner Arbeit sicher besser ausfallen, als wenn dies sein Assistent alleine täte. Der Chef ist ja in beiden Sparten überlegen. Und dennoch ist es zweckmäßig, daß der Chef die organisatorischen Arbeiten weitgehend seinem Assistenten überläßt, um sich selbst ganz auf die technische Führung seines Betriebes zu konzentrieren. Denn dort ist der Vorteil, den er mit seiner Arbeit erzielt, insgesamt größer, als wenn er seine wertvolle Zeit auch noch für die ihm nicht so sehr liegende Organisationsarbeit vertut. So ist der ökonomische Nutzen für den Betrieb am höchsten, wenn sich der Chef mehr auf die technischen und sein Assistent mehr auf die organisatorischen Arbeiten spezialisiert. (Überdies ein anschauliches Beispiel für die Zweckmäßigkeit von Aufgabendelegation!)

Das Theorem der absoluten und komparativen Kostenvorteile bildet bis heute die wissenschaftliche Begründung für die gegenseitige Vorteilhaftigkeit internationalen Handels, der sich also auch dann noch lohnt, wenn Länder mit ungünstigen Produktions- und Kostenbedingungen daran beteiligt sind. Diese Theorie erklärt außerdem die anzustrebende *Richtung* des Außenhandels, welche Güter, in welcher Zahl, in welches Land exportiert werden sollten. Der Vorteil der grenzüberschreitenden Handelsbeziehungen ist umso höher, je größer die Differenz zwischen den komparativen Kostenvorteilen der einzelnen Produkte und Länder ist.

Einseitigkeit und Abhängigkeit

Aber gerade in der dadurch hervorgerufenen Einseitigkeit der Produktions- und Handelsstrukturen liegen auch Gefahren verborgen, sobald die Spezialisierung zu weit getrieben oder aufgrund wirtschaftspolitischer Gegebenheiten erzwungen wird. Wenn ein Land nur noch ganz wenige, im Extrem nur noch ein einziges Produkt exportiert, wie dies heute in zahlreichen Ländern der Dritten Welt als fatales Erbe ihrer kolonialen Vergangenheit der Fall ist, dann befindet sich die Wirtschaft dieser Länder in einer höchst prekären Situation. Sie sind ausgesprochen anfällig gegen Preisschwankungen auf dem Weltmarkt und gegen Veränderungen der Konsumgewohnheiten in den Abnehmerländern.

Aus Tabelle 14 ist zu ersehen, daß hier in der Vergangenheit bereits einiges falsch gelaufen ist. Nationen, bei denen der Anteil des Hauptexportgutes an der Gesamtausfuhr fast schon 100 Prozent beträgt, gleichgültig, ob es sich um Rohstoffe (Aluminium, Kupfer etc.) oder um Agrarprodukte (Kaffee, Kakao, Baumwolle oder Zucker) handelt, unterliegen in besonderem Maße den nachteiligen Folgen veränderter Konsumgewohnheiten oder unvermutet auftretender Preisstürze. (Ganz abgesehen von den sozialen Problemen einer höchst einseitig verlaufenden produktionstechnischen Entwicklung in diesen Ländern, die durch die Förderung von Agrargroßbetrieben hervorgerufen wird.)

Für diese Länder schlägt der komparative Vorteil in sein Gegenteil, den Nachteil völliger Abhängigkeit vom internationalen Handel um. Von wirklichem und dauerhaftem Nutzen ist der komparative Vorteil letztlich nur für Länder mit ähnlichen Produktionsstrukturen und vergleichbarer Wirtschaftsmacht wie in den großen Industrienationen, die ohne Angst vor allzu großer Abhängigkeit miteinander Handel treiben können.

Zahlungsbilanz

Bevor wir weitergehen, noch kurz ein Blick auf die „buchungstechnische“ Erfassung der Außenhandelsströme, wie sie in der Volkswirtschaftlichen Gesamtrechnung üblich ist.

Mit der Einbeziehung der Außenhandelsbeziehungen erweitert sich die uns bereits bekannte Grundgleichung der Volkswirtschaft in der Weise, daß die Expor-

	Hauptexportgut	Anteil am Gesamtexport (%)
Uganda	Kaffee	96
Burundi	Kaffee	90
Sambia	Kupfer	89
Jamaika	Aluminium	73
Ruanda	Kaffee	68
Äthiopien	Kaffee	65
El Salvador	Kaffee	60
Ghana	Kakao	59
Kolumbien	Kaffee	58
Papua-Neuguinea	Kupfer	50
Mali	Baumwolle	46
Guyana	Aluminium	45
Chile	Kupfer	45
Zaire	Kupfer	43
Bolivien	Zinn	43
Obervolta	Baumwolle	40
Sudan	Baumwolle	39
Dominikanische Republik	Zucker	40

Tab. 14 Anteil des Hauptexportgutes an den Gesamtexporten eines Landes
Als unglückseliges Erbe der Kolonialzeit befinden sich zahlreiche Entwicklungsländer in einer nahezu vollständigen Abhängigkeit von nur noch wenigen oder einem einzigen Exportgut. Solche Länder unterliegen in besonderem Maße den nachteiligen Folgen überraschender Preisstürze, Änderungen der Produktionstechniken oder der Konsumgewohnheiten in den großen Industrienationen.
Quelle: Körner, P. u.a. „Im Teufelskreis der Verschuldung“, Hamburg 1984, S. 53

te hinzugefügt und die Importe abgezogen werden, wobei wir hier den Staatsverbrauch (die Ausgaben des Staates) gleich mit einbeziehen:

$$Y = C + I + A + X - M^*$$

Der Export erhöht also das Sozialprodukt, der Import vermindert es. Der „Außenbeitrag“, die Differenz aus X – M, bildet den Saldo des Güterverkehrs zwischen dem Inland und allen Ländern des Auslands.

Die Buchung dieser Handelsgrößen erfolgt in der sogenannten „Zahlungsbilanz“. Obwohl vom Begriff her der Eindruck entstehen könnte, als handele es sich bei ihr um eine einzige Bilanz, muß man eher von einem „Bilanzsystem“ sprechen, das sich in sechs Teilbilanzen gliedert, von denen jede einem anderen Zweck dient.

* Y = Volkseinkommen bzw. Sozialprodukt; C = Konsum; I = Investitionsausgaben; A = Ausgaben des Staates (Staatsverbrauch); X = Export; M = Import

Zahlungsbilanz
1. Leistungsbilanz
1.1 Handelsbilanz (z.B. Export-Importgüter)
1.2 Dienstleistungsbilanz (z.B. Reiseverkehr)
1.3 Übertragungsbilanz (z.B. Schenkungen)
2. Kapitalbilanz (z.B. Forderungen u. Verbindlichkeiten)
3. Devisenbilanz (z.B. Devisenbewegungen, Kredite der Bundesbank an das Ausland)

Die Handels- und die Devisenbilanz sind die wohl bekanntesten Teile der Zahlungsbilanz. Sie nehmen die Güter- und Geldbewegungen im Handelsverkehr mit dem Ausland auf. Das Buchungsprinzip entspricht weitgehend der doppelten Buchführung im betrieblichen Rechnungswesen. Der Buchung des Zugangs eines Gutes entspricht der Abgang des zugehörigen Geldbetrages.

Hinzu kommen zwei weitere Teilbilanzen für andere Austauschwerte: die Dienstleistungsbilanz, die den grenzüberschreitenden Reiseverkehr und Transport etc. erfaßt, sowie die Übertragungsbilanz, auch als „Schenkungsbilanz" bezeichnet. Beide zusammen bilden mit der Handelsbilanz die sogenannte „Leistungsbilanz". Daneben existiert noch die Kapitalbilanz, in der alle Forderungen und Verbindlichkeiten zwischen Inland und Ausland erfaßt werden. Letztere tritt, um bei unserem Beispiel zu bleiben, dann in Aktion, wenn der französische Importeur den gelieferten Golf nicht sofort bezahlt hätte. Dann nämlich wäre er dem Volkswagenwerk gegenüber eine Verbindlichkeit eingegangen, die in der Volkswirtschaftlichen Gesamtrechnung nicht auf der Devisenbilanz (es ist ja noch kein Geld geflossen), sondern auf der Kapitalbilanz zu buchen ist.

Die Handelsbilanz gilt als ausgeglichen, wenn der Saldo aus Export- und Importwerten gleich Null ist. Die Bilanz ist „aktiv", wenn der Wert der Exporte höher liegt als der Wert der Importe (Handelsbilanzüberschuß). Sie ist „passiv", wenn die Exporte wertmäßig kleiner sind als die Importe (Handelsbilanzdefizit).

Wie wir bereits aus der Volkswirtschaftlichen Gesamtrechnung wissen, bedeuten Exporte Devisenzufluß, sind also „Einnahmen des Landes" im Handel mit dem Ausland, die deshalb das Sozialprodukt erhöhen. Importe hingegen sind nichts als Ausgaben der Bevölkerung für ausländische Güter, die Devisenabfluß bedeuten und das Sozialprodukt vermindern.

Gefahren hoher Exportüberschüsse

Viele Leute, unter ihnen nicht wenige Politiker, halten es daher für ausgesprochen vorteilhaft, möglichst viel zu exportieren und möglichst wenig zu importieren, um stets einen hohen Exportüberschuß zu erwirtschaften. Diese Meinung ist (leider) ein weit verbreitetes Fehlurteil. Es übersieht die langfristig negativen Auswirkungen dauerhaft hoher Exportüberschüsse. Vor allem auf zwei Auswirkungen soll hier ausführlicher eingegangen werden, weil sie zum Verständnis volkswirtschaftlicher Zusammenhänge von großer Wichtigkeit sind.

Der erste Negativaspekt hoher Exportüberschüsse betrifft die monetäre Seite, die Wirkung auf den inländischen Geldumlauf. Solange die Einnahmen aus Exporten die Ausgaben für Importe übersteigen, fließt (nach vorherigem Geldumtausch) mehr Geld in den heimischen Wirtschaftskreislauf als durch Importe abfließt. Mit anderen Worten, es findet eine Geldvermehrung im Inland statt. Und wenn die Unternehmen das zusätzlich hereingenommene Geld auch ausgeben, tritt neben die beiden Ausgabenströme für Konsum und Investition ein dritter Strom, der sich aus dem Devisenüberschuß (X – M) bildet und die Nachfrage auf den heimischen Märkten erhöht. Das aber geht tendenziell zu Lasten höherer Preise, wenn das Güterangebot der gestiegenen Nachfrage nicht folgen kann.

Bei Unterbeschäftigung sind zwar preistreibende Effekte zunächst nicht zu befürchten. Im Gegenteil, die wachsende Auslandsnachfrage stützt die Binnenkonjunktur und führt tendenziell zu mehr Beschäftigung. Der eigentliche Pferdefuß liegt denn auch woanders, nämlich in den schädlichen Auswirkungen auf die Empfängerländer. Die eigenen Exporte sind die Importe der aufnehmenden Länder; sie konkurrieren dort mit den Produkten aus der einheimischen Wirtschaft. Ein übermächtiger Erfolg der Exportindustrie gefährdet daher die Absatzmöglichkeiten der Handelspartner auf ihren eigenen Märkten. Dies wiederum schwächt deren Wirtschaftskraft und letztlich ihre Importfähigkeit, womit sich die Exportindustrie (auf lange Sicht) den Ast abzusägen droht, auf dem sie selber sitzt.

Ein hoher Exportüberschuß kann also zwei nachteilige Auswirkungen zur Folge haben. Ein Übergewicht der Exporte über die Importe erhöht den Geldumlauf im eigenen Land und damit tendenziell das inländische Preisniveau. Dieses Problem ist aber nur zu fürchten, wenn die eigene Industrie sowieso schon ausgelastet ist. Darüber hinaus aber schaden hohe Exportüberschüsse letztlich auch der Exportwirtschaft selber, weil sie langfristig die Importfähigkeit der aufnehmenden Länder beeinträchtigen.

Handelsbilanzausgleich

Der zweite Negativaspekt hoher Exportüberschüsse liegt noch etwas tiefer. Er setzt bei der Frage an, was wir denn tun können, um von einer zu aktiven Handelsbilanz wieder herunterzukommen.

Ein Weg fällt von vornherein aus, bzw. ist politisch nur schwer vorstellbar: die Exporte im eigenen Land zu drosseln. Dies gefährdet nicht nur Arbeitsplätze in der Exportindustrie, sondern ist außerdem mit gravierenden wirtschaftspolitischen Eingriffen in die Privatwirtschaft verbunden, so daß eine staatlich verordnete Exportbeschränkung wohl kaum mit Erfolg durchzusetzen wäre (wenngleich freiwillige Produktionsbeschränkungen, wie sie seit Mitte der achtziger Jahre von der europäischen Stahlindustrie in Form länderspezifischer Produktionsquoten vereinbart werden, einem Exportabbau faktisch bereits sehr nahe kommen).

Kommt also nur eine Ausweitung der Importe in Frage, um dem aktiven Saldo der Handelsbilanz zu begegnen. Was aber passiert dann? Zunächst einmal Positives: Die Hereinnahme von mehr und billigen Auslandsprodukten vergrößert das Güterangebot auf den Binnenmärkten und dämpft den Preisauftrieb. Zugleich lassen sich damit auch die Devisenüberschüsse reduzieren – zwei Fliegen mit einer Klappe. Außerdem: Heimische Importe sind die Exporte der liefernden Länder. Eine Erhöhung der Importe verbessert auch die Handelsbilanz der Lieferländer. Aber nicht nur das. Die Ausweitung der Importe kommt auch uns zugute, weil der gestiegene Devisenzufluß in den Lieferländern dazu verwendet werden kann, dort vermehrt auch unsere Produkte zu erwerben. Importe wirken sich also mittelbar auch günstig auf die eigenen Exporte aus – ein wechselseitiges Spiel gegenseitiger Stimulation.

Aber wie das so ist, Importsteigerungen haben auch ihre Schattenseiten. Leider sind die Preise im Ausland häufig höher als bei uns im Inland, und zwar oft gerade in solchen Ländern, bei denen wir sowieso schon einen kräftigen Exportüberschuß vorzuweisen haben. Man muß daher starke Anreize schaffen, um zusätzliche Importe überhaupt ins Land zu locken. Denn warum sollte der Verbraucher in der Bundesrepublik ausländische Waren kaufen, die teurer sind als die eigenen im Land?

Solche Anreize könnten zunächst darin bestehen, die Einfuhrzölle zu senken. Daß aber macht die einheimische Wirtschaftslobby mobil, die sich allzu gerne im Schutz der eigenen Zölle bewegt, die ihren Abbau zwar immer befürwortet, aber nur, wenn es die Produkte der anderen trifft. Der Abbau von Einfuhrzöllen ist daher innenpolitisch ein überaus heißes Eisen, das kein Politiker gerne anfaßt. So verspricht denn auch dieser Weg nur wenig Erfolg.

Wechselkursänderung und Außenhandel

Aber da gibt es noch einen anderen Weg, auf dem man zu mehr Importen kommen kann: über die Aufwertung der eigenen Währung. Damit sind wir bei einem weiteren, nicht ganz leicht zu durchschauenden Problem der Außenwirtschaftstheorie: der Wirkung von Wechselkursänderungen auf den Außenhandel – einem Thema, bei dem wir noch etwas verweilen müssen.

Um genau zu sein, den Weg, über eine Aufwertung die Einfuhren zu erhöhen, gab es einmal. Denn seitdem die wichtigsten Welthandelsländer im Februar 1973 ihr bis dahin praktiziertes System fester Wechselkurse aufgaben und zum „floaten" der Wechselkurse übergingen, d.h. den Wert ihrer Währungen gegenüber dem US-Dollar freigaben, seitdem korrigieren sich die Währungen sozusagen „fließend" von selbst.

Nicht mehr die Regierungen verändern jetzt den Wechselkurs, wenn das Verhältnis von Export und Import nicht mehr stimmt, sondern das freie Auf und Ab von Angebot und Nachfrage nach ausländischen Devisen bestimmt nun den Wechselkurs.

Wir müssen deshalb den aufgezeigten Weg etwas anders formulieren: Nicht die Aufwertung (das geht jetzt politisch nicht mehr), sondern der freie Anstieg des Wechselkurses der eigenen Währung könnte die Einfuhr ausländischer Waren fördern. Aber was geht dabei vor? Und aus welchem Grund sollte der Wechselkurs gerade dann ansteigen, wenn man es für wünschenswert hält? Ein Beispiel soll helfen, sich in diesen nicht ganz einfachen Zusammenhang hineinzudenken.

Als der französische Franc noch 50 Pfennig wert war (sich also eine Mark zu zwei Franc tauschen ließ), kostete in der Bundesrepublik ein Peugeot etwa 15000 Deutsche Mark. Der französische Exporteur erhielt dafür den Gegenwert von 30000 Franc. Der Wechselkurs der Deutschen Mark stieg jedoch weiter an, so daß schließlich der Franc nur noch dreiunddreißig Pfennig wert war (jetzt tauscht sich eine Deutsche Mark gegen drei Franc). Unter der Voraussetzung, daß alle übrigen Bedingungen auf den deutschen Märkten (Preisniveau, Wettbewerbssituation etc.) unverändert bleiben, merkt der deutsche Käufer des französischen Peugeot von der Wechselkursänderung zunächst einmal nichts. Er zahlt nach wie vor 15000 Deutsche Mark, wenn er ein solches Gefährt erwerben will. Den Gewinn aus der Wechselkursänderung macht allein der französiche Exporteur. Denn nach der Entrichtung des Kaufpreises durch den deutschen Kunden tauscht er jetzt 15000 Mark zum neuen Wechselkurs in 45000 Franc – ein zusätzlicher Gewinn von 15000 Franc, der ihm allein aufgrund der Wertminderung des Franc zugefallen ist. Darüber hatten wir bereits am Anfang dieses Kapitels gesprochen.

Diese Wirkung wird aber in Deutschland nicht so gerne gesehen, weil sie nicht dem deutschen Verbraucher zugute kommt.

Der zweite mögliche Effekt des Wechselkursanstiegs ist dann schon angebrachter. Der Exporteur kann nämlich, statt den Zugewinn in voller Höhe einzustecken, auch den Preis für seine Kraftfahrzeuge senken, was ihm in der Bundesrepublik Wettbewerbsvorteile vor seinen deutschen (und den übrigen ausländischen) Konkurrenten verschafft. Maximal vermag er bis auf 10000 Mark herunterzugehen; dann erhält er immer noch den ursprünglichen Gegenwert von 30000 Franc, der Preis, der nach wie vor auf den französischen Märkten gilt.

Wir halten also fest: Der Anstieg des Wechselkurses der Deutschen Mark verschafft der französischen Wirtschaft auf den deutschen Märkten Wettbewerbsvorteile, entweder in Form zusätzlicher Gewinne oder – wenn die Preise gesenkt werden – in Form höherer Marktanteile.

Und wie sieht es mit dem deutschen Export nach Frankreich aus? Der Export trägt die Nachteile der Währungsaufwertung, weil deutsche Unternehmen dort jetzt entweder teurer anbieten oder geringere Gewinne in Kauf nehmen müssen. Der Leser möge sich selbst klar machen, weshalb das so ist.

Was hier für das Verhältnis zwischen Deutschland und Frankreich gezeigt wurde, gilt natürlich für alle Länder, mit denen die Bundesrepublik Handel treibt: Der Anstieg des Wechselkurses (bzw. die Aufwertung) der Deutschen Mark verschafft ausländischen Unternehmen auf den deutschen Märkten Wettbewerbsvorteile und deutschen Unternehmen auf ausländischen Märkten Wettbewerbsnachteile. Es ist einleuchtend, daß die Senkung (bzw. Abwertung) der Deutschen

Art der Wechselkursänderung	Auswirkung der Wechselkursänderung auf			
	Export	Import	Reiseverkehr	
	Ausfuhr ins Ausland	Einfuhr vom Ausland	Inländer im Ausland	Ausländer im Inland
Anstieg des Wechselkurses (Aufwertung)	benachteiligt den Export ins Ausland	begünstigt den Import ins Inland	begünstigt den Aufenthalt im Ausland	benachteiligt den Aufenthalt von Ausländern im Inland
Sinken des Wechselkurses (Abwertung)	begünstigt den Export ins Ausland	benachteiligt den Import ins Inland	benachteiligt den Aufenthalt im Ausland	begünstigt den Aufenthalt von Ausländern im Inland

Abb. 23 Wirkung von Wechselkursänderungen (Auf- und Abwertungen) auf Außenhandel und Reiseverkehr

Die Änderung der Wechselkurse wirkt gegenläufig auf Außenhandel und Reiseverkehr. Anstieg bzw. Aufwertung des eigenen Wechselkurses begünstigt Import und Auslandsreisen; umgekehrt benachteiligt er Export und Inlandsreisen von Ausländern. Sinken bzw. Abwertung des eigenen Wechselkurses benachteiligt Import und Auslandsreisen; es begünstigt Export und Inlandsreisen von Ausländern.

Mark sich in beiden Fällen genau umgekehrt verhält. Sie benachteiligt die Einfuhr aus dem Ausland und begünstigt die Ausfuhr deutscher Waren ins Ausland.

In Abbildung 23 sind die Wirkungen von Wechselkursänderungen noch einmal in einer Übersicht zusammengestellt. Sie zeigt außerdem die Auswirkungen auf Urlaub und Reiseverkehr. Der Währungsanstieg begünstigt den Reiseverkehr ins Ausland, weil sich – um beim Beispiel Deutschland-Frankreich zu bleiben – jetzt tausend Mark nicht mehr in zweitausend, sondern in dreitausend Franc eintauschen lassen. Bei der Senkung des Währungswertes liegen die Dinge genau umgekehrt.

Warum Wechselkursänderungen?

So bleibt nur noch die Frage zu beantworten, *warum* sich denn die Wechselkurse ändern. Aus welchem Grund nimmt der Wert der einen Landeswährung ab und der einer anderen zu? Und wer verändert diesen Wert?

Die Darstellung in Abbildung 24 zeigt, daß der Außenwert der Währungen seit der Freigabe der Wechselkurse in der Tat ganz eigenen Gesetzen folgt, die als bizarres Zickzack der abgebildeten Linien zum Ausdruck kommt. Während der Schweizer Franken sich kontinuierlich an der Spitze der Weltskala hält, nur hin und wieder unterbrochen vom Japanischen Yen, rangieren Deutsche Mark und US-Dollar seit Jahren im gehobenen Mittelfeld, wenngleich der Dollar Ende der 70er Jahre zunächst ein nachhaltiges Tief zu durchschreiten hatte. Auf der Verliererstraße schwanken in nahezu ununterbrochener Folge Italienische Lira und Französischer Franc. Sie sind die einzigen Währungen, deren Wert im Verhältnis zu sich selbst und zu anderen fortwährend abgenommen hat.

Was aber ist die Ursache dieser Bewegungen?

Als einer der Hauptgründe für Wechselkursänderungen gilt die unterschiedliche Inflationsentwicklung in Ländern, die miteinander Handel treiben. Weil die Preise in dem einen Land schneller steigen als in einem anderen, entstehen Währungs- bzw. Handelsverzerrungen, die den einen immer mehr Vorteile, den anderen immer mehr Nachteile bringen. Solche Verzerrungen müssen durch eine Wechselkursanpassung ausgeglichen werden.

Natürlich spielen auch andere, vor allem spekulative Aspekte mit hinein. Denn Devisen können gehandelt werden wie Aktien an der Börse oder wie Güter auf den Märkten – nach den gleichen Gesetzen von Angebot und Nachfrage. Steigt die Nachfrage nach einer bestimmten Devise, dann nimmt auch der Wert ihres Wechselkurses zu. Sinkt die Nachfrage, läßt auch der Wechselkurs nach. Andererseits gilt dann auch: Wird die Geldmenge einer bestimmten Devise auf dem internationalen Geldmarkt erhöht (zum Beispiel, indem die Zentralbank auf dem Geldmarkt interveniert und diese Devise zusätzlich anbietet), dann sinkt ihr Wechselkurs. Er steigt, wenn sie verknappt wird – ein bedeutsames Instrument der Zentralbank, um den Wert der Wechselkurse mit marktwirtschaftlichen Mitteln im gewünschten Sinne zu beeinflussen.

Die Entwicklung des Dollarkurses ist ein hervorragendes Beispiel für die spekulative Einwirkung auf den Wert des Dollars als Welt-Leitwährung. Welche horrenden Kurssprünge in den letzten Jahren zu verzeichnen waren, zeigt Abbildung 26 auf S. 145. Dieser spekulative Aspekt von Wechselkursänderungen soll uns hier aber nicht weiter interessieren, weil dabei zu viele irrationale Momente

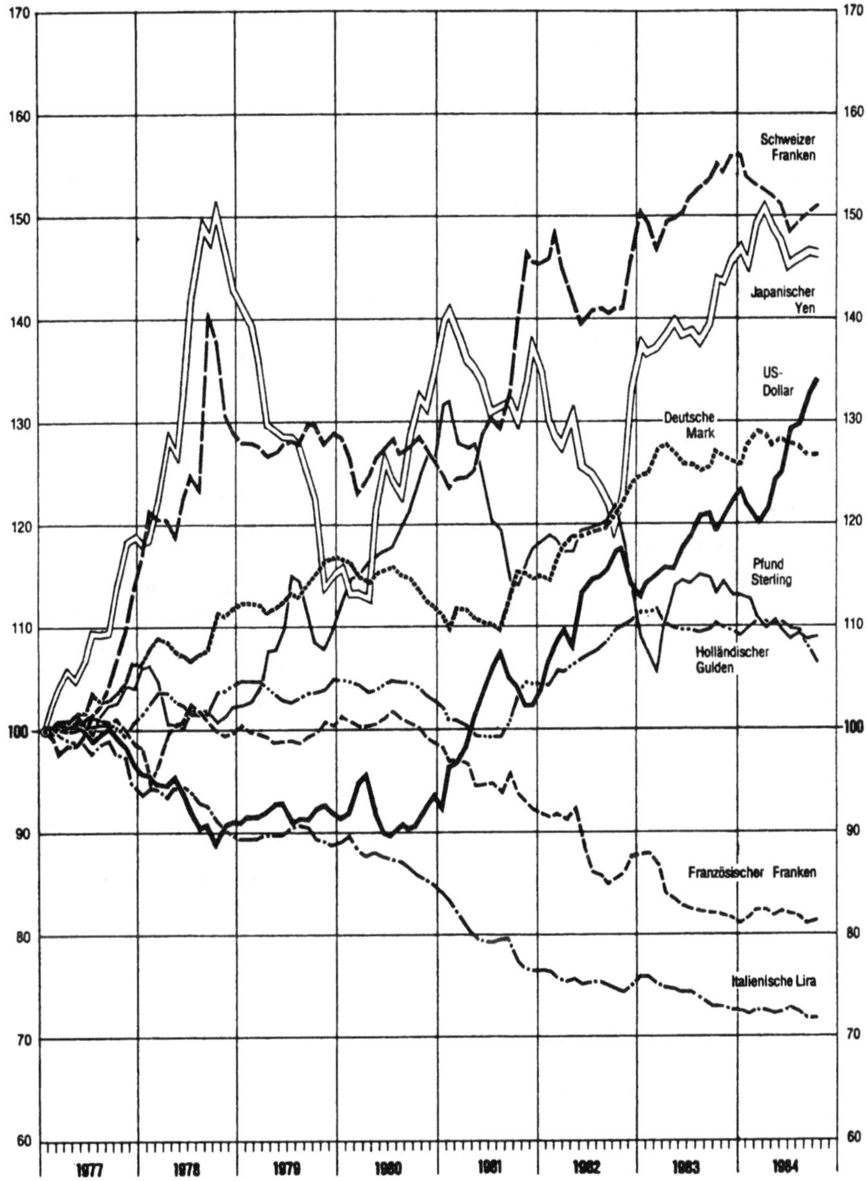

Abb. 24 Entwicklung des Außenwertes ausgewählter Währungen.
Die abgebildeten Zick-Zack-Linien zeigen, wie sich der Wert der Währungen ausgewählter Industrienationen relativ zum Wert der deutschen Mark entwickelt hat, und zwar gewogen mit den Anteilen der einzelnen Länder am deutschen Außenhandelsumsatz. Ausgangspunkt der vergleichenden Gegenüberstellung bildete das Jahr 1977, in dem alle Währungswerte gleich 100 gesetzt sind.
Quelle: Jahresgutachten 1984/85 des Sachverständigenrates, Seite 33

hineinspielen. Dafür wollen wir etwas genauer untersuchen, wie sich denn unterschiedliche Inflationsraten auf die Wechselkurse auswirken.

Nehmen wir an, in Frankreich steigen die Preise schneller als in der Bundesrepublik, was denn auch tatsächlich in den letzten Jahren laufend der Fall war. Was passiert dann?

Solange die Wechselkurse von Deutscher Mark und Franc unverändert bleiben, lassen sich jetzt deutsche Waren in Frankreich besser verkaufen, weil die französischen Erzeugnisse immer teurer werden, unsere aber nicht (bzw. sich weniger schnell verteuern, was auf dasselbe hinausläuft). Folge: Die Nachfrage der Franzosen nach deutschen Waren nimmt wegen der niedrigeren Preise zu, was die Einfuhr deutscher Waren aus der Bundesrepublik begünstigt. Umgekehrt verschlechtert sich die Geschäftslage französischer Unternehmen, die nach Deutschland ausführen wollen, weil diese ihre Waren jetzt zu vergleichsweise höheren Preisen anbieten müssen. Beide Effekte beeinträchtigen die Konjunktur der französischen Wirtschaft. Wenn sich also – aus der Sicht der Franzosen – die Nachfrage immer mehr auf die billigeren Importprodukte aus der Bundesrepublik verlagert, gerät die Wirtschaft leicht in einen Abwärtsstrudel aus Inflationssog und Importdruck, der das Land tiefer in die „Stagflation" (Stagnations plus Inflation) zu ziehen droht.

Die Senkung des französischen Wechselkurses, beziehungsweise die Abwertung des französischen Franc, ist darauf die marktkonforme Antwort. Wir wissen bereits, was sie bewirkt. Die Senkung des Wechselkurses fördert die französischen Exporte nach Deutschland (und ins übrige Ausland) und benachteiligt den Import aus der Bundesrepublik und dem Ausland. Natürlich hätte auch die Deutsche Mark abgewertet werden können, womit zumindest für Frankreich der gleiche Effekt zu erzielen gewesen wäre.

Um das etwas verwirrende Hin und Her der Auswirkungen von Inflation und Wechselkursänderungen auf den Außenhandel in eine leicht zu merkende Kurzform zu bringen, sind die Zusammenhänge in Abbildung 25 noch einmal am Beispiel des Zweiländermodells Frankreich - Deutschland in einer Übersicht zusammengestellt.

Wechselkursänderungen – ob fließend oder staatlich verordnet – haben also in erster Linie die Aufgabe, die unterschiedliche Preisentwicklung einzelner Länder auszugleichen, um preisbedingte Verzerrungen im grenzüberschreitenden Handel zu beseitigen. Steigen die eigenen Preise schneller als die des Handelspartners, dann wirkt die Senkung (Abwertung) der eigenen Währung fördernd auf den Export und dämpfend auf den Import. Dadurch verringert sich das Handelsbilanzdefizit, weil der Importüberschuß abnimmt. Liegt hingegen die Inflation beim Handelspartner höher, steigen also dessen Preise stärker als die eigenen, dann führt die Anhebung (Aufwertung) der eigenen Währung zu einer Drosselung des Exports, während der Import gefördert wird.

Floating der Wechselkurse

Damit sind wir wieder an den Ausgangspunkt zurückgekehrt. Wir waren von der Frage ausgegangen, auf welchem Weg und mit welcher Wirkung von (langfristig) hohen Exportüberschüssen herunterzukommen sei. Die marktkonforme Antwort lautet: Durch die Anhebung (oder Aufwertung) des Wechselkurses der eigenen Währung.

Höhere Inflation in Frankreich als in Deutschland			
	Wirkung auf den Außenhandel	zu erwartende bzw. angestrebte Wechselkursänderung	Wirkung der Wechselkursänderung auf den Außenhandel
aus der Sicht Deutschlands	Ausfuhr nach Frankreich (+) Einfuhr aus Frankreich (−)	Deutsche Mark (+)	Ausfuhr nach Frankreich (−) Einfuhr aus Frankreich (+)
aus der Sicht Frankreichs	Ausfuhr nach Deutschland (−) Einfuhr aus Deutschland (+)	Franz. Franc (−)	Ausfuhr nach Deutschland (+) Einfuhr aus Deutschland (−)

Abb. 25 Auswirkung der Inflation auf Außenhandel und Wechselkurse am Beispiel Frankreich – Deutschland

Eine höhere Inflation in Frankreich bewirkt, daß französische Waren in Frankreich teurer und deutsche Waren (relativ) billiger werden. Dies begünstigt die Ausfuhr deutscher Waren nach Frankreich und benachteiligt die Einfuhr französischer Waren nach Deutschland. Die marktkonforme Antwort – Senkung (Abwertung) des französischen Franc – wirkt fördernd auf französische Exporte nach Deutschland und hemmend auf die Einfuhr deutscher Waren nach Frankreich.

(+ heißt: Begünstigung des Außenhandels bzw. Aufwertung oder Anstieg des Wechselkurses. – heißt: Benachteiligung des Außenhandels bzw. Abwertung oder Senkung des Wechselkurses)

In einem System fester Wechselkurse, wie es bis 1973 für die Mitgliedsländer des „Internationalen Währungsfonds" (IWF) Gültigkeit hatte, waren daher häufig wiederkehrende, durch hoheitlichen Akt verkündete Auf- oder Abwertungen vonnöten, um der unterschiedlichen Preisentwicklung in den einzelnen Ländern entgegenzuwirken. Dies ist heute anders. Seit 1973 „floaten" die Wechselkurse der wichtigsten Industrienationen, so daß der Ausgleich der Währungen „automatisch" über den Markt erfolgt (wenn auch für einige Länder nur in den dafür vorgesehenen Bandbreiten).

Wie war es zu der Freigabe der Wechselkurse gekommen, wo doch feste Wechselkurse nach dem Krieg für lange Zeit als unverrückbares Dogma galten? Das Hauptziel des Abkommens von Bretton Wood, mit dem am 27. Dezember 1945 der Internationale Währungsfonds gegründet wurde, um „die Ausweitung und das in sich ausgeglichene Wachstum des Welthandels zu erleichtern" (so die Gründungscharta) zeitigte – auf der Grundlage fester Wechselkurse – in der Tat zunächst große Erfolge. Zwischen 1950 und 1973 wuchs der Weltexport von knapp 60 Milliarden auf mehr als 650 Milliarden Dollar, schneller als in jedem anderen Zeitraum gleicher Länge zuvor. Aber spätestens zu Beginn der siebziger Jahre sieht sich das System immer größeren Krisen ausgesetzt, nicht zuletzt auch deswegen, weil die Bereitschaft der Länder nachzulassen begann, rechtzeitig im Sinne der eigenen Inflationsentwicklung auf- oder abzuwerten. Eine immer stärkere Verzerrung des internationalen Handelsgefüges war die Folge.

So gingen 1973 zuerst Japan und Italien dazu über, ihre Wechselkurse freizugeben. Kurze Zeit später folgten die Bundesrepublik Deutschland, Frankreich, die

Benelux-Länder und Dänemark und gaben ihre Wechselkurse ebenfalls frei, allerdings nur gegenüber dem Dollar. Im Verhältnis zu ihren eigenen Währungen einigte man sich auf Bandbreiten von 2,25 Prozent (ausgenommen Italien 6 Prozent), in deren Grenzen die Wechselkurse schwanken durften, ehe die Zentralbanken zur Stützung der Währung zu intervenieren hätten. Kurz danach traten auch Schweden und Norwegen der Währungsschlange bei. Frankreich schied allerdings ein Jahr später aus dem Gruppenfloating wieder aus.

Die seitdem (zumindest teilweise) frei schwankenden Wechselkurse bewirken, daß sich heute der internationale Geldwert der eigenen Währung fließend, also nicht mehr durch punktuell verfügte Auf- oder Abwertungen des Staates, der nationalen Preisentwicklung anpaßt. Jetzt sorgt der Markt auf internationaler Ebene selbst für die nötige Angleichung der unterschiedlichen Preisniveaus, was von Verfechtern der Marktwirtschaft als das erheblich bessere Instrument angesehen wird. Gleitende Wechselkurse könnten sehr viel sensibler auf die Inflationsentwicklung der einzelnen Länder reagieren, als staatliche Eingriffe hierzu jemals in der Lage seien. Allein schon die Ankündigung beabsichtigter Auf- oder Abwertungen könnte zu unkontrollierten Reaktionen auf den Devisenmärkten führen. Und so hat sich das nunmehr seit 15 Jahren existierende System flexibler Wechselkurse bis heute erhalten. Es hat aber nicht verhindern können, daß der Außenhandel für einige Länder sehr einseitig verlief, besonders „erfolgreich" allerdings für die Bundesrepublik.

Exportnation Bundesrepublik

Der Blick in die Statistik des Außenhandels vermittelt ein eindrucksvolles Bild vom Geschäftseifer der deutschen Wirtschaft. Seit mehr als zwanzig Jahren erzielt die Bundesrepublik ununterbrochen Exportüberschüsse, die mittlerweile auf mehr als 50 Milliarden Mark jährlich angestiegen sind (siehe Tabelle 15). Im Jahr 1984 führte die Bundesrepublik Güter im Wert von 488 Milliarden Mark ins Ausland aus, während sie für 434 Milliarden Mark Güter aus anderen Ländern einführte. Damit liegt der Export bereits um 54 Milliarden Mark über dem Import, ein Handelsbilanzüberschuß, der sich 1985 voraussichtlich nochmals auf über 70 Milliarden Mark erhöhen wird.

Überhaupt kommt dem deutschen Export eine überragende Bedeutung für die deutsche Wirtschaft zu. Das zeigt sich, wenn man den Exportwert zum erwirtschafteten Bruttosozialprodukt in Beziehung setzt (siehe Tabelle 16). Lag der Exportanteil am Bruttosozialprodukt im Jahre 1960 noch bei 15,8 Prozent, steigerte er sich bis 1984 kontinuierlich auf fast 27 Prozent, wobei er 1985 voraussichtlich auf rund 30 Prozent weiter zunehmen dürfte. Mittlerweile wird in der Bundesrepublik nahezu jede dritte Mark im Handel mit dem Ausland dazuverdient.

Das besondere Engagement der deutschen Industrie im Außenhandel drückt sich auch in der seit Jahren steigenden Exportquote aus. Mehrere Branchen tätigen mittlerweile mehr als die Hälfte ihres Umsatzes im Ausland, an der Spitze Elektronische Datenverarbeitung und Büromaschinen, Flugzeugindustrie und Raumfahrt sowie Schiffsbau. Aber auch die Kraftfahrzeugbranche, der Maschinenbau und die chemische Industrie realisieren noch fast die Hälfte ihres Umsatzes im Ausland, gefolgt von Eisen und Stahl, der Feinmechanik/Optik und der Elektrotechnik, bei denen es immerhin noch ein gutes Drittel ist.

	Außenhandel der Bundesrepublik (in Mrd DM)		
	Export (Ausfuhr)	Import (Einfuhr)	Saldo (Überschuß)
1960	47,9	42,7	5,2
1962	53,0	49,5	3,5
1964	64,9	58,8	6,1
1966	80,6	72,7	7,9
1968	99,6	81,2	18,4
1970	125,3	109,6	15,7
1972	149,0	128,7	20,3
1974	230,6	179,7	50,9
1976	256,6	222,2	34,4
1978	284,9	243,7	41,2
1980	350,3	341,4	50,1
1981	396,9	369,2	27,7
1982	427,7	376,5	51,2
1983	432,3	390,2	42,1
1984	488,2	434,3	53,9
1985*	538,6	468,9	73,0

Tab. 15 Exportüberschüsse der Bundesrepublik seit 1960
Seit mehr als zwanzig Jahren erwirtschaftet die Bundesrepublik Jahr für Jahr hohe Exportüberschüsse, die mittlerweile auf über 60 Milliarden DM angestiegen sind. Anhaltend hohe Exportüberschüsse sind aber auch mit Gefahren verbunden, und zwar sowohl für die heimische als auch für die Weltwirtschaft.
Quelle: Jahresgutachten 1985/86 des Sachverständigenrates, S. 292
* geschätzt

	1960	1970	1980 (Mrd. DM)	1983	1984	1985*
Bruttosozialprodukt	303	676	1 485	1 676	1 754	1 805
Export	48	125	350	432	488	539
Exportanteil (%)	15,8	18,5	23,6	25,3	27,8	29,9

Tab. 16 Anteil der deutschen Exportwirtschaft am Bruttosozialprodukt
Dem deutschen Export kommt seit Jahren überragende Bedeutung für die wirtschaftliche Entwicklung in der Bundesrepublik zu. Lag der Anteil der Exporte am Bruttosozialprodukt 1960 noch bei 15,8 Prozent, stieg er bis Mitte der achtziger Jahre kontinuierlich auf fast 30 Prozent. Damit erwirtschaftet die Bundesrepublik bereits beinahe jede dritte Mark im Handel mit dem Ausland.
Quelle: Jahresgutachten 1985/86 des Sachverständigenrates, S. 292 in Verbindung mit S. 244. * geschätzt

Seit Beginn der achtziger Jahre betätigt sich denn auch der deutsche Export als „Triebkraft der Konjunktur" in der Bundesrepublik. In der Presse heißt es dazu:

„Der vor allem dank der billigen Mark wie geschmiert laufende Export, aber auch die steigende Nachfrage nach neuen Anlagen und Maschinen sorgen für konjunkturellen Schwung. Am Arbeitsmarkt haben die Bundesbanker ein ‚leicht gebessertes Klima' ausgemacht. Wichtigste Triebkraft der Konjunktur ist der Export, heißt es in dem Bericht über die Wirtschaftslage im Herbst 1984. Besonders gefragt im Ausland waren zuletzt Maschinen, elektronische Güter, aber auch Autos. Insbesondere die Investitionskonjunktur scheint in den meisten wichtigen Industrieländern gut in Gang gekommen zu sein, wovon unsere Exportwirtschaft wegen ihres spezifischen Produktionsprogramms in besonderem Maße profitiere, schreiben die Volkswirte der Bundesbank. Vor allem die Ausfuhr in die USA (plus 45 Prozent im Quartalsvergleich) und nach Kanada (plus 40 Prozent) explodierten förmlich. Aber auch andere Nachbarländer suchen Waren made in Germany"[37].

Ähnlich erfolgreich wie die Bundesrepublik sind nur noch wenige Industrienationen. Die meisten weisen sogar Handelsdefizite auf, wie sich aus der Zusammenstellung in Tabelle 17 ergibt.

Bilanz 1984	Saldo der Außenhandelsbilanz (Mrd. US-Dollar) 1984		
Japan	+	44,3	Exportüberschuß
Bundesrepublik	+	23,3	
Kanada	+	16,5	
Niederlande	+	5,4	
Schweden	+	5,1	
Belgien/Luxemburg	+	0,4	
Irland	+	0,2	
Dänemark	–	0,4	Importüberschuß
Schweiz	–	2,3	
Österreich	–	3,1	
Frankreich	–	4,1	
Griechenland	–	4,3	
Großbritannien	–	5,5	
Italien	–	6,1	
Vereinigte Staaten	–	108,3	

Tab. 17 Saldo der Außenhandelsbilanz ausgewählter Industrienationen
Mit ihrem sowieso schon hohen Exportüberschuß wird die Bundesrepublik nur noch von Japan übertroffen, das 1984 Güter im Werte von 44,3 Milliarden Dollar (etwa 110 Milliarden DM) mehr ausführte als einführte. Überdurchschnittlich hoch liegt auch Kanada mit einem Ausfuhrüberschuß von 16,5 Milliarden Dollar. Den höchsten Importüberschuß (Handelsbilanzdefizit) „erwirtschafteten" die USA in Höhe von 108 Milliarden Dollar.
Quelle: Jahresgutachten 1985/86 des Sachverständigenrates, S. 220 in Verbindung mit Jahresgutachten 1984/85, S. 42.

Übertroffen wird die Bundesrepublik lediglich von Japan mit dem immensen Exportüberschuß von mehr als 44 Milliarden Dollar, das sind nach Währungsstand 1984 rund 120 Milliarden Deutsche Mark. Überdurchschnittlich hoch liegen Kanada mit einem Exportüberschuß von 16,5 Milliarden Dollar sowie Schweden und die Niederlande, deren Überschüsse rund 5 Milliarden Dollar betragen.

Drei weitere Nationen (Irland, Belgien und Dänemark) weisen einen beinahe ausgeglichenen Saldo aus, während die Schweiz, Italien, Österreich, Griechenland, Großbritannien und Frankreich Bilanzdefizite zwischen drei und fünf Milliarden Dollar vorzuzeigen haben.

[37] Frankfurter Rundschau vom 20.12.1984

Importnation USA

Geradezu unglaubhaft mutet das Handelsbilanzdefizit der Vereinigten Staaten an. Deren Wirtschaft sog 1984 Güter im Wert von 108 Milliarden Dollar – das sind umgerechnet über 300 Milliarden Mark – aus aller Herren Länder mehr an als sie gleichzeitig ausführen konnten. Dieses selbst für amerikanische Verhältnisse riesige Defizit türmt sich nun schon seit Jahren zu immer neuen Höhen auf. Lag der Importüberschuß 1980 noch bei 25,5 Milliarden Dollar, schnellte er drei Jahre später bereits auf über 60 Milliarden, um 1984 den bis dahin höchsten Stand von 109 Milliarden Dollar zu erreichen[38]. Nach neuesten Presseberichten wird das Handelsbilanzdefizit 1985 voraussichtlich auf mehr als 130 Milliarden Dollar weiter ansteigen.

Im Sog dieses Defiziteffekts kletterte der Dollar bis Mitte der achtziger Jahre in schwindelerregende Höhen (siehe Abbildung 26): Von 1,81 Mark, dem Tiefstpunkt im Jahr 1980, auf über 3,00 Mark im Jahr 1985 (mit Spitzen bis 3,47 Mark) – eine Wertsteigerung von mehr als 65 Prozent. Kein Wunder, daß die Importe explodierten, konnten doch ausländische Unternehmer auf den amerikanischen Märkten jetzt entweder fast zwei Drittel mehr erlösen oder den Preis ihrer Waren um fast die Hälfte reduzieren. Umgekehrt haben amerikanische Exporteure aufgrund der Dollarhausse mit erheblich kleineren Gewinnmargen auszukommen oder müssen ihre Preise im Ausland kräftig anheben, wenn sie ihre Gewinnspannen auf altem Niveau halten wollen.

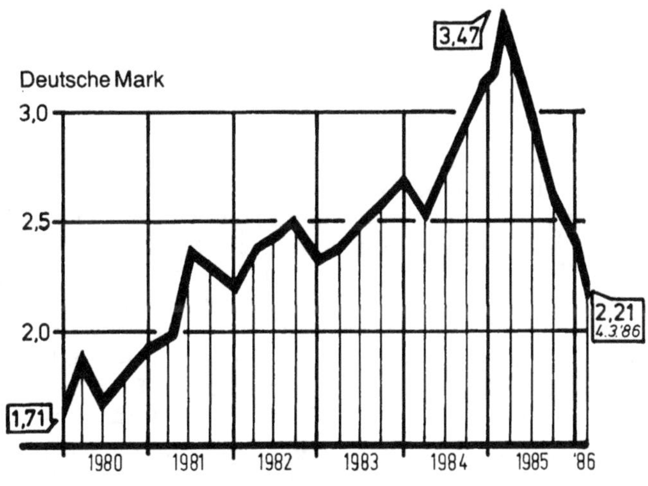

Abb. 26 Auf- und Abstieg des Dollarkurses

Der Dollarkurs verdoppelte seinen Wert innerhalb von fünf Jahren von 1,71 DM, dem tiefsten Stand seit Kriegsende, auf 3,47 DM im ersten Quartal 1985. Danach fiel er in nur wenigen Monaten wieder auf etwas mehr als zwei Mark zurück – eine plötzliche Bremsung für die deutsche Exportwirtschaft, die jetzt fast 40 Prozent Wechselkursverlust zu verkraften hat.

Quelle: DIE ZEIT vom 7.3.1986 und Veröffentlichungen der Deutschen Bundesbank

[38] Jahresgutachten 1984/85 des Sachverständigenrates, S. 42

Nach Ansicht des Sachverständigenrates kommen hier als Gründe gleich mehrere Faktoren zusammen: „Die hohe Kreditnachfrage des Staates bewirkte zusammen mit der Kreditnachfrage der Privaten über hohe Zinsen einen Sog auf das Auslandskapital, der den Dollar hochtrieb und so den Kauf von Waren und Diensten aus dem Ausland anregte, während er den Export erschwerte“[39].

So hat das Defizitgebahren der amerikanischen Regierung via starker Dollar auch ihr Gutes: Die Fähigkeit und Bereitschaft der amerikanischen Wirtschaft, Importe in großem Umfang aufzunehmen, macht die USA zur Konjunkturlokomotive für den Rest der Welt, natürlich in erster Linie auch für die Bundesrepublik.

Der Dollarkurs sinkt

Seit Mitte 1985 allerdings ändert sich das Bild der Weltwirtschaft beinahe erdrutschartig: „Diesen durchschlagenden Erfolg haben die Finanzminister und Notenbankchefs der fünf größten westlichen Industrienationen sicher nicht erwartet. Im September hatten sie im New Yorker Plaza-Hotel verabredet, durch gezielte Interventionen auf den Devisenmärkten den Dollarkurs zu drücken. Jetzt, rund fünf Monate später, ist der Dollar gegenüber der japanischen Währung auf den niedrigsten Stand seit 1978 gefallen, und in Mark gerechnet war der Dollar zuletzt im Mai 1982 so billig“[40].

Hand in Hand mit dem sinkenden Rohölpreis hat der mittlerweile auf 2,20 Mark gesunkene Dollarkurs (Stand März 1986) eine völlig neue Lage auf dem Weltmarkt geschaffen, deren Auswirkungen noch nicht zu übersehen sind. Ein billiger Dollar wird zwar die US-Wirtschaft im eigenen Land und im Außenhandel wieder konkurrenzfähiger machen. Das riesige Handelsbilanzdefizit könnte wieder heruntergedrückt werden, weil sich exportieren für die Amerikaner wieder lohnt und importieren keine so großen Vorteile mehr verspricht. Ein weiterer Wertverlust des Dollars (was nach derzeitigem Stand nicht ausgeschlossen scheint) könnte allerdings die mühsam überwundene Inflation in den Vereinigten Staaten wieder anheizen, weil importierte Güter jetzt wieder teurer werden und damit der inneramerikanische Konkurrenzdruck nachlassen könnte. Schon einmal bezahlten die Amerikaner unter Jimmy Carter den damals auf 1,70 Mark gefallenen Dollarkurs mit Inflationsraten von mehr als 20 Prozent und mit einem Konjunkturtief, wie es seit Kriegsende nicht mehr erlebt worden war.

Die Bundesrepublik sieht dieser Entwicklung mit einem lachenden und einem weinenden Auge zu. Der niedrige Dollarkurs verbilligt alle Importe, soweit sie in Dollar gehandelt werden, so vor allem Öl, Rohstoffe und Agrarprodukte aus Übersee. Der Verfall des Rohölpreises tut ein übriges. All dies wird das Preisniveau in der Bundesrepublik weiterhin auf den niedrigsten Stand seit Kriegsende drücken: Der Verbraucher hat den Nutzen davon. Umgekehrt wird die deutsche Exportindustrie sowohl auf dem amerikanischen Markt als auch auf dem Weltmarkt jetzt härter kämpfen müssen, was ihr allerdings nicht so schwer fallen dürfte, weil auch sie von den sinkenden Rohstoff- und Rohölpreisen profitiert und somit nach wie vor preisgünstig kalkulieren kann.

[39] Jahresgutachten 1984/85 des Sachverständigenrates, S. 28
[40] DIE ZEIT vom 28.2.1986

Insgesamt gesehen wird sich die „Triebkraft" der Konjunktur allmählich verlagern: Von der Exportindustrie auf die Binnenwirtschaft, die, nicht zuletzt dank niedriger Inflationsraten und steigender Realeinkommen, für einige Zeit einer gefestigten Nachfrage entgegensehen kann.

Protektionismus droht

Mit dem niedrigen Dollarkurs ist aber noch eine weitere, wohltuende Wirkung verbunden, die ihre Wurzeln mehr im Psychologischen hat. Zumindest für die Vereinigten Staaten entfällt jetzt das Motiv, sich mit importbeschränkenden Maßnahmen gegen zu starke ausländische Konkurrenz zu schützen und damit weltweit eine Flucht in den Protektionismus auszulösen. Die Gefahr war größer als allgemein angenommen, und dies nicht nur in den USA.

So fragte – um ein Beispiel aus unserer unmittelbaren Nachbarschaft zu bringen – der französische Staatspräsident Mitterrand seine Landsleute mit besorgtem Blick auf das große Handelsdefizit seines Landes: „Warum müssen wir Werkzeugmaschinen aus der Bundesrepublik importieren, Elektronik aus Japan, elektrische Haushaltsgeräte aus Italien? Wir können das alles selbst herstellen. Daß Frankreich Öl aus dem Nahen Osten importiert und Kakao aus dem Kamerun, ist normal. Aber ist es normal, daß für 500 Millionen Franc Schokolade in der Bundesrepublik und in Holland eingekauft wird, für eine Milliarde Bolzen und Schrauben in der Bundesrepublik sowie für 1,7 Milliarden Franc Pullover und für 1,3 Milliarden Möbel in Italien?"[41].

Daß Protektionismus und Handelsbeschränkungen mittlerweile weltweite Dimensionen und polemische Schärfe selbst im Umgang mit den politischen Freunden angenommen haben, zeigt die Berichterstattung über das US-Röhrenembargo im Streit der Europäischen Gemeinschaft mit den Vereinigten Staaten. So schreibt „DIE ZEIT" unter der Überschrift „Droht ein Handelskrieg mit den USA?" über die beinahe verzweifelten Versuche der Europäer, den US-amerikanischen Markt für eigene Produkte offenzuhalten: „Die Europäische Gemeinschaft ist an Streitigkeiten mit den USA gewöhnt. Auf einen Ärger mehr oder weniger wäre es ihr nicht angekommen.

Als aber Ende November US-Handelsminister Malcom Baldrige von heute auf morgen einen Importstop für Stahlrohre aus der EG anordnete und einseitig die Einfuhrquoten ab 1985 drastisch begrenzte, traf es die Brüsseler Kommission wie ein Peitschenhieb. Hatten sie sich nicht längst schon zu einem Selbstbeschränkungsabkommen bereitgezeigt? Daß Hösch, Mannesmann und all die anderen ihre Lieferungen begrenzen müssen, war schon vorab allen Beteiligten klar. Im Oktober 1982 hatte die Gemeinschaft mit den USA ein Selbstbeschränkungsabkommen für den Massenstahlexport geschlossen (...) Die USA zogen schließlich die Notbremse. Die neue Kommission kann froh sein, wenn sie die von Washington verhängten 5,9 Prozent Marktanteil auf 6,1 Prozent aufbessern kann.

Lohnt es sich, mit Steinen aus dem Glashaus zu werfen? Die Gemeinschaft hat selbst 15 Drittländer zu Exportselbstbeschränkungsabkommen verpflichtet, um den eigenen Markt zu schützen. Dabei wendet sie Jahr für Jahr genau das Verfahren an, daß sie nun von den USA erdulden muß: Sie diktiert 15 mal die Konditionen für Wohlverhalten und legt 15 mal einseitige Importquoten fest"[42].

---

[41] DIE ZEIT vom 21.12.1984
[42] DIE ZEIT vom 21.12.1984

So konkurriert der Wunsch nach freiem Außenhandel mit dem Bedürfnis nach Schutz der einheimischen Wirtschaft. Die Reduzierung der Einfuhren, zumindest deren Behinderung, ist der innenpolitisch bequemere Weg, die geringere Wirtschaftskraft einzelner Branchen vor ausländischer Konkurrenz zu schützen.

Kurzfristig (und kurzsichtig) sind hier Erfolge möglich. Die Liste protektionistischer Instrumente ist ausgesprochen vielfältig und oftmals geradezu hinterhältig. Manche sind als solche kaum zu erkennen, weil sie sich nicht auf die Ware selbst, sondern auf ihre verwaltungstechnische Behandlung bei der Einfuhr beziehen. Dazu gehören vor allem behindernde Normen- und Einfuhrvorschriften wie beispielsweise überzogene Kennzeichnungspflicht in der Landessprache, Hygienevorgaben sowie schikanöse und schleppende Zollabfertigungen, aber auch psychologische Kampagnen, die gegen den Kauf ausländischer Importgüter gerichtet sind.

Die Verlockung, Importbarrieren zu errichten, ist eben nicht nur für die einheimische Wirtschaft groß, auch die Regierung verspricht sich davon Vorteile. Kann sie doch unter anderem darauf hoffen, durch Verteuerung, Verknappung oder Behinderung der Importe eigene Arbeitsplätze in den gefährdeten Branchen zu erhalten.

Für ein Land, das wie die Bundesrepublik mit fast einem Drittel seines Sozialprodukts vom Außenhandel abhängig ist, wäre eine internationale Ausbreitung des Protektionismus in höchstem Grade gefährlich. Die kollektive Einschränkung des Welthandels bedroht zwar in allen Ländern die exportabhängigen Arbeitsplätze, in der Bundesrepublik allerdings mit besonders gravierenden Folgen. Nachteilig betroffen wären jedoch alle großen Industrienationen.

Wirtschaftspolitik heute: Nachfrage- oder angebotsorientierter Ansatz?

Wir sind am Ziel, das wir uns für den dritten Teil dieses Buches gestellt hatten, angekommen. Der Weg führt über die im Stabilitätsgesetz vorgegebenen Stationen des „magischen Vierecks“:

- Preisstabilität bzw. Verminderung der Inflation,
- hoher Beschäftigungsstand bzw. Beseitigung der Arbeitslosigkeit,
- außenwirtschaftliches Gleichgewicht bzw. Verringerung des Außenhandelsdefizits,
- stetiges und angemessenes Wirtschaftswachstum bzw. Vermeidung wirtschaftlicher Stagnation.

In den vorangegangenen Kapiteln haben wir uns mit den wichtigsten wirtschaftstheoretischen Grundlagen vertraut gemacht, die als Ursache für die immer wieder auftretenden Störungen der vier gesamtwirtschaftlichen Ziele in Betracht gezogen werden müssen. Im folgenden kommt es nun darauf an, die therapeutischen Maßnahmen kennenzulernen, die der Wirtschaftspolitik zur Beseitigung dieser Störungen zur Verfügung stehen. Wie, so fragen wir jetzt, kann der Staat lenkend in den Wirtschaftsprozeß des eigenen Landes eingreifen, um die vier im Stabilitätsgesetz vorgegebenen Ziele zu erfüllen oder ihrer Erfüllung wenigstens so nahe wie möglich zu kommen?

Dabei müssen wir versuchen, ein empirisch wenigstens einigermaßen gesichertes Bild von der realen Größenordnung der Störfaktoren zu gewinnen, die zum

Verständnis der Wirkungszusammenhänge auf nationaler und internationaler Ebene erforderlich sind. Ohne ein Minimum an aussagekräftigen Daten läßt sich die Bedeutung der zu bekämpfenden Phänomene, Inflation, Arbeitslosigkeit, unausgeglichene Handelsbilanz und wirtschaftliche Stagnation nur schwer verständlich machen.

„Konzertierte Aktion"

Die Tatsache, daß der Gesetzgeber bereits 1967 die Bundesregierung (und mit ihr die Länderregierungen) in die Pflicht nahm, mit geeigneten Maßnahmen für ein „gesamtwirtschaftliches Gleichgewicht" zu sorgen, und „im Falle der Gefährdung eines der Ziele (...) Orientierungsdaten für ein gleichzeitig aufeinander abgestimmtes Verhalten (Konzertierte Aktion) der Gebietskörperschaften, Gewerkschaften und Unternehmensverbände zur Erreichung der Ziele (zur Verfügung zu stellen),"[43] verdeutlicht die Skepsis, mit der man mittlerweile auch in der Bundesrepublik den selbstheilenden Kräften des Marktes begegnet. So weist die Einbeziehung der gesellschaftlich und wirtschaftspolitisch wichtigen Gruppierungen – Länder und Gemeinden, Gewerkschaften und Unternehmerverbände – in die „Konzertierte Aktion" wenigstens ansatzweise darauf hin, daß die Verantwortung für das Ganze nicht länger allein den Partikularinteressen der Marktteilnehmer überlassen werden dürfe.

Auf die großen Schwierigkeiten, die vier im Gesetz genannten Forderungen nicht nur einzeln, sondern gleichzeitig anzustreben, wurde bereits hingewiesen. Weil dies eben so einfach nicht ist und sich unter Umständen sogar ausschließt, stellen sich zwangsläufig Zielkonflikte ein. Solche Zielkonflikte nötigen entweder den Kompromiß ab, in welchem Umfang einzelne Ziele nicht erfüllt werden oder welchen Zielen der Vorrang vor anderen gegeben werden soll.

Der Sachverständigenrat

Die Regierung bei der Lösung dieser Zielkonflikte zu beraten, ist eine der Hauptaufgaben des Sachverständigenrates. In seinen jährlichen Berichten zur Begutachtung der gesamtwirtschaftlichen Entwicklung unterrichtet er die Bundesregierung über die wichtigsten Daten und Konstellationen der nationalen und internationalen Wirtschaftslage und unterbreitet seine Vorschläge, wie die vier gesamtwirtschaftlichen Ziele am besten zu erreichen seien.

Nichts spiegelt das Auf und Ab, das Vor und Zurück der deutschen Wirtschaft, aber auch die immer wieder, fast beschwörend zum Ausdruck gebrachte Zuversicht des Sachverständigenrats anschaulicher wider als die Titelbezeichnungen, die er seinen bisher zweiundzwanzig Jahresgutachten voranstellte:

1964/65 „Stabiles Geld – Stetiges Wachstum"
1965/66 „Stabilisierung ohne Stagnation"
1966/67 „Expansion und Stabilität"
1967/68 „Stabilität im Wachstum"
1968/69 „Alternativen außenwirtschaftlicher Anpassung"
1969/70 „Im Sog des Booms"
1970/71 „Konjunktur im Umbruch – Risiken und Chancen –"
1971/72 „Währung, Geldwert, Wettbewerb – Entscheidungen für morgen –"

[43] Gesetz zur Förderung der Stabilität und des Wachstums der Wirtschaft (Stabilitätsgesetz) § 3 (1), Satz 1 vom 8. Juli 1967

1972/73 „Gleicher Rang für den Geldwert"
1973/74 „Mut zur Stabilisierung"
1974/75 „Vollbeschäftigung für morgen"
1975/76 „Vor dem Aufschwung"
1976/77 „Zeit zum Investieren"
1977/78 „Mehr Wachstum – Mehr Beschäftigung"
1978/79 „Wachstum und Währung"
1979/80 „Herausforderung von außen"
1980/81 „Unter Anpassungszwang"
1981/82 „Investieren für mehr Beschäftigung"
1982/83 „Gegen Pessimismus"
1983/84 „Ein Schritt voran"
1984/85 „Chancen für einen langen Aufschwung"
1985/86 „Auf dem Weg zu mehr Beschäftigung"

Immer wieder dominiert der Wunsch nach Wachstum und Expansion. Auch für die Zeit nach 1985 sieht der Sachverständigenrat „Chancen für einen langen Aufschwung" und sogar einen „Weg zu mehr Beschäftigung". Ob allerdings der Aufschwung tatsächlich das Problem der Arbeitslosigkeit beseitigen wird, bezweifelt auch er: „Bis Anfang der 90er Jahre bleibt ein großer Sockel Arbeitslosigkeit mit großer Wahrscheinlichkeit bestehen". (Gutachten 1984/85).

Und so wird die Frage, wie und auf welchen Wegen neben den übrigen gesamtwirtschaftlichen Zielen vor allem die Beseitigung der Arbeitslosigkeit erreicht werden kann, auch unter Wissenschaftlern äußerst kontrovers diskutiert. Der Wirtschaftswissenschaft ist es bis heute nicht gelungen, in dieser Frage ein anwendbares, allgemein anerkanntes Konzept zu entwickeln. Wirtschaftspolitische Therapiekonzepte sind – um es überspitzt zu formulieren – beinahe so zahlreich wie die Lehrstühle, an denen Volkswirtschaftslehre vertreten wird.

Drei Wirtschaftskonzepte

Trotz der zahlreichen Unterschiedlichkeiten lassen sich dennoch aus der Vielzahl der Lehrmeinungen zwei bzw. drei Grundkonzepte herauskristallisieren, die allerdings – wen wundert es – zu völlig entgegengesetzten Aussagen kommen: der nachfrageorientierte Ansatz, der sich auf das Keynes'sche Instrumentarium stützt, sowie der angebotsorientierte Ansatz, der sich auf das Instrumentarium der Klassiker beruft. Der dritte, der monetaristische Ansatz, ist nur eine Variante des angebotsorientierten Ansatzes, der sich vor allem der Instrumente der Geldmengensteuerung bedient.

Alle drei Konzepte beherrschten seit der Nachkriegszeit abwechselnd mit unterschiedlichem Erfolg die Wirtschaftspolitik der großen Industrienationen. Während der nachfrageorientierte Ansatz in der Bundesrepublik in den siebziger Jahren unter den Regierungen Brandt und Schmidt und in Frankreich zu Beginn der achtziger Jahre unter Staatspräsident Mitterrand zur Anwendung kam, findet sich der angebotsorientierte Ansatz in Großbritannien unter Margaret Thatcher und, in seiner monetaristischen Variante, in den Vereinigten Staaten unter Ronald Reagan sowie in der Bundesrepublik seit Amtsantritt der christlich-liberalen Koalition im Jahre 1982. Aber auch Frankreich vollzieht seit Mitte der achtziger Jahre einen Schwenk zu einer mehr angebotsorientierten Wirtschaftspolitik.

Einige Merkmale der drei Konzepte sind uns bereits in den vorigen Abschnitten begegnet, wenn auch etwas verstreut in verschiedenen Kapiteln. Fassen wir die wichtigsten Elemente noch einmal zusammen.

Der nachfrageorientierte Ansatz

Der Kernpunkt der auf Keynes zurückgehenden Nachfragepolitik besteht in der Überwindung (oder Ausfüllung) der deflatorischen, kontraktiv wirkenden Nachfragelücke, die auf zweierlei Art zustande kommt. Auf der einen Seite nimmt in entwickelten Volkswirtschaften die Rentabilität zusätzlicher Investitionen immer weiter ab. Sinkt sie unter die marktübliche Verzinsung, kommt es zu einer allgemeinen Investitionszurückhaltung, weil sich dann der Erwerb von Wertpapieren mehr lohnt, als Geld in den Bau neuer Produktionsanlagen zu investieren. Mit steigendem gesamtwirtschaftlichem Wohlstand geht daher die Nachfrage nach Investitionsgütern zurück; zumindest steigt sie nicht mehr im gleichen Maße wie zuvor. Dies ist die eine Komponente der Nachfragelücke.

Die andere Komponente besteht darin, daß sich mit steigendem Wohlstand auch die Verbraucher bei ihren Konsumausgaben zurückhalten. Es entspricht nicht nur der natürlichen Lebenserfahrung, sondern ist auch durch empirische Untersuchungen belegt, daß bei wachsendem Einkommen ein relativ größerer Prozentsatz gespart bzw. ein relativ kleinerer Anteil der Einkommen für Konsumzwecke ausgegeben wird.

Beide Effekte, Rückgang der Investitions- und der Konsumneigung, wirken in die gleiche Richtung: Sowohl im Investitionsgüter- als auch im Konsumgüterbereich geht die Nachfrage relativ langsamer voran, als die Einkommen steigen. Die dadurch entstehende Nachfragelücke wirkt kontraktiv auf die gesamtwirtschaftliche Produktion und damit auf das Angebot an Arbeitsplätzen. Die Produktion schrumpft, Arbeitslosigkeit entsteht bzw. verstärkt sich. Für Keynes galt dies als typisches Kennzeichen entwickelter Volkswirtschaften, die auf diese Weise langfristig in einen Zustand dauerhafter Unterbeschäftigung gerät und dort verharrt, geradezu verharren muß, weil sie sich aus eigener Kraft daraus nicht befreien kann. Ein nach seiner Ansicht krisenauslösender Konstruktionsfehler im kapitalistischen Wirtschaftssystem.

Die Schlußfolgerung, die Keynes aus dieser Erkenntnis zog, ist logisch und konsequent: Die Lücke in der gesamtwirtschaftlichen Nachfrage muß geschlossen werden, und zwar durch staatlich veranlaßtes „deficit spending". An die Stelle der fehlenden privatwirtschaftlichen Nachfrage tritt die öffentliche Nachfrage; an die Stelle der zurückgehenden Investitionen privater Unternehmen tritt die Investition durch den Staat.

Dies ist, in groben Zügen, das theoretische Fundament der nachfrageorientierten Wirtschaftspolitik, der sogenannten „Globalsteuerung", die in der Bundesrepublik ihre erste Bewährungsprobe im Rezessionsjahr 1967 unter Wirtschaftsminister Karl Schiller zu bestehen hatte. Weitere Globalsteuerungen folgten in den siebziger Jahren (1973 und 1977). Mit zwei „Konjunkturprogrammen" über mehrere Milliarden Mark zusätzlicher Staatsausgaben in kurzer Folge versuchte die Bundesregierung, die abflachende Konjunktur zu stützen und die erstmals seit der Nachkriegszeit wieder einsetzende Arbeitslosigkeit zurückzudrängen.

Die Überwindung der Rezession gelang tatsächlich, die Zahl der Arbeitslosen, die 1967 innerhalb eines Jahres von 160000 auf 460000 hochgeschnellt war, fiel bis 1970 wieder auf seinen Tiefststand von 150000 zurück – Zahlen, von denen man heute nicht einmal mehr zu träumen wagt. Der Beweis für den Erfolg der staatlich initiierten Globalsteuerung schien erbracht.

Doch der Pferdefuß zeigte sich bald, in Gestalt des nun einsetzenden Preisauftriebs. Hohe Inflationsraten kennzeichnen von da an alle Maßnahmen der staatlichen Wirtschaftspolitik bis zu Beginn der achtziger Jahre, wenn auch ein nicht unerheblicher Teil der neuen Inflation auf die sprunghaft angestiegenen Erdölpreise während der beiden Ölkrisen 1973 und 1979 zurückzuführen ist.

Welche horrende Preissprünge die deutsche Industrie in der Tat dadurch zu verkraften hatte, zeigt die Zusammenstellung in Tabelle 18. Innerhalb von nicht einmal zehn Jahren kletterte der Rohölpreis von nicht ganz drei auf 32 Dollar je Barrel (= 159 Liter), umgerechnet von 50 auf 384 Deutsche Mark. Dabei addierte sich der gestiegene Ölpreis seit Anfang der achtziger Jahre mit dem sprunghaften Anstieg des Dollarkurses, der diesen Energierohstoff im Preis immer weiter nach oben trieb. Damit wurden natürlich auch alle Produkte teurer, zu deren Herstellung Öl direkt oder indirekt erforderlich ist – ein geradezu klassisches Beispiel für den Fall einer zumindest teilweise – importierten Inflation.

	Verkaufspreis in Dollar/Barrel
1960	1,80
1973	2,80
1975	11,51
1977	12,09
1979	18,00
1981	34,50
1982	33,63
1983	29,31
1984	28,70
1985	28,10
1986*	19,00

Tab. 18 Die Preisentwicklung für „Arabian Light“ Rohöl

Innerhalb von nicht einmal zehn Jahren kletterte der Rohölpreis von 2,80 Dollar im Jahr 1973 auf 34 Dollar je Barrel im Jahr 1981 (1 Barrel = 159 Liter) – eine Verzwölffachung des Ausgangspreises. Seit 1982 allerdings bröckelt der Rohölpreis wieder unaufhaltsam ab. Ein weiteres Absinken auch unter 15 Dollar ist nicht ausgeschlossen.

* geschätzt

Quelle: Angaben bis 1979: Information zur politischen Bildung 1981, Seite 22; danach: Index Funk, entnommen aus Frankfurter Rundschau vom 28.1.1986

Daß der Ölpreis seit Ende 1985 in noch rasanterem Tempo wieder in den Keller rutscht, ist allerdings nur ein schwacher Trost. Nicht nur weil er das Ende des unrühmlichen Kartells der ölimportierten Länder (OPEC) signalisiert, sondern auch weil er jetzt wichtige Alternativprojekte zur Energieerzeugung aus Kostengründen zum Scheitern verurteilt und überdies dem für den Umweltschutz so wichtigen Energiespardenken einen herben Rückschlag versetzt.

In den siebziger Jahren verstrickte sich die Konjunkturpolitik immer weiter in den Widerstreit von Inflation, Verschuldung und Arbeitslosigkeit, wobei sich die Schwäche der Globalsteuerung Keynes'scher Prägung unerbittlich bloßlegte. Denn die fortwährende Ausgabenpolitik des deficit spending trieb – trotz sich verstärkender Arbeitslosigkeit – die Staatsverschuldung immer weiter in die Höhe. Hohe Zinsen, die die private Kreditaufnahme erschwerten, folgten auf dem Fuß, begleitet vom inflationären Preisauftrieb. Die hohen Zinsen dämpften die Investitionsbereitschaft der Unternehmen, die steigenden Preise entwerteten die Kaufkraft der Verbraucher. Das Gegenteil des Gewollten trat ein, die Arbeitslosigkeit lag am Ende höher als zuvor; wobei jetzt auch noch ein immenses Haushaltsdefizit von 40 bis 50 Milliarden Mark jährlich zu finanzieren war.

Keynes'sche Globalsteuerung ist, wie es scheint, nur auf kurze Sicht geeignet, Arbeitslosigkeit zumindest teilweise aufzufangen. Vor dem Problem der gleichzeitigen Bekämpfung von Inflation *und* Arbeitslosigkeit mußte jedoch auch sie kapitulieren. Der Hauptgrund ihres Versagens ist aber vor allem darin zu sehen, daß Arbeitslosigkeit heute weniger konjunkturell als vielmehr strukturell bedingt ist. Strukturelle Arbeitslosigkeit resultiert jedoch – neben regional- und branchenspezifischen Mängeln der Produktions- und Arbeitsmarktstrukturen – in erster Linie aus dem Fortschritt arbeitssparender Rationalisierung, die mit globaler, staatlich belebter Nachfrage nicht in den Griff zu bekommen ist.

Der angebotsorientierte Ansatz

Und wie sieht es mit seinem Gegenstück, der neoklassischen Angebotspolitik aus?

Die angebotsorientierte Wirtschaftspolitik setzt bei den Investitionen an. Dazu gehört alles, was geeignet ist, die Investitionsbereitschaft der Unternehmen zu fördern, in erster Linie durch Stärkung und Ausweitung des privatwirtschaftlichen Sektors. Als geeignete Mittel gelten niedrige Löhne beziehungsweise mäßige Lohnsteigerungen, Beseitigung administrativer Hindernisse (zum Beispiel hemmende Schutzvorschriften), Verstärkung des unternehmerischen Wettbewerbs sowie Beseitigung von Wettbewerbsverzerrungen und Marktzugangsbeschränkungen. Dazu zählen aber auch niedrigere Steuern, soweit von ihnen leistungshemmende Wirkungen ausgehen, sowie der konsequente Abbau der Staatsverschuldung (auch unter Inkaufnahme von Einschnitten ins soziale Netz), um eine dauerhafte Reduzierung der Kostenbelastung für Unternehmen zu erzielen. Überhaupt „mehr Markt“ statt „mehr Staat“ heißt die Devise der Neoklassiker, mit der sie die Produktionsbedingungen der Betriebe verbessern wollen.

Den theoretischen Unterbau ihres Therapieansatzes stellt das Say'sche Theorem: „Das Angebot schafft sich selbst die Nachfrage“. Wird erst einmal investiert, dann werde sich die Produktion auch absetzen lassen. Das Angebot hat eben der Nachfrage vorauszugehen: Nur Investitionen schaffen neue Arbeitsplätze und damit die für den Absatz erforderliche Nachfrage.

Angebotspolitik zielt somit auf die dauerhafte Verbesserung der Voraussetzung ab, unter denen der Einzelne in der Privatwirtschaft seine Erwerbschancen wahrnehmen kann. Darunter versteht der Wissenschaftsrat alles zu verhindern, „was den individuellen Ertrag des Wirtschaftens beeinträchtigt und damit die Neigung oder Fähigkeit zu arbeiten, zu sparen und Risiken zu übernehmen und was die Flexibilität der Reaktionen auf veränderte Bedingungen einschränkt“[44]. Die Senkung des überhöhten Kostenniveaus durch zurückhaltende Lohnforderungen, Steigerung der Produktivität, Zurückdrängen des staatlichen Zugriffs so-

[44] Jahresgutachten 1981/82 des Sachverständigenrates S. 141

wohl bei Steuern als auch bei administrativen Reglementierungen, Förderung der Innovation und Entwicklung neuer zukunftsträchtiger Produkte, Nutzung der Vorteile des freien internationalen Handels – dieses Bündel förderlicher Maßnahmen bilde den Königsweg zu mehr Beschäftigung und letztlich auch zu mehr Wohlstand für alle.

Zurückhaltung in der Lohnpolitik?

Einer der Hauptpunkte des neoklassischen Konzepts ist die Forderung nach konsequenter Zurückhaltung in der Lohnpolitik. Mäßige, besser noch, keinerlei Lohnsteigerungen sollen die Kosten der Produktion niedrig halten, die Gewinnaussichten der Unternehmen verbessern, um dadurch Investitionsimpulse auszulösen, die zusätzliche Arbeitsplätze schaffen.

Dies klingt plausibel und gut begründet. Doch nach dem bisher Gesagten verwundert nicht, daß nachfrageorientierte Wirtschaftspolitiker zu völlig entgegengesetzten Schlußfolgerungen kommen, wofür es gleichfalls gute Gründe gibt. Ohne Zweifel seien Löhne aus der Sicht der Unternehmen in erster Linie Kosten der Produktion, die die Konkurrenzfähigkeit auf den Märkten nachteilig beeinflussen können. Aber, gesamtwirtschaftlich gesehen, sind Löhne die Grundlage der Kaufkraft und damit die Grundlage für den Absatz der Produktion. Von der realen Kaufkraft, die auf den Markt komme, hänge in entscheidendem Maße ab, ob und in welchem Umfang Unternehmen ihre Produkte auch tatsächlich absetzen können.

Damit sind wir beim Kern der Dinge. Es ist die Doppelfunktion der Löhne, sowohl Bestandteil der betrieblichen Kosten als auch Grundlage der gesamtwirtschaftlichen Kaufkraft zu sein, die die Wirtschaftspolitiker auseinanderbringt. Der These der einen, „bei niedrigeren Löhnen wäre wegen der geringeren Kosten eine größere Produktion rentabel gewesen“, halten die anderen entgegen „mehr Lohn macht mehr Beschäftigung möglich, weil mehr Lohn mehr Kaufkraft schafft“. Das ähnelt der Frage nach dem Huhn und dem Ei, wer von beiden zuerst auf der Welt war.

Wie so oft, ist auch hier der goldene Weg in der Mitte beider Argumentationen zu suchen. In einer von technologischem Fortschritt gekennzeichneten Wirtschaft liegt es geradezu im Interesse der Unternehmen, wenn die Löhne steigen. Das hatten wir bereits verständlich zu machen versucht. Der technische Fortschritt bewirkt ja, daß die Produktion je Arbeitskraft, die Produktivität, von Jahr zu Jahr zunimmt. Pro Arbeitskraft können also in jedem Jahr mehr Produkte auf den Markt gebracht werden. Wenn nicht gerade das Wunder einer Preissenkung geschieht, so daß dadurch die reale Kaufkraft steigt – was in den von ständiger Inflation begleiteten Industriegesellschaften so gut wie ausgeschlossen ist – bleibt diese Zusatzproduktion unverkäuflich. Es sei denn, die Nachfrage steigt in gleichem Maße mit. Das geht aber nur über Lohnerhöhungen.

Lohnsteigerungen, die sich im Rahmen der allgemeinen Produktivitätszunahme halten, sind also geradezu unverzichtbare Voraussetzungen für das Funktionieren der Marktwirtschaft. Eine Lohnpolitik, die sich in diesem Rahmen bewegt, gefährdet die Beschäftigung mit Sicherheit nicht. Sie fördert sie sogar, weil dem zusätzlichen Angebot immer auch das notwendige Mehr an Kaufkraft gegenübersteht. In diesem Punkt besteht auch heute weitgehend Einigkeit.

Kontrovers wird die Diskussion erst dann, wenn bei Lohnerhöhungen nicht nur die gestiegene Produktivität, sondern auch der Preisauftrieb berücksichtigt werden soll. Was ist, so muß man sich mit Recht fragen, wenn die Preise beispielsweise um sechs Prozent gestiegen sind, der Produktivitätszuwachs jedoch nur um vier Prozent? Dann wäre die Kaufkraft real, das heißt nach Abzug der sechs Prozent Preissteigerung, sogar um zwei Prozent gesunken, wenn man die Löhne nur dem Produktivitätszuwachs folgen ließe. Wer kauft jetzt die Mehrproduktion? Die Gewerkschaften sehen denn auch in diesem Punkt das entscheidende Argument, neben dem Produktivitätszuwachs auch das gestiegene Preisniveau in ihre Lohnforderungen einzubeziehen. Das hieße in unserem Beispiel (vier plus sechs) zehn Prozent mehr Lohn. Nur dieser Lohnzuwachs schaffe real, unter Berücksichtigung der gestiegenen Preise, die nötige Kaufkraft, die gestiegene Mehrproduktion gesamtwirtschaftlich auch abzusetzen.

Dies aber ruft die Arbeitgeber auf den Plan. Sie halten dem entgegen, daß eine Inflationsrate von sechs Prozent ja bereits Ausdruck eines wesentlich zu hohen Lohnniveaus sei. Dies dürfe sich nicht auch noch dadurch verfestigen, daß man die Preissteigerung in neue Lohnforderungen einbeziehe. Dadurch würde sich der Preisauftrieb nur weiter beschleunigen, was letztendlich weder den Arbeitgebern noch den Arbeitnehmern nützen werde.

Wir sehen, beiderseits stichhaltige Argumente und dem unbefangenen Leser fällt es schwer, sich ein eigenes Urteil zu bilden. Aber, wir sind noch nicht am Ende unserer Überlegungen. Noch fehlt der dritte Weg, der monetaristische Ansatz der Wirtschaftspolitik.

Das monetaristische Konzept

Das monetaristische Konzept ist eigentlich kein eigener wirtschaftspolitischer Ansatz, sondern eine spezielle Variante der neoklassischen Angebotspolitik. Ihm liegt daher gleichfalls an einer Stärkung des privatwirtschaftlichen Sektors, an einem „mehr Markt“ und „weniger Staat“. Nach Ansicht seines Begründers, Milton Friedman, und seiner in den letzten Jahren größer gewordenen Anhängerschaft ist die volkswirtschaftlich umlaufende Geldmenge das entscheidende Steuerungsinstrument, mit dem die Schwankungen der wirtschaftlichen Entwicklung ausgeglichen werden könnten.

Der modelltheoretische Unterbau dieser Variante leitet sich aus der uns schon bekannten Fisher'schen Verkehrsgleichung $M \cdot V = Q \cdot P$ ab, die besagt, daß die im Umlauf befindliche Geldmenge (multipliziert mit ihrer Umlaufgeschwindigkeit) stets dem Wert der gehandelten Güter entspricht. Konstanz der Umlaufgeschwindigkeit vorausgesetzt, erhöht sich – bei gegebenem Güterangebot – auch das Preisniveau, wenn die Geldmenge zunimmt (und umgekehrt). Das ergibt sich zwingend aus der Identität beider Gleichungsseiten.

Geldmenge und Preisniveau verändern sich also proportional im Gleichtakt, solange Umlaufgeschwindigkeit und Güterangebot unverändert bleiben. Für eine erfolgreiche Inflationsbekämpfung kommt es also lediglich darauf an, die umlaufende Geldmenge so zu begrenzen, daß ihre Zunahme möglichst genau dem Wachstum des realen Bruttosozialprodukts entspricht. Soweit dies gelingt, bleibt kein Spielraum für eine unkontrollierte Geldvermehrung und damit auch nicht für einen unkontrollierten Preisauftrieb. Dies ist das Grundgerüst der monetaristischen Wirtschaftspolitik.

Um dem Ganzen noch mehr Sicherheit für weitreichende Wirtschaftsplanungen zu verleihen, empfehlen die Monetaristen, die Begrenzung der Geldmenge nicht an die Zufälligkeit der Sozialproduktschwankungen zu binden. Die jährliche Rate der Geldvermehrung sei vielmehr mittelfristig auszurichten, mit einem gleichbleibenden Prozentsatz über mehrere Jahre hinweg. Wird beispielsweise das jährliche Wachstum des realen Bruttosozialprodukts mit drei Prozent veranschlagt und die Inflationsrate bei zwei Prozent vermutet (bzw. toleriert), dann sollte die Zentralbank die Geldmenge lediglich mit einer Quote von sechs Prozent zunehmen lassen.

Damit würden gleich zwei Fliegen mit einer Klappe geschlagen. Schießen in dieser Zeit die Preise über die veranschlagten zwei Prozent hinaus, dann wird die hierzu notwendige Geldmenge fehlen. Die Unternehmer bleiben auf ihren Produkten sitzen und müssen ihre Preisvorstellungen nach unten revidieren. Der gleichmäßig geplante Anstieg der Geldmenge erleichtert aber auch die unternehmerischen Dispositionen für die Zukunft, weil die Manager jetzt nicht mehr mit unangenehmen Überraschungen in der Preisentwicklung rechnen müssen. Die langfristige Regulierung der Geldmenge hat somit nicht nur den Vorteil höherer Markttransparenz – die Unternehmen können jetzt die zukünftige Entwicklung genauer antizipieren – sie trägt auch zur Verstetigung der konjunkturellen Entwicklung bei.

Der Blick über die Grenzen zeigt, daß die monetaristische Geldmengenpolitik in der Tat Erfolge vorweisen kann – sichtbar allerdings nur in der Inflationsbekämpfung. Der Preisauftrieb befindet sich seit Jahren weltweit auf dem Rückzug, vor allem in den Nationen, in denen das monetaristische Konzept konsequent zum Einsatz kam, so in der Bundesrepublik mit einem Rückgang der Inflation

	Inflationsraten (%)				Arbeitslosenquoten (%)			
	1982	1983	1984	1985	1982	1983	1984	1985
Bundesrepublik Deutschland	5,3	2,9	2,6	2,0	6,9 (7,6)	8,0 (9,3)	8,6 (9,3)	8,5 (9,4)
Belgien	8,7	7,4	6,2	4,5	13,1	13,9	14,0	14,0
Frankreich	11,8	9,6	7,3	6,0	8,8	8,3	9,7	10,5
Großbritannien	8,6	5,2	5,1	5,0	10,6	12,6	13,0	13,0
Italien	16,6	14,9	10,9	9,5	10,5	9,8	10,2	10,0
Japan	2,7	1,6	2,1	2,5	2,4	2,6	2,7	2,5
Kanada		5,8	4,0	4,0		11,8	11,2	10,5
Niederlande	6,0	2,9	2,5	2,5	11,7	13,7	14,0	13,5
Österreich		3,0	5,7	3,5		4,1	4,8	5,0
Schweiz	5,6	2,7	3,4	3,0	0,4	0,9	1,1	1,0
Vereinigte Staaten	6,1	3,7	3,2	3,0	9,7	9,5	7,8	7,0

Tab. 19 Entwicklung von Inflationsraten und Arbeitslosenquoten in ausgewählten Industrienationen

Der Preisauftrieb befindet sich zwar seit Anfang der achtziger Jahre in fast allen großen Industrienationen auf dem Rückzug, vor allem in solchen Ländern, in denen das monetaristische Konzept zur Anwendung kam. Der Abbau der Arbeitslosigkeit hingegen scheiterte überall.

Quelle: Jahresgutachten des Sachverständigenrates 1985/86, S. 16 in Verbindung mit Jahresgutachten 1984/85, S. 24.

Wegen der höheren Grundgesamtheit (einschließlich Selbständige) liegen die Quoten der Arbeitslosigkeit etwas niedriger als die nationalen Angaben (s. Angaben in Klammern).

von 5,3 auf 2,0 Prozent, in den Vereinigten Staaten von 6,1 auf 3,0 Prozent und in Großbritannien von 8,6 auf 5,0 Prozent (siehe Tabelle 19).

Nach wie vor weltweit hohe Arbeitslosigkeit

Woran aber alle wirtschaftspolitischen Konzepte, gleichgültig ob nachfrage-, angebots- oder monetaristisch orientiert, letztlich doch gescheitert sind, ist der Abbau der überhohen Arbeitslosigkeit, die sich nun schon seit Jahren nicht nur in der Bundesrepublik, sondern weltweit auf immer neue, zuvor nicht für möglich gehaltene Rekorde schraubt.

Mit einer einzigen Ausnahme verschlechterte sich die Beschäftigung aller Nationen zum Teil sehr drastisch. In Belgien, den Niederlanden und in Großbritannien ist mittlerweile schon jeder siebte ohne Arbeit, in Italien, in Kanada und in Frankreich jeder zehnte. Dabei sah die Bilanz vor vier Jahren überall noch erheblich besser aus, auch wenn sie damals schon schlecht genug war.

Die einzige Ausnahme bilden die Vereinigten Staaten. Dort gelang es, sich wenigstens teilweise vom allgemeinen Trend abzukoppeln. Die USA konnten zwar die Arbeitslosigkeit nicht beseitigen, sie aber doch erkennbar mildern. Immerhin sank die Quote von 9,7 auf 7,0 Prozent.

Überhaupt erleben die Vereinigten Staaten seit Anfang der achtziger Jahre einen Aufschwung ihrer Wirtschaft, den zuvor kaum jemand für möglich gehalten hätte. Ein „unmöglicher Boom“, so DIE ZEIT, ist plötzlich ausgebrochen und verblüfft die Weltöffentlichkeit: „Die Herde der Kritiker ist leicht desorientiert. Hatten sie nicht alle Zweifel ausgeräumt, daß US-Präsident Ronald Reagan mit seinen riesigen Haushaltsdefiziten nur Unheil anrichten würde? War es nicht für den gesunden Menschenverstand völlig einsichtig, daß der ‚kalifornische Cowboy‘ wegen seiner Steuergeschenke zugunsten der Reichen für die Schlechtheit der Welt im allgemeinen und die wirtschaftliche Misere im besonderen verantwortlich ist? Wer sonst als dieser Reagan hat die Schuld für die hohen Zinsen, für die Überbewertung des Dollars, die Krise der Banken und die Not der überschuldeten Entwicklungsländer? Das Sonderbare ist nur, daß Reagan's ‚katastrophale‘, ‚naive‘ und ‚verrückte‘ Finanzpolitik der amerikanischen Wirtschaft außerordentlich gut zu bekommen scheint[45].

Doch der Schein trügt. Unübersehbare Negativpositionen überschatten das strahlende Bild des Erfolgs. Vor allem drei Defizite beunruhigen nicht nur die amerikanische, sondern auch die Weltöffentlichkeit.

Handelsbilanzdefizit

Zum ersten das seit Jahren ansteigende Handelsbilanzdefizit, das den USA 1984 Importüberschüsse im Wert von mehr als 100 Milliarden Dollar, umgerechnet gut 300 Milliarden Mark, bescherte. Neben einer gefährlichen Aufheizung des Wettbewerbs auf dem amerikanischen Binnenmarkt, heraufbeschworen durch die wegen des hohen Dollarkurses äußerst preisgünstigen Importprodukte, fördert die „spektakuläre Importbereitschaft“ der USA (der Sachverständigenrat) die Exportmöglichkeiten anderer Länder, aber in erster Linie für solche, die sowieso schon riesige Exportüberschüsse vorzuweisen haben. Das sind allen voran Japan, Kanada und eben auch die Bundesrepublik. Unnötig zu bemerken, daß handels-

[45] DIE ZEIT vom 3.8.1984

schwache Nationen hiervon kaum profitieren konnten, die Nachteile des hohen Zins und Dollarkurses aber voll zu tragen hatten.

Haushaltsdefizit

Spektakulärer und mit weitaus mehr Problemen behaftet erscheint das zweite US-amerikanische Defizit, das im Bundeshaushalt steckt. Dieses Defizit reißt nunmehr seit Jahren ein Loch von jährlich 200 Milliarden Dollar im Staatsbudget auf; ein Fehlbetrag, der auch in den kommenden Jahren voraussichtlich nicht wesentlich kleiner werden wird. Die Folgen dieser Defizitpolitik beeinträchtigen in zunehmendem Maße die Weltwirtschaft. So trieb jahrelang die hohe Kreditnachfrage des Staates – in Verbindung mit einer intensiven Kreditinanspruchnahme der Privatwirtschaft – den Zins zu immer neuen Höhen und in dessen Sog, wegen des unaufhörlich hereinströmenden Auslandskapitals, auch den Dollarkurs.

Beides, hoher Zins und hoher Dollarkurs, hat seinen tieferen Grund in der konsequenten Anwendung des monetaristischen Geldmengenkonzepts. Da die amerikanische Zentralbank (Federal Reserve Board) die gesamtwirtschaftliche Geldmenge getreu ihrem Konzept nur in einer bestimmten Bandbreite wachsen läßt, wirkt die hohe Kreditnachfrage des Staates nicht erhöhend auf die Geldmenge – denn die liegt ja fest – sondern ausschließlich auf die Höhe des Zinssatzes, nach den auch hier gültigen Regeln von Angebot und Nachfrage. Denn steigt die Nachfrage nach Geld, erhöht sich – bei konstantem Geldangebot – der Preis für Geld, das heißt der Zins. Was knapp ist, hat seinen Preis, ist eben teuer. Das ist beim Handel mit Geld nicht anders als beim Handel mit Waren.

Doch die Folgen dieser Hochzinspolitik sind fatal – vor allem für Länder der Dritten Welt. Der hohe amerikanische Zins lockt vermehrt Kapital auch aus dem Ausland an; Kapital, das dort dann für Investitionen nicht mehr zur Verfügung steht. Warum sollte ein Unternehmer seine Gewinne im eigenen Land in unsichere Investitionsobjekte stecken, wenn er sein Geld nur ganz bequem in die Vereinigten Staaten zu transferieren braucht, um dort hohe Zinsen zu kassieren, und dies auch noch weitgehend ohne Risiko?

Für wohlhabende Länder wie die Bundesrepublik ist dies kein größeres Problem. Dort finden sich immer genügend private Kreditgeber, die ihr Geld lieber in die einheimische Wirtschaft stecken. Zum Problem wird dies erst in den sowieso schon kapitalschwachen Ländern der Dritten Welt, die im Sog der überhöhten amerikanischen Zinsen völlig auszutrocknen drohen. Wenn nicht gerade eine staatlich gelenkte Devisenbewirtschaftung solches verhindert, fließt das dringend im eigenen Land benötigte Geld vom einheimischen Kapitalmarkt ab und bringt die inländische Investitionstätigkeit noch mehr zum Erliegen, als sie sowieso schon ist. Um es überspitzt zu formulieren: Die Vereinigten Staaten leben mit ihrer auf Pump angeheizten Konjunktur auf Kosten auch eines Teils der von Armut gekennzeichneten Dritten Welt.

Vermögensbilanzdefizit

Das dritte Defizit der US-amerikanischen Wirtschaft hatte 1985 Premiere: Die Vereinigten Staaten sind auf dem besten Weg, zum größten Schuldnerland der Welt zu werden. So merkwürdig es klingt, das reichste Land der Erde hat seit 1985 gegenüber dem Rest der Welt mehr Schulden als Forderungen. Noch Ende 1983 besaßen die Amerikaner 887 Milliarden Dollar Vermögen im Ausland und

781 Milliarden Dollar Verbindlichkeiten gegenüber dem Ausland, eine positive Vermögensbilanz von 106 Milliarden Dollar.

Erstmals in der Geschichte der Vereinigten Staaten schlug die Bilanz zu Beginn des Jahres 1985 um: Die Verbindlichkeiten überstiegen die Forderungen. Bis Ende 1985 wird die Verschuldung gegenüber dem Ausland (per Saldo) mehr als 100 Milliarden Dollar betragen. Wenn keine rigorosen Gegenmaßnahmen ergriffen werden, erreicht die Verschuldung in der zweiten Hälfte der achtziger Jahre Größenordnungen von 200 oder auch 300 Milliarden Dollar. Das ist mehr als die notorischen Schuldnerländer Mittel- und Südamerikas zusammengenommen aufzuweisen haben[46].

Der Teufelskreis beginnt sich zu drehen

Der Teufelskreis aus Haushaltsdefizit, Handelsbilanzdefizit und Vermögensbilanzdefizit beginnt sich zu drehen. Die Weichen der amerikanischen Regierungspolitik sind so gestellt, daß sich die drei Defizite in den nächsten Jahren eher noch verstärken werden. Ein Ende mit Schrecken droht: Die „harte Landung" der amerikanischen Wirtschaft auf dem Boden der Erkenntnis, daß auch Nationen nicht gegen die eherne Regel der Haushaltsführung verstoßen dürfen, daß langfristig nicht mehr ausgegeben werden darf, als vorher eingenommen wurde.

So ist auch das vielzitierte „Beschäftigungswunder" der Vereinigten Staaten – gefördert von der rigorosen Defizit-Politik der letzten Jahre – mit kritischen Augen zu sehen. Es hat zwar auf den ersten Blick beachtliche Erfolge erzielt. Während in Europa seit Anfang der achtziger Jahre einige Millionen Arbeitsplätze verlorengingen, entstanden in den USA in dieser Zeit zehn Millionen neue Jobs. Die amerikanische Wirtschaft beschäftigte 1985 etwa 105 Millionen Menschen; noch vor fünf Jahren waren es nur 95 Millionen.

Die Kehrseite der Medaille freilich ist, daß der Aufschwung an einer breiten Bevölkerungsschicht vorbeigegangen ist, vor allem an Schwarzen, Frauen, Ausländern, Jugendlichen und älteren Menschen. Die Jugendarbeitslosigkeit hat vor allem in den großen Städten unvorstellbare Dimensionen angenommen. In New York, Chicago oder anderen Superstädten ist bereits fast jeder zweite Jugendliche ohne Beschäftigung.

Darüber hinaus ist die größte Zahl der neuen Stellen lediglich im Bereich einfacher Dienstleistungen entstanden, zumeist für Jobs mit niedrigen Qualifikationsanforderungen. Kritiker sprechen daher auch vom „McDonald-Beschäftigungswunder". Dies mag übertrieben sein, aber hinsichtlich Bezahlung und sozialer Absicherung hält die Qualität der neuen Arbeitsplätze einen Vergleich mit europäischem Standard vielfach nicht Stand. Schaut man genauer hin, sind die Schatten des Beschäftigungswunders unübersehbar: Mehr als 15 Prozent der amerikanischen Bevölkerung, über 35 Millionen Menschen, leben nach Darstellung der Weltgesundheitsorganisation unterhalb der offiziellen Armutsgrenze. Der wiederentdeckte Unternehmergeist, der den Amerikanern seit der Präsidentschaft Reagans ein neues Selbstwertgefühl verschafft, fordert auch seine Opfer: Er drängt Arme, Schwache und Verlierer weiter in das soziale Abseits[47].

---

46 United States Department of Commerce, entnommen aus: DIE ZEIT vom 28.6.1985

47 Vergleiche hierzu die Untersuchung von B. Greiner und R. Rilling über die soziale Struktur der Armut in den USA

Teil IV
Ausblick: Ökonomie kontra Ökologie?

Angesichts der weltweiten Gefährdung von Natur und Umwelt kann man ein Buch über Ökonomie nicht beenden, ohne ein Wort zur Ökologie zu sagen: „Die Fenster des grünen VW-Passat, der auf einem Waldparkplatz am Rande von Aachen stand, waren beschlagen. Der Motor blubberte leise im Leerlauf. Der Kopf des Fahrers war auf das Lenkrad gesunken. Auf dem Beifahrersitz lagen zwei junge Männer eng aneinandergeschmiegt. Ein vierter hatte sich auf der Rückbank ausgestreckt. ‚Die schlafen tief und fest', sagte der Pferdepfleger Erich Wouditschka, als er am vergangenen Sonntag auf einem Spaziergang mit seinem Jagdhund die vier in dem Wagen sah. Doch dann entdeckte der 62jährige den schwarzen Fahrradschlauch, der vom Auspuff unter der Beifahrertür durch ins Wageninnere führte (...) Für den 17jährigen Udo Caffée und seine beiden Freunde Hürkan Yalnizlaw, 19, und Jürgen Bock, 15, kam ärztliche Hilfe zu spät. Nur der 16jährige Guido Pitz, der auf dem Rücksitz lag, atmete noch schwach."

Die Kollektivtat der vier Aachener Jugendlichen, die Mitte 1985 die Öffentlichkeit erschreckte, war kein Selbstmord im üblichen Sinne. Verzweifelt über Umweltzerstörung und Wettrüsten hatten sie zum letzten Mittel gegriffen: „Das Leben hier auf der Erde ist blöde. Alles nur Zeitverschwendung. Ich will ins Paradies. Auf der Erde läuft doch alles schief. Die Menschen bauen Bomben, obwohl sie schon so viele haben. Die Menschen denken nur an zerstören. Denken sie auch mal an die Tiere oder Bäume? Nein. Oder die Flüsse oder unsere Luft? Okay, ich bin feige, daß ich gehe. Aber ihr werdet es auch noch einsehen"[48].

Was der Abschiedsbrief dieser vier jungen Menschen an Hoffnungslosigkeit über eine als aussichtslos empfundene Zukunft zum Ausdruck bringt, berührt in der Tat den Nerv unseres Gesellschaftssystems. Er beleuchtet auf fast dramatische Weise, was die Menschen nicht erst seit dem Reaktorunglück in Tschernobyl offen oder heimlich in Angst versetzt: der zunehmende Widerstreit zwischen Mensch und Umwelt, zwischen Wirtschaftswachstum und natürlichem Wachstum, zwischen Ökonomie und Ökologie.

Was ist Ökologie?

Was ist eigentlich Ökologie, die sich immer mehr in unser Bewußtsein drängt?

Nach der BROCKHAUS-Enzyklopädie von 1971 ist Ökologie eine von E. Haeckel 1866 eingeführte Bezeichnung für „die gesamte Wissenschaft von den Beziehungen des Organismus zur umgebenden Umwelt", die dem Ziel dient, „die Wechselwirkungen zwischen Organismus und Umwelt, die natürlichen Beziehungsgefüge und Existenzbedingungen" zu erforschen. Unter dem Begriff „Ökonomie" vermerkt der gleiche BROCKHAUS lediglich lapidar: „Wirtschaft, auch Wirtschaftlichkeit, Sparsamkeit".

Zwei völlig verschiedene Dinge also? Keineswegs, nicht nur vom Wort her haben beide die gleiche Wurzel: aus dem Griechischen oikos, das Haus. In beiden Disziplinen geht es um die Lehre vom „Haus-halten"; in der Ökonomie um den

[48] Beide Zitate aus: STERN Nr. 25/85, S. 212 (Auszug)

wirtschaftlichen Umgang mit knappen und wertvollen Gütern im Haushalt der Familie oder des Unternehmens (oder auch der ganzen Nation); in der Ökologie um das biologische Zusammenwirken von lebenden Organismen im Haushalt der Natur.

Die Unterschiede sind dennoch beträchtlich, verursacht durch die Einstellung des Menschen zu Natur und Umwelt: In der Ökonomie steht der Mensch mit seinen Bedürfnissen im Mittelpunkt. Die Natur bildet lediglich sein zu nutzendes Umfeld. Im Extrem ist sie nichts anderes als ein „ökonomisches Gut", so führende Wirtschaftswissenschaftler zum ökonomischen Verständnis der Umwelt: „Wie die Bildung hat die Umwelt gleichermaßen und untrennbar die Eigenschaft, dem Konsum und der Investition zu dienen"[49].

In der Ökologie hingegen steht die Gesamtheit der Lebewesen im Mittelpunkt, natürlich einschließlich des Menschen: „Der Mensch ist hier nicht ein Gegenüber, sondern ein Teil und Teilhaber des Schöpfungsprozesses, der sich in eine offene Zukunft hinein entwickelt und in dem der Mensch seine verantwortliche Stellung finden muß"[50]. Der Ansatz der Ökologie ist ganzheitlich auf die vielfältigen Wechselwirkungen und Vernetzungen der natürlichen Abläufe in ihrer gegenseitigen Abhängigkeit ausgerichtet: „Alles fließt, alles wirkt zusammen!"

Gegen diese gar nicht so neue Erkenntnis verstößt der Mensch mit seinem wirtschaftlichen Handeln auf vielfältige Weise und gefährdet damit nicht nur Natur und Umwelt, sondern letztlich auch sich selbst. Sind also – wenn es um Geld, wirtschaftliche Macht und Reichtum geht – Ökonomen die natürlichen Feinde der Ökologen? Oder ist eine Allianz zwischen beiden Denkungsarten möglich?

Seit der Mensch dem Urmotiv des Wirtschaftens, der schlichten Bedürfnisbefriedigung, seine zweite Handlungsmaxime, die Mehrung des individuellen Eigennutzes, hinzufügte, so wie Adam Smith es gesehen und geradezu gefordert hatte, erhält wirtschaftliches Handeln eine ganz neue Qualität. Hand in Hand mit den Möglichkeiten der immer rasanter voranschreitenden technologischen Entwicklung beherrscht seit der industriellen Revolution vor 200 Jahren das Eigennutzmotiv den Menschen und seine Lebensweise: „Die Wirtschaft ist unser Schicksal" (Walter Rathenau), wobei die Natur mehr und mehr zum Opfer auf dem Altar des zivilisatorischen Fortschritts zu verkommen droht.

Waldsterben

Wie ist der Stand der Dinge? Die schädigende Wirkung der industriellen Wirtschaftsweise auf biologische Wachstumsprozesse ist heute unbestritten. Zu offen treten ihre Folgen zu Tage. Im Zentrum der öffentlichen, zum Teil (aus verständlichen Gründen) sehr emotional geführten Diskussion steht das nicht nur in der Bundesrepublik und Europa, sondern in nahezu allen Ländern der Welt registrierte „Waldsterben", oder, wie es im offiziellen Sprachgebrauch der Bundesregierung heißt, das vermehrte Auftreten „neuartiger Waldschäden".

So heißt es im Dritten Immissionsschutzbericht der Bundesregierung vom 25.4.1984: „Die Wälder in der Bundesrepublik Deutschland stehen einer vor wenigen Jahren noch unbekannten, in ihrem Ausmaß noch immer nicht überschaubaren Bedrohung gegenüber. Die Waldschäden haben bereits große Waldflä-

---

[49] Woll, A. „Wirtschaftspolitik", München, 1984, S. 316
[50] Birch, Ch., entnommen aus: Neue Zürcher Zeitung vom 9.8.1979

chen erfaßt und dehnen sich mit einer bislang nicht gekannten Dynamik aus. Es handelt sich keineswegs mehr um die „klassischen Rauchschäden". Die jetzt erkennbare räumliche Verteilung der Schäden zeigt, daß die neuartigen Waldschäden (auch) in emitentenfernen Gebieten auftreten"[51].

Doch das großflächige Waldsterben ganzer Waldregionen ist nur die Spitze des Eisberges. Dahinter verbirgt sich die unter Umständen dramatische Bedrohung des gesamten Lebensraumes der Natur und auch des Menschen. Die Zahlen, die das heraufkommende Unheil signalisieren, sind in der Tat erschreckend.

Nach offiziellen Berichten des Bundesministeriums für Ernährung, Landwirtschaft und Forsten war Ende 1985 bereits mehr als die Hälfte des gesamten Waldbestandes der Bundesrepublik von 7,37 Millionen Hektar geschädigt, wobei die Schäden seit Anfang dieses Jahrzehnts von Jahr zu Jahr sprunghaft zugenommen haben (siehe Abbildung 27). Wurden 1982 erst acht Prozent des deutschen

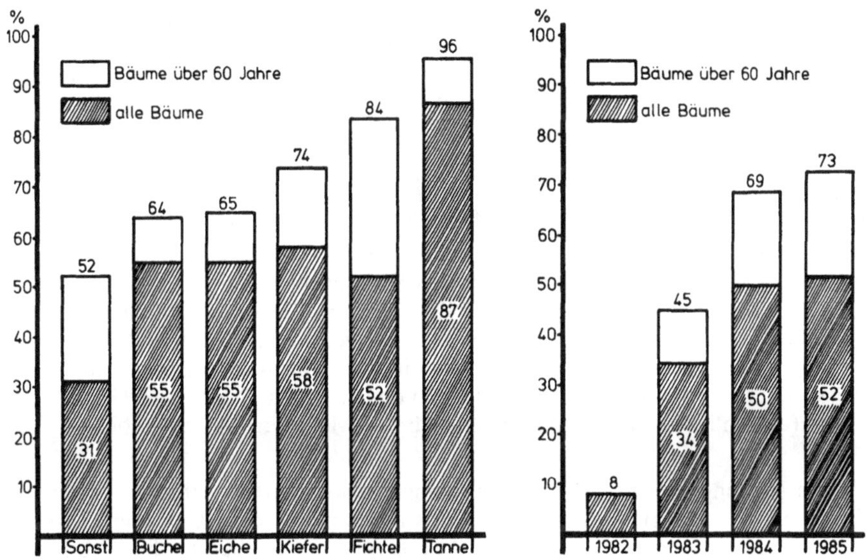

Abb. 27 Waldschäden in der Bundesrepublik

Ende 1985 war bereits mehr als die Hälfte des 7,37 Millionen Hektar Waldbestands in der Bundesrepublik geschädigt, wobei die sichtbaren Schäden seit Anfang dieses Jahrzehnts von acht Prozent im Jahr 1982 auf 52 Prozent im Jahr 1985 zugenommen haben. Am härtesten betroffen sind die Nadelhölzer (bis zu 87 Prozent), aber auch der Laubbaumbestand ist bereits stark gefährdet, so vor allem Buche und Eiche zu 55 Prozent.

Quelle: „Waldschadenserhebung 1985" des Bundesministers für Ernährung, Landwirtschaft und Forsten vom Oktober 1985 sowie frühere Veröffentlichungen des Ministeriums.

Waldes als geschädigt registriert, breiteten sich die Schäden bis 1983 auf 34 Prozent, bis 1985 bereits auf 52 Prozent der gesamten Waldfläche aus. Auch für die nächsten Jahre ist eine weitere Ausdehnung zu befürchten. Bei diesen Zahlen ist zu berücksichtigen, daß die Schädigungen deutlich höher liegen, wenn allein der über 60 Jahre alte Baumbestand betrachtet wird, wenn also das Jungholz heraus-

[51] Dritter Immissionsschutzbericht der Bundesregierung vom 25.4.1986, S. 31

gerechnet wird. Dann liegt der Durchschnitt aller Schäden bereits bei über 70 (!) Prozent des „erwachsenen“ Waldbestandes.

Die Nadelbäume Tanne, Fichte und Kiefer traf es zuerst. Sie sind die heute am stärksten geschädigten Baumarten. Der Tannenbestand ist fast schon zu 90 Prozent betroffen, die Kiefer beinahe zu 60 Prozent. Die jetzige Generation dieser Nadelbäume dürfte kaum noch zu retten sein. Aber auch die Laubbäume, die lange Zeit als resistent gegen Umweltverschmutzung galten, bleiben nicht verschont. So sind mittlerweile auch Buche und Eiche zu jeweils 55 Prozent geschädigt und damit gleichfalls in hohem Maße gefährdet.

Hauptursache Luftverschmutzung

Was aber sind die Ursachen dieser nie gekannten Umweltkatastrophe? Kein ernstzunehmender Wissenschaftler bestreitet heute den Zusammenhang mit der massiven Zunahme der Luft- und Umweltverschmutzung in den letzten zwanzig und dreißig Jahren. Wenngleich auch andere, sogenannte Sekundärfaktoren wie Schädlings-, Bakterien- und Virusbefall, aber auch Grundwasserabsenkung, hohes Lebensalter und die Einseitigkeit des Monokulturanbaus eine große Rolle spielen können, sind diese nur als Folgeerscheinung zu betrachten. Sie sind nur deswegen in so großem Ausmaße möglich, weil die jahrzehntelange Umweltverschmutzung die Vegetation von Baum und Pflanze bereits nachhaltig geschwächt und damit ihre Widerstandskraft gelähmt hat.

Auch *woher* die Luftschadstoffe stammen und wie sie sich zusammensetzen, ist heute kaum noch umstritten. Zwar treffen hier zahlreiche hochkomplexe, sich in ihrer Wirkung gegenseitig auch noch verstärkende Faktoren aufeinander, dennoch stehen die beiden Hauptursachen fest: Schwefeldioxid (SO_2) und Stickoxide (NO_X)*, die als Abgase aus den Schornsteinen von Industrieanlagen und Kraftwerken, aber auch aus den Auspufftöpfen der mehr als 32 Millionen Kraftfahrzeuge (einschließlich 1,4 Millionen Mopeds und Mofas) in die Luft geblasen werden.

Den Umfang dieser Schadstoffemissionen kennt man seit Jahren sehr genau. Gegenwärtig werden jährlich jeweils etwas mehr als drei Millionen Tonnen Schwefeldioxid und Stickoxid in die Atmosphäre abgegeben (siehe Abbildung 28). Zwar ist die Emission von Schwefeldioxid seit Anfang der siebziger Jahre leicht rückläufig (hier zeichnen sich erste Erfolge der Entschwefelungstechnik ab, die unter dem Druck der Großfeuerungsanlagenverordnung allmählich sichtbar werden), der Ausstoß an Stickoxiden hat jedoch im gleichen Zeitraum ununterbrochen zugenommen, Folge des gestiegenen Energieverbrauchs und des ständigen Wachstums des Kraftfahrzeugverkehrs. Betrug dieser 1977 erst etwas mehr als 23,3 Millionen, rollen heute bereits über 32 Millionen Kraftfahrzeuge über die Straßen der Bundesrepublik.

Die Herkunft der Schadstoffe und ihr relativer Anteil ist an der Schraffierung der Säulen zu erkennen. Hauptquellen sind eindeutig sowohl die Großfeuerungsanlagen von Industrie, Kraft- und Fernheizwerken, als auch die Verbrennungsmotoren der Kraftfahrzeuge, allerdings in sehr unterschiedlichem Ausmaß. Zur

* Stickoxid (NO_X) gilt als Sammelbezeichnung für Stickstoffmonoxid (NO) und Stickstoffdioxid (NO_2).

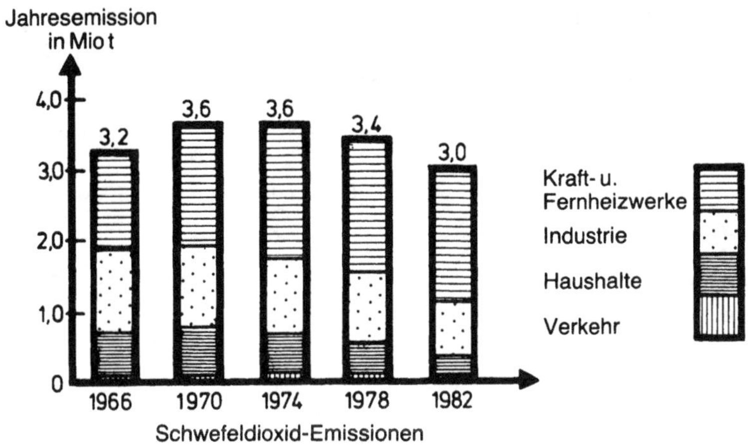

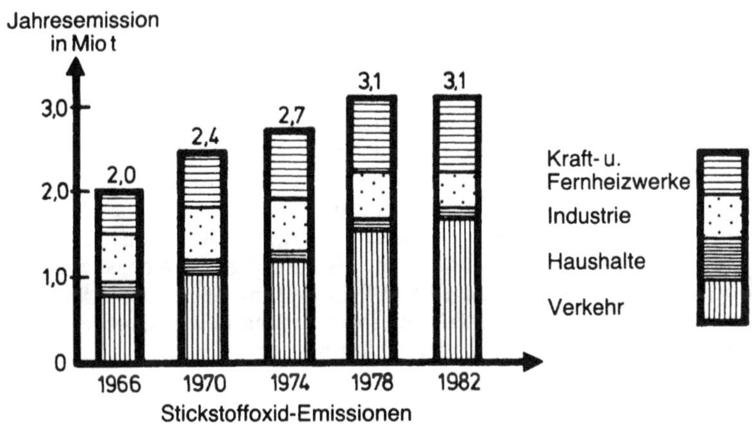

Abb. 28 Entwicklung der Schadstoff-Emission in der Bundesrepublik
Gegenwärtig werden jährlich mehr als drei Millionen Tonnen Schwefeldioxid und etwa die gleiche Menge Stickoxid in die Atmosphäre abgelassen, wobei die Menge der Schwefeldioxide leicht rückläufig, die der Stickoxide seit Jahren steigend ist. Die Schraffierung zeigt die Herkunft der Schadstoffe an: Großfeuerungsanlagen von Industrie, Kraft- und Fernheizwerken sowie der Kraftfahrzeugverkehr tragen den eindeutig größten Anteil an der Luftverschmutzung.
Quelle: Dritter Immissionsschutzbericht der Bundesregierung vom 25.4.1985, S. 16f.

Verdeutlichung sind die wichtigsten Zahlen noch einmal in Tabelle 20 zusammengefaßt. Der Ausstoß an Schwefeldioxid entsteht nahezu ausschließlich, nämlich zu 87 Prozent, bei den fossilen Verbrennungsprozessen in Großfeuerungsanlagen. Der Kraftfahrzeugverkehr spielt mit vier Prozent so gut wie keine Rolle.

Anders liegen die Dinge bei der Erzeugung von Stickoxiden. Hier dominiert der Kraftfahrzeugverkehr mit 54 Prozent, dessen Ausstoß in den letzten 15 Jahren überdies am stärksten zugenommen hat, wenngleich die Großfeuerungsanlagen auch hier mit 42 Prozent etwa im gleichen Umfang beteiligt sind. Haushalte und Kleinverbraucher sind in beiden Fällen nur von untergeordneter Bedeutung.

	Schadstoff-Emission in der Bundesrepublik (in %)	
	Schwefeldioxid (SO_2)	Stickstoffoxid (NO_x)
Großfeuerungsanlagen von Industrie, Kraft- und Fernheizwerken	87	42
Kraftfahrzeugverkehr	4	54
Haushalte/Kleinverbraucher	9	4
	100	100

Tab. 20 Anteil der Schadstoffemission in der Bundesrepublik

Die Schadstoffemission an Schwefeldioxid und Stickstoffoxid, Hauptverursacher der Luftverschmutzung, stammt zum weitaus größten Teil aus den Großfeuerungsanlagen von Industrie, Kraft- und Fernheizwerken. Dort entstehen 87 Prozent des Schwefeldioxids und 42 Prozent des Stickstoffoxids. Der Kraftfahrzeugverkehr ist zwar nur geringfügig (4 Prozent) am Schwefeldioxid beteiligt, dafür aber mit 54 Prozent am Ausstoß der Stickstoffoxide.
Quelle: Dritter Immissionsschutzbericht der Bundesregierung vom 25.4.1985, S. 16f.

Da den Stickoxiden, wie man heute weiß, wegen ihrer Doppelwirkung bei der Bildung von Saurem Regen als auch bei der Bildung des Giftgases Ozon eine besonders zerstörerische Wirkung auf die Lebensfähigkeit der Pflanzen- und Baumvegetation zukommt, spielt daher – neben den Großfeuerungsanlagen – auch der Kraftfahrzeugverkehr, letztlich also der Verbraucher, eine tragende Rolle, wenn es um die Durchsetzung geeigneter Maßnahmen zur Beseitigung der Luftschadstoffe geht. (Womit die schnellstmögliche Einführung von Abgaskatalysatoren und Geschwindigkeitsbegrenzungen zur Reduzierung der Stickoxidbelastung – neben wirkungsvollen Entschwefelungseinrichtungen in den Großfeuerungsanlagen – ihren politisch herausragenden Stellenwert erhält.)

Externe Kosten

Warum, so fragt man sich spätestens an dieser Stelle, gibt es denn überhaupt Luftschadstoffe, wenn deren negative Wirkung jedermann, zumindest den Verantwortlichen in Politik und Wirtschaft, seit Jahren längst bekannt ist?

Damit sind wir beim Kern der Dinge, dem Pfahl der Ökonomie im Fleisch der Ökologie. Im Kapitel über die Ermittlung betrieblicher Kosten haben wir diesen Zusammenhang bereits am Beispiel der Nordseeverschmutzung angesprochen. Nahezu alle Umweltprobleme sind – rein betriebswirtschaftlich gesehen – Folge der Vernachlässigung der „externen Effekte", speziell der „externen Kosten". Das sind alle Kosten, die durch die Existenz und Arbeitsweise des Betriebes an sich entstehen, nicht aber von ihm selbst getragen, sondern „nach außen" auf die Allgemeinheit abgewälzt werden.

Die externen Kosten sind der Dreh- und Angelpunkt im Widerstreit von Ökonomie und Ökologie – das neuralgische Verbindungsglied beider Denkungsarten. Um dies verständlich zu machen, müssen wir uns noch einmal den Charakter

	Input	Produktion	Output	Konsumtion	
Interne Kosten	*Private (knappe) Güter* Rohstoffe Material Vorprodukte → Energie Arbeit Boden *Öffentliche (freie) Güter* Luft Wasser Boden ↓	Unternehmen **Gebrauch** **Umwandlung** **Verbrauch** ↓ **Herstellung** **von** **Gütern** ↓	→ **Endprodukte** oder **Zwischenprodukte** ↓	→ **Verbrauch/Gebrauch** oder **Weiterverarbeitung** ↓	**Ökonomische Ebene**
Externe Kosten	**Erschöpfung** Bodenschätze Rohstoffe Humusboden Energiequellen Trinkwasser	**Schadstoffe/Abfälle** Schwefeldioxid (SO_2) Stickoxid (NO_x) Kohlenwasserstoff (CH) Kohlenmonoxid (CO) Stäube Herbizide Insektizide Fungizide Nitrate Schwermetalle Dioxin Formaldehyd etc.	**Giftige Bestandteile** Schwermetalle Dioxin Formaldehyd Verstrahlung etc.	**Abfälle** Verpackung Einwegglas Altpapier Plastik Schadstoffe Stickoxide Treibgase Phosphate Altöl etc.	**Ökologische Ebene**

Abb. 29 Externe Kosten des Betriebs

Externe Kosten entstehen außerhalb des Unternehmens durch Existenz und Arbeitsweise des Betriebes an sich. Sie werden allerdings nicht von ihm selbst getragen, sondern auf die Allgemeinheit abgewälzt. Darunter fallen alle Arten von Schädigungen durch Schmutz-, Gift- und Schadstoffe sowie durch chemische Rückstände, die bei der Produktion anfallen oder als giftige Bestandteile der Endprodukte die Umwelt belasten. Aber auch der Verbraucher verursacht externe Kosten z.B. durch Wegwerfen von Einwegflaschen und Verpackungsmaterial, Verwendung von Treibgasen in Spraydosen, vor allem aber bei der Benutzung von Kraftfahrzeugen (ohne Katalysator), wodurch u.a. Stickoxide und Schwermetalle freigesetzt werden.

eines industriell produzierenden Unternehmens vor Augen führen. In Abbildung 29 sind die Grundzüge, auf die es hier ankommt, graphisch dargestellt.

Neben den internen Kosten, die bei Herstellung und Verkauf industrieller Güter anfallen, treten auch externe Kosten auf, die entweder durch die naturschädigende Wirkung der Produktion (Luftverschmutzung, Abwässerverunreinigung, Bodenvergiftung etc.) oder durch die umweltbelastende Zusammensetzung und Verpackung der Produkte (Gifte in Kunststoffen, nicht abbaufähiges Verpakkungsmaterial etc.) entstehen. Obwohl eindeutig vom Betrieb verursacht, gehen sie nicht in seine Preiskalkulation ein. Aus diesem Grund liegt auch das gesamte Preisgefüge auf den Märkten um die Höhe der externen Kosten zu niedrig, ein nur scheinbarer Vorteil für den Verbraucher, den er auf lange Sicht teuer bezahlen muß.

Damit ist der Rahmen abgesteckt. Die internen, im Betrieb anfallenden und nur dort verrechneten Kosten bewegen sich auf der rein ökonomischen Ebene. Sie und nur sie bilden die Grundlage der Preiskalkulation. Die externen, außerbetrieblich anfallenden Kosten, die nicht in die Preiskalkulation eingehen, bewegen sich auf der ökologischen Ebene. Sie sind die Hauptursache der weltweiten Gefährdung der Umwelt.

Schädliche Auswirkungen

Ihre Vielfalt ist atemberaubend. Die Erzeugung von Schadstoffen wie Schwefeldioxid, Stickoxid, Kohlenmonoxid, Kohlenwasserstoff, Staub, Schwermetalle (Kadmium, Blei, Quecksilber etc.) wie auch alle Arten chemischer bzw. biochemischer Gifte als Rückstände der Produktion oder als Bestandteile der Endprodukte (Dioxin in Kunststoffen, Formaldehyd in Farben und Lacken) ist nur die eine Seite, die sich auf die Herstellung von Gütern bezieht. Sie geht einher mit Belastungen der Umwelt, die mittelbar bei der Konsumtion entstehen, so durch Abfälle aller Art beim Verbrauch in Haushalten (Treibgase von Haarsprays, verbrauchte Batterien, veraltete Medikamente, Einwegflaschen, nicht abbaubare Plastiktüten, weggeworfenes Altpapier etc.) oder bei der Benutzung von Kraftfahrzeugen (Stickoxide, Kohlenwasserstoffe, Blei etc.)

Externe Kosten entstehen aber auch mittelbar durch Abbau von Bodenschätzen und Verbrauch von Energie und Rohstoffen, die dadurch immer knapper werden. Darüber hinaus führt in der Landwirtschaft, die in der Art ihrer Produktionsweise heute immer mehr industriellen Großbetrieben ähneln, der übermäßige Einsatz von chemischen Düngemitteln und Schädlingsbekämpfungsmitteln (Pestizide wie Herbizide, Fungizide, Insektizide) zu irreparablen Schäden in der natürlichen Flora und Fauna, während häufiges Ausbringen von Flüssigmist (Gülle), der bei der Massentierhaltung von Kühen und Schweinen entsteht, das Grundwasser durch hohe Nitratbelastung gefährdet.

Die schädlichen Auswirkungen der externen Effekte (bzw. ihrer Vernachlässigung) erstrecken sich auf alle Ebenen menschlichen, tierischen und pflanzlichen Lebens, aber auch auf viele Bereiche der unbelebten Materie. Ihre Auswirkungen sind noch längst nicht alle erforscht. Die biochemische Zusammensetzung des Mutterbodens und des Grundwassers im Hinblick auf Kalkanteile, Mineralien, Salze oder Metallanreicherung ist durch Sauren Regen ökologisch ebenso gefährdet, wie die innere Struktur der Erdatmosphäre mit ihrem ständig wachsenden CO_2-Gehalt sowie des die Erde umgebenden Ozongürtels, der die Durchlässigkeit des Sonnenlichts in einer für alles Leben bedeutsamen Weise regelt. Vergleichsweise geringfügig nehmen sich dabei die zunehmenden Säureschäden an Gebäuden, Bauwerken, Brücken und künstlerisch wertvollen Baudenkmälern aus. Die gesichtslosen Skulpturen, ausgewaschen vom Sauren Regen, sprechen eine traurige, die ersten eingestürzten Spannbetonbrücken allerdings schon eine bedrohliche Sprache.

Daß es hierbei längst nicht mehr „nur" um den Wald oder um die Tier- und Pflanzenwelt geht, sondern um den Menschen selbst, machen die mittlerweile fast alltäglich gewordenen Nachrichten in bestürzendem Maße deutlich. Nicht nur daß Zahl und Intensität der Allergieerkrankungen ständig zunehmen, eine Tatsache, die von vielen Ärzten auf negative Umweltreize zurückgeführt wird. Immer häufiger kommt es zu chronischen Erkrankungen der Atemwege und Bronchien, vor allem in industriellen Ballungsgebieten. Die Einwirkung verschmutzter Luft auf den menschlichen Organismus (zum Beispiel verstärktes Auftreten von Pseudo-Krupp = Hustenanfälle bei Kleinkindern) hat bereits alarmierende Ausmaße angenommen.

Im höchsten Grade gefährlich für den Menschen erweist sich unter Umständen schon sehr bald das Wald- und Pflanzensterben in den Alpenregionen. Als Folge der zunehmenden Waldverluste im Hochgebirge treten immer häufiger und immer größere Überschwemmungen, Muren, Lawinen, Geröllabgänge, Überschotterungen und Erdrutsche auf, die eine ernstzunehmende Gefahr für die Bergbevölkerung darstellen. Der Deutsche Alpenverein belegt denn auch in seiner 1985 erschienenen Studie „Der Bergwald stirbt", daß bereits die Hälfte aller Ortschaften des bayerischen Alpenraumes unmittelbar gefährdet ist und daß zirka 370 Kilometer Ortsverbindungsstraßen aus diesen Gründen unpassierbar werden könnten.

Viele weitere Beispiele für die Gefährdung des Menschen ließen sich anführen, wobei die beiden japanischen Umweltskandale, die unter dem Namen „Itai-Itai-Krankheit" und „Minimata-Krankheit" traurige Berühmtheit erlangten, stellvertretend für viele, sträflich vernachlässigte externe Kosten.

Im ersten Fall hatten Reisbauern in Unkenntnis der Gefahr ihre Felder mit kadmiumverseuchtem Wasser aus einem stillgelegten Zinkbergwerk bewässert. Der vergiftete Reis führte zu grauenvollen Verstümmelungen vor allem bei Frauen. Ihr Knochengerüst schrumpfte bis zu 30 Zentimeter, so daß sich ihr Körperskelett vollständig verformte. 56 Menschen starben, mehr als 200 Japanerinnen siechten jahrlang unter großen Schmerzen dahin.

Noch schlimmer war die Bilanz der Quecksilberverseuchung im zweiten Fall, die als Minimata-Krankheit in die Geschichte der Umweltkatastrophen einging. Mehr als 100 Tote und über 1000 verstümmelte Kranke verursachte der Genuß quecksilberverseuchter Fische. Zwei Industriebetriebe hatten über einen längeren Zeitraum hinweg quecksilberhaltige Abwässer ungefiltert ins Meer geleitet[52].

Das sind nur zwei, allerdings erschreckende Beispiele, die sich täglich wiederholen können. Dies zeigt die Vergiftungskatastrophe 1978 im italienischen Seveso, wo das Entweichen einer dioxinhaltigen Giftgaswolke über 100 Menschen das Leben kostete und mehr als 1000 Menschen jahrlang äußerst unangenehme

[52] Siehe hierzu Weidner, H. „Umweltpolitik in Japan. Erfolge und Versäumnisse", Berlin 1982

Hautleiden zu ertragen hatten, sowie 1984 im indischen Bophal, als ein Leck im Kühlbehälter der Chemiefabrik Union Carbide über 2000 Menschen das Leben kostete und mehrere 10000 unter Umständen lebenslang geschädigt bleiben – vom Atomreaktorunglück im ukrainischen Tschernobyl (UdSSR) ganz abgesehen, dessen verheerende Folgen wohl erst in einigen Jahren oder Jahrzehnten zu übersehen sein werden.

Ursachen der Fehlsteuerung

Was läuft da falsch im System der Märkte, das doch sonst so wirkungsvoll funktioniert?

Ökonomisch gesehen ist Umweltzerstörung die Folge andauernder Fehlsteuerung auf den Märkten. Schuld ist ein „Konstruktionsdefekt", der unser Marktsystem immer tiefer in die ökologische Sackgasse führt. Eine der Hauptursachen dieser Fehlsteuerung ist der Preis, genauer gesagt, das Fehlen eines Preises: Die öffentlichen (freien) Güter sauberes Wasser, reine Luft und intakter Lebensraum besitzen keinen Preis. Sie sind ökonomisch gesehen wertlos, weil sie weder in das Kostenkalkül der Unternehmen noch in die Ausgabenrechnung der Konsumenten eingehen.

In diesem Zusammenhang ist ein Exkurs vonnöten, der die Unterscheidung von *privaten* und *öffentlichen* Gütern erklärt. Umweltressourcen wie sauberes Wasser, reine Luft oder intakter Lebensraum sind öffentliche Güter. Sie werden sozusagen an „jedermann abgegeben", das heißt, kostenlos zur freien Verfügung gestellt. Sie sind daher für den einzelnen nicht im eigentlichen Sinne knapp wie private Güter (Material, Rohstoffe, Energie, Bodenschätze etc.), die nur begrenzt zur Verfügung stehen. Aus diesem Grund gibt es für private (knappe) Güter Märkte, auf denen sie gehandelt werden und wo sich auch ihr Preis (das heißt ihr Wert) bildet. Für öffentliche Güter gibt es solche Märkte nicht, so daß für sie auch keine Preise existieren. In die betriebliche Preiskalkulation gehen aber nur solche Kosten ein, für die ein Entgelt entrichtet werden muß. Das erzwingt die Unerbittlichkeit der Konkurrenz in Marktsystemen.

Auch Planwirtschaften sündigen

Dies gilt jedoch nicht nur für die Marktwirtschaft der westlichen, marktwirtschaftlich orientierten Industrienationen. Der Schadstoffausstoß in sozialistischen Ländern beweist, in welchem Ausmaß auch in staatlich gelenkten Planwirtschaften ökologisch gesündigt wird. Dies belegt Tabelle 21. Die weit geringer industrialisierten Ostblockländer Polen, Jugoslawien und Tschechoslowakei bewegen sich mit jählich 1,5 Millionen Tonnen Schwefelemission im gleichen Rahmen wie die übrigen westeuropäischen Industrienationen, ganz zu schweigen von den 8,1 Millionen Tonnen Schwefel, die sowjetrussische Unternehmen in die Atmosphäre ablassen. Wobei die DDR wegen ihrer geringen Landesfläche mit 18,5 Gramm Schwefel pro Quadratmeter Landesfläche eine zweifellos noch unrühmlichere Sonderstellung einnimmt.

An der Art des Wirtschaftssystems, ob sozialistisch oder kapitalistisch, kann es also nicht liegen.

Die Fehlsteuerung hat tiefere Ursachen. Sie liegt am Wirtschaften selbst, an der falschen bzw. unvollständigen Bewertung öffentlicher (freier) Güter. Was not täte ist ein wirtschaftliches System, in dem auch die öffentlichen Güter reine

	Schwefelemission absolut (1 000 t)	Schwefelemission in Gramm pro m² Landesfläche
UdSSR	8 100	2,4
Großbritannien	2 560	10,5
Italien	2 200	7,3
Polen	2 150	6,9
DDR	2 000	18,5
BR Deutschland	1 815	7,3
Frankreich	1 800	3,3
Tschechoslowakei	1 500	11,8
Jugoslawien	1 475	5,8
Spanien	1 000	2,0

Tab. 21 Schwefelemission der größten Schadstofferzeuger Europas

Neben dem Großerzeuger UdSSR (8,1 Millionen Tonnen Schwefel) nehmen Großbritannien, Italien, Polen und die DDR mit Emissionen von teilweise über zwei Millionen Tonnen Schwefel (entspricht vier Millionen Tonnen Schwefeldioxid) den Spitzenplatz in Europa ein. Bezogen auf die Landesfläche hält die DDR mit 18,5 Gramm pro m^2 die absolute Spitze, ein Zeichen, daß nicht nur marktwirtschaftlich orientierte Nationen Umweltverschmutzer sind.

Quelle: Dritter Immissionsschutzbericht der Bundesregierung vom 25.4.1985, S. 23
Die dort angeführten Zahlen geben den Stand von 1978 wieder.

Luft, sauberes Wasser und intakter Lebensraum knapp gemacht werden und damit ökonomisch einen Wert erhalten, der ihnen ökologisch ja auch tatsächlich zukommt.

Wenn verhindert werden soll, daß die zerstörerischen Auswirkungen ökologischer Katastrophen die Grundfesten der bestehenden marktwirtschaftlichen Ordnung zerstören (indem sie beispielsweise eine „Umweltdiktatur" heraufbeschwören, von der uns die einschneidenden Maßnahmen bei Smogalarm nur eine ungefähre Ahnung vermitteln), dann liegt der Schlüssel zur Überwindung des Umweltproblems in der Erkenntnis, daß Märkte nur auf die Signale der Preise reagieren. Solange sauberes Wasser, reine Luft und intakter Lebensraum ökonomisch nichts wert sind, eben keinen Preis haben, so lange wird kein Unternehmen auf die Idee kommen, solche „Produkte" herzustellen. Freiwillig eine Kläranlage einzurichten, um die eigenen Abwässer zu reinigen, bedeutet höhere interne Kosten, die sich im höheren Preis der eigenen Produkte niederschlagen – eine zwar ökologisch wohlgemeinte Entscheidung, die aber vom Markt nicht honoriert wird. Der Druck der Konkurrenten, die sich solche Kosten ersparen und sie lieber als externe Kosten auf die Allgemeinheit abwälzen, läßt solche, ökologisch orientierten Entscheidungen nicht zu. Das liegt in der „Natur der Sache".

Der „Kunstgriff"

Der Markt reagiert erst dann ökologisch richtig, wenn sich umweltbewußtes Verhalten auch unternehmerisch „lohnt", wenn also die Vermeidung externer Kosten die internen Kosten und damit den Preis für eigene Produkte nicht hinauftreibt, sondern – so merkwürdig es klingt – ihn herunterdrückt.

Hierzu ist ein „Kunstgriff" angebracht, ein staatlich verordneter Trick, der dem Markt ein wenig auf die Sprünge hilft, seine Preissignale auch dann richtig zu setzen, wenn es um umweltabhängige Ressourcen geht. Die Inanspruchnahme von Luft, Wasser, Boden und Natur als Medium für die Ablagerung von Abfallprodukten, Schmutz und Giftstoffen gleich welcher Art muß einen Preis erhalten, einen sehr teuren sogar, sozusagen „von Natur aus". Dieser Preis gilt dann – und das ist wichtig – für alle Produzenten gleichzeitig: Niemand braucht einseitig auszuscheren, wenn er die Umwelt schonen will.

Das Prinzip ist einfach. Wer die Umwelt verschmutzt, zahlt dafür. Wer sie weniger verschmutzt, braucht weniger zu zahlen. Die Höhe dieses Preises legt der Staat fest. Liegt der Preis nur hoch genug, „lohnt" sich umweltfreundliches Verhalten, weil es jetzt die Kosten *senkt.*

Wie sich dieser an sich einleuchtende Kunstgriff von der Theorie in die wirtschaftliche Praxis umsetzen läßt, darüber streiten allerdings die Experten, wenngleich erste Erfahrungen aus den Vereinigten Staaten bereits vorliegen.

Zwei Wege marktwirtschaftlich orientierter Umweltschutzkonzepte bieten sich an: die „Abgabenlösung" und die „Zertifikatlösung".

Beide Konzepte konkurrieren mit den derzeit praktizierten Verfahren, schadstoffmindernde Maßnahmen auf gesetzlichem Wege, über die Verordnung zulässiger Höchstmengen, zu erzwingen (so zum Beispiel durch die „Technische Anleitung zur Reinhaltung der Luft", kurz TA Luft, die allein für 40 Anlagenarten und 120 gasförmige sowie für 50 staubförmige Luftverunreinigungen Emissionsgrenzwerte festlegt; oder die „Verordnung über Großfeuerungsanlagen", die Emissionen speziell bei industriellen Feuerungsanlagen ab 50 bzw. 100 Megawatt Leistung begrenzen soll.)

Abgabenlösung

Die „Abgabenlösung" arbeitet mit Sanktionen, indem sie den Unternehmen für jede Tonne Luftverschmutzung (beispielsweise getrennt für Schwefeldioxid, Stickoxid etc.) einen bestimmten Geldbetrag abfordert, die Erhebung einer Art Stücksteuer also.

Ökologisch zielt dieses Konzept insofern in die gewünschte Richtung als nunmehr die *Erzeugung* von Schadstoffen im Betrieb Kosten verursacht, die *Verringerung* der Schadstoffe die Kosten senkt. Ökologisch richtiges Verhalten hilft dem Betrieb somit Kosten sparen, was sich positiv in der Preiskalkulation niederschlägt und ihn in die Lage versetzt, auf dem Markt niedrigere Preise zu fordern als seine weniger umweltbewußten Konkurrenten.

Die Abgabenlösung funktioniert aber nur so lange, wie es für das Unternehmen kostengünstiger ist, Schadstoffe zu vermeiden als die geforderte Abgabe zu entrichten. Sobald aber die Schadstoffreduzierung teurer wird als die Zahlung der Abgabe, entfällt das ökonomische Motiv, in dieser Richtung tätig zu werden. Hier liegt daher die Grenze der Abgabenlösung und ihre entscheidende Schwäche.

Es wird – aus den unerbittlichen Gründen der Wirtschaftlichkeit – ökologisch nicht mehr getan als unbedingt notwendig. Unter Umständen werden wirksame Entgiftungsanlagen erst gar nicht installiert, weil sie kostenmäßig zu aufwendig sind, das heißt, höhere Ausgaben verlangen als die Zahlung der Abgabe – ein Argument, das bei steigenden Preisen noch stärker zu Buche schlägt, wenn die Abgabe nicht im Gleichtakt mit der Geldentwertung angehoben wird.

Fazit: Die Abgabenlösung wirkt zwar ökonomisch richtig, ist aber auf Dauer ökologisch nicht effizient genug.

Zertifikatlösung

Diesen Nachteil zu vermeiden versucht der zweite Weg umweltökonomischer Marktkonzepte, die sogenannte „Zertifikatlösung"[53]. .

Der Staat vergibt oder verkauft „Verschmutzungskontingente" in Form von Zertifikaten an alle Unternehmen einer bestimmten Region. Diese Zertifikate beinhalten das „Recht" eines jeden Unternehmens, in einem bestimmten Umfang zur Gesamtverschmutzung dieser Region beizutragen. (Wer sich daran stößt, daß die Verschmutzung der Umwelt als „Recht" vergeben wird, möge berücksichtigen, daß die Höchstmengenverordnung, zum Beispiel die TA Luft, nichts anderes tut. Unterhalb der Höchstmenge darf beliebig verschmutzt werden, und das sogar kostenlos.)

Denkbar ist, solche Verschmutzungsrechte je Schadstoffart zu vergeben oder aber auch für mehrere Schadstoffe gleichzeitig (Schadstoffverbund). Über die in der Region befindlichen Unternehmen wird sozusagen eine unsichtbare Blase (bubble) oder Glocke gestülpt (Glockenmodell), die den Gesamtschadstoffausstoß determiniert.

Wenn zum Beispiel aufgrund technischer Gegebenheiten oder als Folge umweltpolitischer Überlegungen festgestellt wird, daß in einer bestimmten Region 50000 Tonnen Schwefeldioxid pro Jahr ausgestoßen bzw. (zunächst) akzeptiert werden können, dann verkauft der Staat Umweltzertifikate (gestückelt wie zum Beispiel Aktien) in dieser Höhe an die ansässigen Betriebe. Nur wer Zertifikate in ausreichendem Umfang erwirbt, darf seinen Schwefel weiter produzieren und in die Luft ablassen. An Stelle der gesetzlich fixierten Emissionshöchstgrenze jeder einzelnen Schadstoffquelle eines jeden einzelnen Betriebes (wie dies heute weitgehend üblich ist) bezieht sich die erlaubte bzw. tolerierte Verschmutzung nur noch auf die Totalemission der gesamten Region, die dann als Ganzes nicht mehr überschritten werden darf. Wie hoch der Anteil des einzelnen Betriebes an der Gesamtverschmutzung ist, bleibt dabei unerheblich. Wenn der eine etwas weniger Schadstoffe emitiert, so darf der andere etwas mehr emitieren.

Entscheidend für den ökologischen Erfolg dieser Maßnahme sind allerdings zwei weitere Modalitäten dieses Modells, für deren Praktikabilität allerdings noch keine oder nur sehr wenige Erfahrungen vorliegen.

Die erste Modalität besteht darin, daß die Zertifikate untereinander gehandelt werden können wie Aktien mit veränderlichen Preisen. Wer seine Emission reduziert, setzt eigene Zertifikate frei und kann sie an den Meistbietenden verkaufen, zum Beispiel an einen neuen Produzenten, der sich in der Region niederlassen will, oder an einen Konkurrenten, der seine Produktion ausdehnen möchte. In jedem Fall lohnen sich technologische Maßnahmen, die der Drosselung der Schadstoffe dienen, schon allein wegen der Möglichkeit, über den Verkauf von Zertifikaten zusätzliche Erlöse zu erzielen.

Die zweite Modalität zur Sicherung des ökologischen Erfolgs ist allerdings die wichtigere von beiden. Sie besteht in der schrittweisen Entwertung der Zertifika-

---

[53] Hierzu wie im folgenden gestützt auf Bonus, H. „Marktwirtschaftliche Konzepte im Umweltschutz", in: Agrar- und Umweltforschung in Baden-Württemberg, Bd. 5, 1984

te durch den Staat, indem in bestimmten Zeitabständen die Verschmutzungsrechte um einige Prozent heruntergesetzt werden. Ein Zertifikat über 10000 Tonnen Schwefeldioxid ist dann zum Beispiel nur noch 9000 Tonnen wert. Allein schon die Ankündigung solcher „Abwertungen" dürfte große Anstrengungen zur Verbesserung der Reinhaltetechnologie zur Folge haben, weil der Betrieb ja sonst neue Zertifikate von seinen Konkurrenten für dann unter Umständen sehr teures Geld hinzukaufen müßte.

Es ist daher durchaus zu erwarten, daß nicht wenige Unternehmen ihre Norm sogar übererfüllen werden, um Umweltzertifikate in Reserve zu haben und um vor Abwertungsüberraschungen sicher zu sein. Ein Mehr an Luftreinhaltung wäre allein schon deswegen garnicht so unwahrscheinlich, weil technologische Entgiftungsverfahren die Schadstoffe nicht kontinuierlich, sondern zumeist in größeren Schüben verringern, die oft höher liegen als der politisch gesetzte Abminderungswert, um den der Rahmen der zulässigen Gesamtverschmutzung enger gezogen würde. Außerdem ließe sich über den möglichst teuren Verkauf von Umweltzertifikaten ein Teil, vielleicht sogar der größere Teil der Entgiftungskosten wieder hereinholen.

Soweit die Beschreibung dieser Modelle. Sollten sie in die Praxis eingeführt werden, würde die in der Theorie geforderte ökonomische Verknappung der öffentlichen Güter saubere Luft, reines Wasser und intakte Umwelt in der Tat erreicht. Sie erhielten über den Preis nicht nur den ihnen zustehenden Marktwert, sie gingen auch in die interne Kostenkalkulation ein. Womit sie dort wären, wo sie ökonomisch *und* ökologisch hingehören, in den Preis der Produkte.

Da letztlich sowieso der Verbraucher alles zahlt, hätte dies außerdem den Vorteil, daß den Unternehmen keinerlei Wettbewerbsnachteil entsteht. Jetzt lohnt sich die umweltorientierte Investition auch für den einzelnen Betrieb. Sein ökologisches Engagement führt nicht länger zu einer ökonomischen Schlechterstellung bei der Kosten- und Preiskalkulation. Die ökologische Zielsetzung „Erhaltung der natürlichen Umwelt" könnte sich der zweifellos höchst effizienten Dynamik der Marktgesetze bedienen, um im Sinne der Natur zum Erfolg zu kommen. Die bisherige „Gegnerschaft" der Ökonomie ließe sich in eine „Mitstreiterschaft" von Ökonomie und Ökologie umwandeln.

Schwierigkeiten und Gefahren

Auch wenn aus den Vereinigten Staaten erste Erfahrungen über die beschriebenen marktorientierten Umweltschutzstrategien vorliegen, die im Ansatz als durchaus positiv zu bewerten sind[54], in der Bundesrepublik und in Europa sind solche Modelle noch weit entfernt von ihrer Realisierbarkeit. Insbesondere die Zertifikatlösung ist nicht nur politisch äußerst schwierig durchzusetzen. Widerstände sind auch aus der Wirtschaft selbst zu erwarten.

Denn die landesweite Einführung von Zertifikaten erhöht zwar das Kostenniveau für alle Betriebe gleichzeitig. Dennoch entstehen Benachteiligungen im internationalen Rahmen, die vor allem für Unternehmen mit hohem Exportanteil zu fürchten sind. Lieber halten sich Unternehmen an technische Höchstmengen-

---

[54] Siehe hierzu die ausführliche Beschreibung US-amerikanischer Konzepte in Bonus, H. „Markwirtschaftliche Konzepte im Umweltschutz, Auswertung amerikanischer Erfahrungen", Stuttgart 1984

vorgaben, wie sie derzeit in den verschiedenen Gesetzen zur Reinhaltung der Luft, des Bodens und des Wassers vorgeschrieben sind. Die dabei entstehenden Kosten ließen sich leichter begrenzen und blieben überschaubar, weil Vorgaben und technische Möglichkeiten genau bekannt sind.

Ein Handel mit Umweltzertifikaten hingegen würde deren Preis unter Umständen rasch nach oben treiben, sobald sie über Entwertungen immer knapper und damit teurer werden (ein Umstand, der allerdings ja beabsichtigt ist, damit umweltorientierte Investitionen immer „lohnender" werden.). Ein Unternehmen denkt eben zuerst an seine Kosten und an seinen Gewinn und erst ganz zuletzt an seine Umwelt – bisher war es jedenfalls so.

Hinzu kommt die Gefahr neuer Monopolisierungsmöglichkeiten durch gezielten Aufkauf von Umweltzertifikaten. Damit ließen sich nicht nur Betriebserweiterungen der Konkurrenz verhindern oder zumindest erheblich erschweren, auch die Marktzutrittsschranken für neue Unternehmen könnten unüberwindlich hoch gezogen werden.

So sind auch diese Wege umweltökonomischer Produktionskonzepte mit großen Schwierigkeiten behaftet, vor allem wenn solche Modelle auf andere Schadstoffarten übertragen werden sollen. Sie setzen ja voraus, daß jede Emission von Schadstoffen exakt meßbar und der Verursacher eindeutig feststellbar ist. Wie aber will man die Nitratbelastung des Grundwassers durch Gülledüngung messen, den Dioxingehalt in Kunststoff und Lackfarben oder die Schwermetallbelastung in Wald- und Ackerboden? Damit stellt sich die Frage, ob auch andere ökonomische Wege denkbar sind, die zugleich oder stattdessen den Markt für umweltschützende Zwecke einsetzen.

Der Verbraucher steuert den Markt

Wenn man davon ausgeht, daß letztlich jede Produktion der Konsumtion durch den Verbraucher dient (abgesehen von bestimmten „Spezialprodukten" wie z.B. Rüstung und Weltraumforschung), dann kommt dem Verbraucher in dieser Frage eine Schlüsselrolle zu. Genau genommen entscheidet nur er, was, in welcher Menge und in welcher Qualität gekauft und deshalb auf den Markt gebracht, das heißt produziert werden soll.

Legt man auch bei ihm das „Verursachungsprinzip" zugrunde, daß nämlich derjenige, der das knappe Gut intakte Umwelt mit Schadstoffen belastet, dafür auch zahlen muß, könnte ein konsequent ökonomisches Modell zum Beispiel für die Benutzung von Kraftfahrzeugen etwa so aussehen (ein Vorschlag, der übrigens von Kurt Biedenkopf stammt):

In jedem Auto wird ein Sensor angebracht (Preis etwa 200 DM), der die Abgasmengen für Stickoxide, Kohlenwasserstoff etc. mißt. Ein Verfahren, das der Messung des Stromverbrauchs in den Haushalten ganz ähnlich sähe. In regelmäßigen Abständen wird der Gesamtausstoß an Schadstoffen an eine staatliche (oder auch privatwirtschaftlich organisierte) Stelle gemeldet, die auf der Grundlage fester Gebühren eine Rechnung erstellt – eventuell statt der bisherigen, pauschal entrichteten Kraftfahrzeugsteuer.

Der Autofahrer hat jetzt auf zwei Kostenkomponenten zu achten, die ihn je nach Fahrgewohnheit unterschiedlich hoch belasten: Benzinverbrauch und Umweltbelastung. Fährt er viel und schnell und benutzt er dabei ein Auto mit hohem Benzinverbrauch und Schadstoffausstoß, wird er gleich doppelt zur Kasse gebeten. Es liegt in der Wirkungsweise des Marktes (und in der Psyche des Menschen) begründet, daß der Autofahrer sehr schnell begreift und das umweltfreundliche und benzinsparende Auto verlangt, zumal, wenn die Gebühr je Schadstoffeinheit entsprechend hoch angesetzt wird. Es steht außer Frage, daß der Druck auf die Hersteller, Kraftfahrzeuge auf den Markt zu bringen, die möglichst wenig umweltschädigend wirken, rasch zunimmt. Der Katalysator brauchte dann vielleicht garnicht mehr gesetzlich vorgeschrieben werden, er wäre seit langem in allen Autos installiert. Ganz sicher wären die ökonomischen Anreize im Marktsystem dann so gesetzt, daß sie ökologisch in die wünschenswerte Richtung zielten.

An ökonomisch brauchbaren Modellen fehlt es also nicht, um zumindest in Teilbereichen der Ökologie zum Erfolg zu kommen. Allerdings, noch zwei Probleme stehen ungelöst im Raum. Die mangelnde Zeit und die ungeheure Vielfalt der Gift- und Schadstoffarten, die unsere Wirtschaftsweise erzeugt. Jedes der beschriebenen umweltökonomischen Modelle bedarf zu seiner Einführung rahmengebender Gesetzesaktivitäten durch den Staat, die außerdem von der Europäischen Gemeinschaft abgesegnet werden müßten. Allein am Beispiel der langwierigen Diskussion um die bundesweite Einführung des Abgaskatalysators, der bekanntlich erst in den neunziger Jahren zur Pflicht gemacht werden darf, wird deutlich, wie unglaublich langsam politische Abstimmungsprozesse im europäischen Rahmen vor sich gehen und wie „abgemagert" die Ergebnisse letztlich sind, die am Schluß herauskommen.

Appell an den „mündigen Bürger"

Und so bleibt an dieser Stelle zunächst nichts anderes übrig, als an den „mündigen Bürger" zu appellieren. (Womit der Autor zum Schluß dieses Buches den Stil nüchterner Analyse verläßt, um einer mehr ethischen Sicht der Dinge das Wort zu reden.)

Der mündige Bürger – wenn es ihn denn gibt – das sind wir selbst, die Nutznießer dieses Wirtschaftssystems, das uns in Wohlstand leben läßt. Wir konsumieren, was die Unternehmer produzieren. Die Unternehmer produzieren, was wir konsumieren: Letztlich sind wir alle an allen Problemen beteiligt. In dieser Schlüsselfunktion sind vor allem die Verbraucher in der Lage, ohne zeitraubende Umstellung ökologisch richtig zu reagieren. Das heißt, mit dem Kaufentscheid für oder gegen ein Produkt die richtigen Signale zu setzen, die die Unternehmen zu umweltschützendem Verhalten bewegen oder sogar zwingen.

Was wir also brauchen, ist eine neue, ökologisch orientierte Konsumtionsethik. Sie würde bedeuten, in erster Linie nur solche Produkte zu kaufen, die möglichst energiesparend und ungiftig hergestellt, verpackungsarm vertrieben, gefahrlos genutzt oder verbraucht werden können und deren Abfallprodukte entweder wiederverwendbar sind oder umweltfreundlich abgelagert werden können. Wenn nur schon eine relevante Minderheit der Bevölkerung konsequent in dieser Weise handelt, könnte eine marktwirtschaftlich bedeutsame „Umrüstung" der Absatzstrukturen in Gang kommen, die die Produktionsweise von Industrie und Landwirtschaft von Grund auf verändern würde. Wenn dem auch die suggestive Wirkung der Werbung und die in Jahrzehnten des Wohlstands gewachsenen Lebensgewohnheiten entgegenstehen, es wäre die ökonomisch konsequenteste Form, die Gesetze der Marktwirtschaft auch im ökologischen Sinne richtig einzusetzen.

„Wir selbst", das sind aber nicht nur die Konsumenten als Endverbraucher. Wir selbst, das sind auch die Produzenten, die die Unternehmen betreiben, und in gleicher Weise des Bürgers „Last der Mündigkeit", der Verantwortung für die Umwelt, tragen. Was wir daher gleichermaßen brauchen, ist eine neue, ökologisch orientierte Produktionsethik[55]. Nicht nur Individuen, auch Unternehmen (natürlich auch ganze Nationen) haben sich als ethisch handelnde Akteure zu verstehen. Das schließt die Bereitschaft ein, in bestimmten, ökologisch relevanten Entscheidungen vom Wachstums- und Gewinnprinzip abzuweichen.

Ganz sicher gehört dazu auch, das „erwerbswirtschaftliche Prinzip" grundlegend neu zu überdenken; die Auffassung also, daß nur über das eigennützige Maximierungsstreben der Menschen, ob als Produzenten oder als Konsumenten, volkswirtschaftlich das größtmögliche Sozialprodukt und die beste Güterversorgung zu erreichen sei (siehe hierzu das Kapitel „Wirtschaftlichkeit"). Die Frage ist nämlich, ob nicht mit der „bedenken"-losen Fiktion des homo oeconomicus, der sich von nichts anderem leiten läßt als von der rationalen Zielsetzung, stets nur seinen Gewinn und den eigenen Nutzen zu mehren, geradezu ein Freibrief für „hab"-süchtiges Handeln ausgestellt wird, das uns zwar kurzfristig (und kurzsichtig) ökonomische Vorteile bringt, ökologisch aber, und damit auf lange Sicht, immer weiter in die Sackgasse führt.

Wo also ist der Ausweg aus diesem Dilemma?

Der Ausweg kann meiner Meinung nach allein in der Abkehr von der nur auf eigenen Vorteil bedachten Produktions- und Konsumtionsweise zu suchen sein: weg vom Prinzip der reinen Gewinn- und Nutzenmaximierung, hin zu einer ökologisch orientierten Wirtschaftsethik, die ihre Motivation aus der Gesamtverantwortung gegenüber dem Menschen und seiner Umwelt ableitet.

Das heißt in letzter Konsequenz, die Erhaltung der natürlichen Umwelt als höchstes Nutzenziel für alle Menschen in das erwerbswirtschaftliche Prinzip mit einzubeziehen. Statt einseitig materiellem Vorteilsstreben auf Kosten der Umwelt, die Maximierung des Nutzens auch zum Wohle der Umwelt – eingedenk der Erkenntnis, daß auf der Erde alle Ressourcen endlich sind und daß für wirtschaftliches Wachstum in entwickelten Volkswirtschaften diese Ressourcen in immer größeren Mengen eingesetzt werden müssen und damit zwangsläufig immer gravierendere Umweltprobleme schaffen.

Der These „Solange der Markt da ist, müssen wir produzieren", beziehungsweise „Sowie ein Produkt auf den Markt kommt, wollen wir es auch konsumieren" ist die Anerkennung eines umweltorientierten Verzichtsprinzips, die freiwillige Selbstverpflichung entgegenzustellen, auch individuelle Nachteile und Schlechterstellungen überall dort in Kauf zu nehmen, wo sie ökologisch unumgänglich sind – ein „Prinzip Verantwortung", das der Mündigkeit des Bürgers einen neuen Sinn verleiht, in dem Bestreben, mit allem, was wir in und mit der Umwelt tun, nicht den Ast abzusägen, auf dem wir – Unternehmer *und* Verbraucher – hoffentlich noch lange sitzen können.

[55] Siehe zur Frage einer ökologisch orientierten Wirtschaftsethik auch Pfriem, R., Berlin 1986

Literaturverzeichnis

Bartling, H. und *Luzius, F.*, Grundzüge der Volkswirtschaftslehre. Einführung in die Wirtschaftstheorie und Wirtschaftspolitik. München 1981.

v. Bethmann, J. Ph., Die Zinskatastrophe. Das Buch zur Krise. Königstein/Ts. 1982.

v. Bethmann, J. Ph., Der Verratene Kapitalismus. Die Ursache der Krise. Königstein/Ts. 1984.

Berg, H., Internationale Wirtschaftspolitik. Göttingen 1976.

Bleicher, S. u.a., Chip, Chip, Hurra? Die Bedrohung durch die „Dritte technische Revolution". Hamburg 1984.

Bonus, H., Marktwirtschaftliche Konzepte im Umweltschutz. In: Agrar- und Umweltforschung in Baden-Württemberg, Bd. 5. Stuttgart 1984.

Bonus, H., Marktwirtschaftliche Konzepte im Umweltschutz; Auswertung amerikanischer Erfahrungen. Stuttgart 1984.

Bölsche, J. (Hrsg.), Was die Erde befällt ... Nach den Wäldern sterben die Böden. Reinbek bei Hamburg 1984.

Breitenstein, R., Die große Hoffnung. Lebensqualität und Erfolgschancen in der nachindustriellen Gesellschaft. Düsseldorf, Wien 1980.

Brunowski, R.-D.; Wicke, L., Der Ökoplan. Durch Umweltschutz zum neuen Wirtschaftswunder. München, Zürich 1984.

Burgdorff, S.; Mayer-Larsen, W. (Hrsg.), Weniger Arbeit. Die Überlebenschance der Industriegesellschaft. Reinbek bei Hamburg 1984.

Capra, F., Wendezeit. Bausteine für ein neues Weltbild. Bern, München, Wien 1982.

Datta, A., Welthandel und Welthunger.

Der Bundesminister für Ernährung, Landwirtschaft und Forsten, Waldschadenserhebung 1985. Bonn 1985, und Veröffentlichungen der Vorjahre.

Der Bundesminister für Forschung und Technologie, Umweltforschung zu Waldschäden. Bonn 1985.

Der Sachverständigenrat, Jahresgutachten zur Begutachtung der gesamtwirtschaftlichen Entwicklung. Jährliche Schriften von 1981/82 bis 1985/86.

Der Sachverständigenrat, Sondergutachten vom 23. Juli 1985 zur Begutachtung der gesamtwirtschaftlichen Entwicklung. Zugeleitet am 26. Juni 1985. Bonn 1985.

Der Rat von Sachverständigen für Umweltfragen, Sondergutachten vom März 1985. „Umweltprobleme in der Landwirtschaft". Zugeleitet am 4. April 1985. Bonn 1985.

Deutsche Bundesbank, Monatsberichte der Deutschen Bundesbank 36. Jahrgang Nr. 11. Frankfurt 1984.

Die Monopolkommission, Fünftes Hauptgutachten 1982/83. Zugeleitet am 26. Juli 1984. Bonn 1984.

Dubos, R., Die Wiedergeburt der Welt. Ökonomie, Ökologie und ein neuer Optimismus. Düsseldorf, Wien 1983.

Ehrlicher, W. (Hrsg.) u.a., Kompendium der Volkswirtschaftslehre. Band 1. Göttingen.

Frey, B. S., Umweltökonomie. Göttingen 1972.

Gahlen, B. u.a., Volkswirtschaftslehre. Eine problemorientierte Einführung. Tübingen 1983.

Gilder, G., Reichtum und Armut. München 1983.

Global 2000, Der Bericht an den Präsidenten. Herausgegeben vom Council on Environmental Quality und dem US-Außenministerium. Washington 1980.

Granados, G.; Gurgsdies, E. (Hrsg.), Lehr- und Arbeitsbuch Ökonomie. Eine Einführung in die Probleme der westdeutschen Wirtschaftsentwicklung. Bonn 1980.

Greiner, B. und *Rilling, R.*, Untersuchung über die soziale Struktur der Armut und die Sozialpolitik in den USA, entnommen aus: Frankfurter Rundschau vom 8.7.1986

Gutenberg, E. Grundlagen der Betriebswirtschaftslehre. Erster Band: Die Produktion. Berlin, Heidelberg, New York 1969.

Gutenberg, E. Grundlagen der Betriebswirtschaftslehre. Zweiter Band: Der Absatz. Berlin, Heidelberg, New York 1968.

Harten, H.-C.; Flitner, E., Arbeitslosigkeit. Didaktisches Sachbuch zu Analysen, Kontroversen und Lösungsversuchen der Arbeitsmarktpolitik. Reinbek bei Hamburg 1983.
Heinen, E., Betriebswirtschaftliche Kostenlehre. Band I: Begriff und Theorie der Kosten. Wiesbaden 1965.
Hickel, R.; Mattfeldt, H. (Hrsg), Millionen Arbeitslose. Streitschrift gegen den Rat der Fünf Weisen. Eine Bilanz nach zwanzig Jahren. Reinbek bei Hamburg 1983.
Hicks, J. R., Einführung in die Volkswirtschaftslehre. Reinbek bei Hamburg 1966.
Kosiol, E., Die Unternehmung als wirtschaftliches Aktionszentrum. Einführung in die Betriebswirtschaftslehre. Reinbek bei Hamburg 1966.
Koesters, P.-H., Ökonomen verändern die Welt. Lehren, die unser Leben bestimmen. Hamburg 1982.
Körner, P. u.a., Im Teufelskreis der Verschuldung. Hamburg 1984.
Kromphardt, J., Konjunktur und Wachstum, Göttingen 1977
Kunz, G., Die ökologische Wende. Industrie und Ökologie – Feinde für immer? München 1983.
Leber, S. u.a., Arbeitslosigkeit. Ursachen und Auswege. Stuttgart 1984.
Levi, M., Ökonomie ohne Rätsel. Ein Wegweiser im Wirtschaftslabyrint. Basel, Boston, Stuttgart 1982.
Michelsen, G. (Hrsg), Der Fischer Öko-Almanach 1982/83. Frankfurt 1982.
Michelsen, G. (Hrsg), Der Fischer Öko-Almanach 1984/85.Frankfurt 1984.
Müller, U. u.a., Stagflation. Ansätze in Theorie, Empirie und Therapie. Königstein/Ts. 1980.
Müller, H., Das Umweltproblem: Ökonomische Analyse und umweltpolitische Strategien (noch nicht veröffentlichtes Vortragsmanuskript). Gießen 1985.
Nowotny, E. (Hrsg.), Löhne, Preise, Beschäftigung. Die Phillips-Kurve und ihre Alternativen. Frankfurt/M. 1974.
Overhage, P., Die biologische Zukunft der Menschheit. Frankfurt/M., 1977.
Peter, C.; Stärk, G., Markttag rund um die Welt. Lausanne, 1978.
Pfeiffer, J. E., Aufbruch in die Gegenwart. Eine Frühgeschichte der menschlichen Gesellschaft. Düsseldorf, Wien 1981.
Pfriem, R., Brauchen wir eine ökologische Wirtschaftsethik und Unternehmensphilosophie? Vortrag auf der BBU-Tagung am 22.2.1986 in Freudenstadt.
Preiser, E., Nationalökonomie heute. Eine Einführung in die Volkswirtschaftslehre. München, 1982.
Preiser, E., Wirtschaftspolitik heute. Grundprobleme der Markwirtschaft. München 1978.
Preiser, E., Wirtschaftswissenschaft im Wandel. Hildesheim, New York 1975.
Rose, K., Theorie der Außenwirtschaft. Berlin, neueste Auflage.
Rose, K., Grundlagen der Wachstumstheorie. Eine Einführung. Göttingen 1977.
Schmid, A., Beschäftigung und Arbeitsmarkt. Eine sozioökonomische Einführung. Frankfurt/New York 1984.
Schneider, E., Einführung in die Wirtschaftstheorie. I. Teil: Theorie des Wirtschaftskreislaufs. Tübingen, neueste Auflage.
Schneider, E., Einführung in die Wirtschaftstheorie. II. Teil: Wirtschaftspläne und wirtschaftliches Gleichgewicht in der Verkehrswirtschaft. Tübingen, neueste Auflage.
Schneider, E., Einführung in die Wirtschaftstheorie. III. Teil: Geld, Kredit, Volkseinkommen und Beschäftigung. Tübingen, neueste Auflage.
Simonis, U. E., Ökonomie und Ökologie. Auswege aus einem Konflikt. Karlsruhe 1985.
Smith, A., Der Wert unseres Geldes. Paper Money. Die Hintergründe der weltweiten Inflation. München 1984.
Stobbe, A., Volkswirtschaftliches Rechnungswesen. Berlin, Heidelberg, New York, neueste Auflage.
Szigeti, P. R.; Hösch, F., Volkswirtschaftslehre für Praktiker. Grundlagen für Kaufleute und Juristen, Ingenieure und Naturwissenschaftler. Herne, Berlin 1980.
Vereinigung der hessischen Unternehmerverbände, Wachstum – Chance oder Risiko? Dokumentation über den Hessischen Unternehmertag 1983. Frankfurt 1983.
Vester, F., Unsere Welt – ein vernetztes System. München 1983.

Vom Amulett zur Zeitung. 7000 Jahre frühe technische Kultur. Band 2. Stuttgart 1969.
Weisser, W. (Hrsg.), Der Kampf um die Arbeitszeit in der Metallindustrie 1984. Köln 1984.
v. Weizsäcker, C. F., Die Einheit der Natur. München 1982.
Woll, A., Allgemeine Volkswirtschaftslehre. München, neueste Auflage.
Woll, A., Wirtschaftspolitik. München 1984.

Personal- und Sachregister

Oldenbourg · Wirtschafts- und Sozialwissenschaften · Steuer · Recht

Oldenbourg · Wirtschafts- und Sozialwissenschaften · Steuer · Recht

Volkswirtschaftslehre

Wirtschaftspolitik

Ahrns · Feser
Wirtschaftspolitik
Problemorientierte Einführung
Von Dr. Hans-Jürgen Ahrns und Privatdozent Dr. habil. Hans-Dieter Feser.

Schönwitz · Weber
Wirtschaftsordnung
Einführung in Theorie und Praxis
Von Dr. Dietrich Schönwitz und Dr. Hans-Jürgen Weber.

Außenwirtschaft

Dixit · Norman
Außenhandelstheorie
Von Avinash K. Dixit und Victor D. Norman. Übersetzt aus dem Englischen von Dr. Bernd Kosch.

Gehrels
Außenwirtschaftstheorie
Von Dr. Franz Gehrels, Professor für Volkswirtschaftslehre.

Shams
Wechselkurstheorie und -politik
Einführung
Von Privatdozent Dr. Rasul Shams.

Ökonomische Theorie der Verhandlungen

Holler
Ökonomische Theorie der Verhandlungen
Eine Einführung
Von Dr. Manfred J. Holler, Privatdozent.

Städte- und Raumplanung

Bökemann
Theorie der Raumplanung
Regionalwissenschaftliche Grundlagen für die Stadt-, Regional- und Landesplanung.
Von Prof. Dr. Dieter Bökemann, Vorstand des Instituts für Stadt- und Regionalforschung.

Konjunktur und Wachstum

Assenmacher
Konjunkturtheorie
Von Dr. Walter Assenmacher, Akad. Oberrat.

Kruppa
Wachstumspolitik
Von Professor Dr. Adolf Kruppa.

Müller · Ströbele
Wachstumstheorie
Von Dr. Karl-Wilhelm Müller und Dr. Wolfgang Ströbele, Professor für Volkswirtschaftslehre.

Geldtheorie und -politik

Fuhrmann
Geld und Kredit
Prinzipien Monetärer Makroökonomik
Von Dr. Wilfried Fuhrmann, Institut für Theoretische Volkswirtschaftslehre.

Schaal
Monetäre Theorie und Politik
Lehrbuch der Geldtheorie und -politik.
Von Prof. Dr. Peter Schaal

Inflation

Ströbele
Inflation – Einführung in Theorie und Politik
Von Dr. Wolfgang Ströbele, Professor für Volkswirtschaftslehre.

Ökonometrie

Assenmacher
Einführung in die Ökonometrie
Von Dr. Walter Assenmacher, Akad. Oberrat.

Heil
Ökonometrie
Von Dr. Johann Heil.

Input-Output-Analyse

Holub · Schnabl
Input-Output-Rechnung: Input-Output-Tabellen
Von o. Professor Dr. Hans-Werner Holub und Professor Dr. Hermann Schnabl.

Oldenbourg · Wirtschafts- und Sozialwissenschaften · Steuer · Recht

www.ingramcontent.com/pod-product-compliance
Lightning Source LLC
LaVergne TN
LVHW081336011026
849161LV00013BB/2935